KB135782

하이퍼레저 패브릭 철저 입문

Hyperledger Fabric을 이용한
블록체인 기반 시스템 구축과 운용

하이퍼레저 패브릭 철저 입문

Hyperledger Fabric을 이용한 블록체인 기반 시스템 구축과 운용

지은이 토모노리 시미즈, 교코 타마치, 하야토 우에노하라, 타쿠요시 사토, 신 사이토, 히토시 콘도,
츠요시 하라야마, 아키히로 카사하라, 타츠야 이와사키, 카즈유키 오가사와라
옮긴이 양현, 장승일, 연구흠
펴낸이 박찬규 엮은이 이대엽 디자인 북누리 표지디자인 Arowa & Arowana

펴낸곳 위키북스 전화 031-955-3658, 3659 팩스 031-955-3660
주소 경기도 파주시 문발로 115, 311호 (파주출판도시, 세종출판벤처타운)

가격 28,000 페이지 348 책규격 188 x 240mm

초판 발행 2019년 04월 29일
ISBN 979-11-5839-149-2 (93500)

등록번호 제406-2006-000036호 등록일자 2006년 05월 19일
홈페이지 wikibook.co.kr 전자우편 wikibook@wikibook.co.kr

BLOCKCHAIN NO KAKUSHIN GIJUTSU HYPERLEDGER FABRIC NIYORU APPLICATION KAIHATSU
by Tomonori Shimizu, Kyohko Tamachi, Hayato Uenohara, Takuyoshi Sato, Shin Saito, Hitoshi Kondo,
Tsuyoshi Hirayama, Akihiro Kasahara, Tatsuya Iwasaki, Kazuyuki Ogasawara, supervised by Masaru Hayakawa

이 도서의 국립중앙도서관 출판시도서목록(CIP)은
서지정보유통지원시스템 홈페이지(http://seoji.nl.go.kr)와
국가자료공동목록시스템(http://www.nl.go.kr/kolisnet)에서 이용하실 수 있습니다.
CIP제어번호 CIP2019015276

하이퍼레저 패브릭 철저 입문

Hyperledger Fabric을 이용한 블록체인 기반 시스템 구축과 운용

시미즈 토모노리, 타마치 교코, 우에노하라 하야토, 사토우 타쿠요시, 사이토 신, 콘도 히토시,
하라야마 츠요시, 카사하라 아키히로, 이와사키 타츠야, 오가사와라 카즈유키 지음
/
양현, 장승일, 연구흠 옮김

위키북스

2016년 이후 블록체인 기술(또는 분산 원장 기술)을 업무에 활용하기 위한 실증 실험 관련 뉴스를 여기저기서 많이 접하게 됐다. 실증 실험은 금융권뿐만 아니라 무역, 유통, 제조, 통신 등 다양한 업종에서 이뤄지고 있다. 블록체인과 분산 원장에 대해 블록체인은 '블록을 체인 형태로 연결하는 것', 분산 원장은 '원장을 분산해 관리하는 것'이라고 생각할 것이다. 하지만 비즈니스의 실현과 개선에는 과연 이 기술이 어떤 역할을 할지 와 닿지 않을 수 있다고 생각한다.

이 책은 블록체인을 활용해 다양한 업무 시스템을 구축 및 운영하기 위한 소프트웨어 기반인 '하이퍼레저 패브릭(Hyperledger Fabric)'에 초점을 맞춰 하이퍼레저 패브릭을 이용한 비즈니스와 시스템 기획, 응용 프로그램 개발, 시스템 구축 및 운영 등에 종사하는 분들을 대상으로 한다.

이 책에서는 우선 블록체인의 구조와 사용 사례 등을 소개하고 이 기술이 어떻게 비즈니스의 실현과 개선에 이용될지 살펴본다. 그리고 블록체인 소프트웨어 기반 '하이퍼레저 패브릭'의 특징과 아키텍처 등을 설명한다. 그리고 하이퍼레저 패브릭을 활용한 응용 프로그램 개발과 시스템 구축에 대해 단계적으로 실행해보며 설명한다.

이 책의 4장에서는 Go 언어 및 Node.js 프로그래밍 언어를 알고 있다고 가정하고, 3장과 6장에서는 리눅스와 도커의 기본 조작을 이해하고 있다고 가정하고 설명한다.

이 책을 집필하는 시점에 하이퍼레저 패브릭에 관한 문헌은 영어로 된 것이 대부분이며, 여기저기 산재해 있는 상황이었다. 하이퍼레저 패브릭의 기능 등을 체계적으로 한 권에 정리한 이 책이 블록체인 업계에 종사하는 여러분에게 도움이 되길 바란다.

감수자 하야카와 마사루

05

컴포저를 활용한 응용 프로그램 개발

06

하이퍼레저 패브릭 환경설정

01 장

블록체인 개요

이번 장에서는 하이퍼레저 패브릭을 소개하기 전에 블록체인의 구조와 종류, 사용 사례 등에 대해 설명한다.

1.1 블록체인이란?

여기서는 블록체인의 특징과 구조, 종류 등을 설명한다.

1.1.1 블록체인의 특징

중앙 기관(관리자)이 필요 없는 가상 화폐 중 대표적인 사례로 비트코인(Bitcoin)을 들 수 있다. 블록체인은 비트코인의 밑바탕이 되는 핵심 기술이며, 분산 원장 기술(DLT: Distributed Ledger Technology)이라고도 불린다.

원장이란 기업 간 또는 개인 간 거래를 기록하기 위한 장부를 생각하면 된다. 예를 들어, A가 B에게 송금하는 경우 그 내용은 거래 데이터로 장부(원장)에 기입된다.

현재 이러한 송금 거래는 일반적으로 은행과 같은 신뢰할 수 있는 중앙 기관이 집중 관리하는 원장에 기록된다. 그리고 중앙 기관은 거래를 안전하게 기록하기 위한 집중형 시스템을 구축하고 장애 대책으로 이중화 구성과 백업 구성도 고려해 전체 시스템을 구축하기 때문에 엄청난 비용이 소요된다.

이에 비해 블록체인은 여러 기업, 단체(이하 '참가자')가 원장을 공유한다. 그리고 합의(1.1.2절 '블록체인 구조' 참조)를 통해 신뢰할 수 있는 제3자에게 의존하지 않고 원장을 갱신하고 유지하는 것이 가능하다(그림 1.1.1). 이 특징을 통해 여러 기업이 참여하는 비즈니스 프로세스의 처리 속도 가속화와 시스템 구축 및 운영 비용 절감이 가능하다고 알려져 있다. 그리고 새로운 비즈니스 모델을 실현할 수 있다는 가능성도 기대받고 있다.

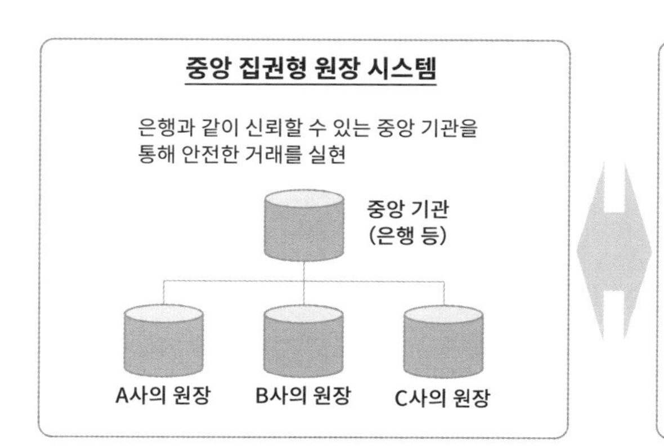

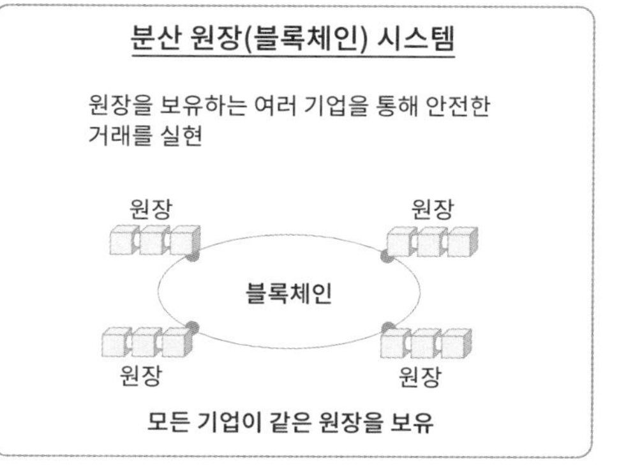

그림 1.1.1 중앙 집권형과 분산 원장 시스템

블록체인의 특징을 정리하면 다음과 같다.

- 다수의 참가자가 같은 내용의 원장을 보유할 수 있음
- 원장 간 일관성을 유지하는 구조(합의)를 통해 동일한 내용이 유지됨
- 제3자(중앙 기관)의 개입이 필요 없음(참가자끼리 P2P로 연결)
- 암호 기술을 통해 거래의 투명성을 확보하며 서명을 통해 트랜잭션의 출처를 특정할 수 있음
- 원장 1개에 문제가 발생해도 남은 원장을 통해 업무를 지속할 수 있음(시스템 가용성의 향상)

1.1.2 블록체인의 구조

① 합의를 통한 원장 갱신

블록체인은 여러 참가자가 분산 관리하는 원장이라고 앞에서 설명했다. 그렇다면 여러 참가자가 관리하는 이 원장은 어떻게 내용을 갱신할까? 블록체인은 원장이 분산돼 있기 때문에 내용의 일관성을 어떻게 유지하는가가 중요하다.

블록체인은 합의라는 구조를 사용해 분산된 원장의 일관성을 유지한다. 합의에는 다양한 방식이 존재하나 간단히 설명하자면 다음과 같다. 어떤 거래(트랜잭션)가 발생하면 그 거래를 원장에 기록해도 될지를 블록체인 참가자가 검증하고, 문제가 없다면 해당 거래 데이터를 블록체인에 저장한다.

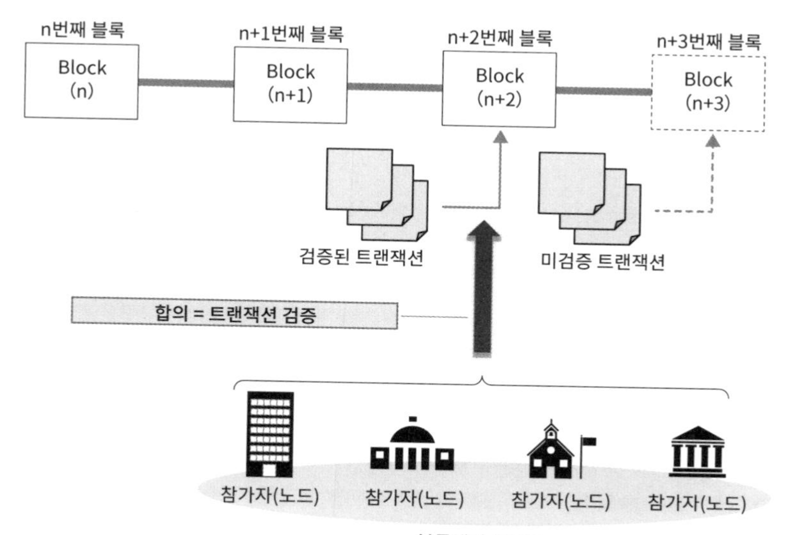

그림 1.1.2 합의를 통한 원장 갱신

② 블록체인 원장 개요

블록체인은 검증된 트랜잭션을 '블록'이라고 하는 데이터의 집합으로 만들어 기록을 저장한다. 이때 각 블록에는 트랜잭션 데이터에 바로 직전에 생성된 블록의 '해시 값'을 추가해서 저장한다. 각 블록은 이처럼 해시 값을 통해 이전 블록과 연결된 형태이기 때문에 블록체인이라고 부른다.

만약 과거에 생성된 블록 데이터를 변조하려고 하는 경우 계산된 해시 값이 달라진다. 그렇기 때문에 연속된 블록의 해시 값도 모두 변경하지 않으면 안 되며, 이렇게 모든 블록을 변경해야 하기 때문에 특정 블록을 변조하는 것은 불가능에 가깝다(그림 1.1.3).

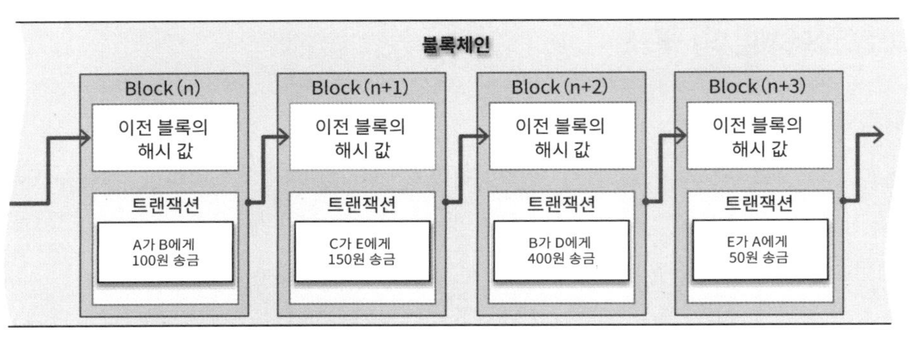

그림 1.1.3 블록체인 원장의 구조(송금 트랜잭션의 예)

③ 스마트 계약

스마트 계약은 사용되는 문맥에 따라 그 의미가 미묘하게 다를 수 있지만 '블록체인 위에서 동작하는 프로그램'이라고 이해하면 좋을 것이다. 다양한 처리 내용을 프로그램으로 구현할 수 있어 자산의 이동과 계약 집행, 비즈니스 프로세스 처리 등 다양한 업무를 블록체인으로 처리할 수 있다.

블록체인 위에서 스마트 계약이 실행되면 그 결과는 변조가 불가능한 형태로 블록체인 원장에 기록된다. 그렇기 때문에 신뢰할 수 있는 제3자에게 보증을 받을 필요 없이 프로그램 실행이 가능하며 시간과 비용을 절감할 수 있다.

1.1.3 두 종류의 블록체인

블록체인은 특징에 따라 크게 '퍼블릭(공용)형'과 '컨소시엄[1]형'의 두 가지로 분류할 수 있다. 대표적인 가상 화폐인 비트코인은 최초로 만들어진 퍼블릭형 블록체인이며, 인터넷의 불특정 다수가 참가할 수 있는 블록체인으로서 보급됐다.

하지만 그와는 달리 특정 기업이나 조직만이 참가할 수 있는 블록체인의 필요성도 나오기 시작했다. 이것이 컨소시엄형 블록체인이다. 일반적으로 프라이빗형이라고도 하지만 여기서는 프라이빗형 블록체인은 컨소시엄형의 한 형태로 취급한다.

퍼블릭형과 프라이빗형의 가장 큰 차이점은 누가 거래를 검증하느냐다. 비트코인과 같은 퍼블릭형에서는 불특정 다수의 참가자가 거래를 검증할 수 있지만 컨소시엄형에서는 특정 기업이나 조직만이 거래를 검증할 수 있다(표 1.1.1).

표 1.1.1 퍼블릭형과 컨소시엄형

	퍼블릭형	컨소시엄형(프라이빗형)
관리 주체	관리자 없음	다수의 기업, 조직(이 책에서는 단일 조직이 관리하는 경우는 프라이빗형으로 취급한다)
참가자	자유(불특정, 악의적인 참가자를 포함할 가능성이 있음)	허가제(참가자의 신원을 판별할 수 있기 때문에 신뢰할 수 있음)
합의 방식	작업 증명(Proof of Work: PoW)	분산형 합의 형성 알고리즘
구현 사례	비트코인, 이더리움	하이퍼레저 패브릭

① 퍼블릭형 블록체인

블록체인 참가자가 특정되지 않은, 즉 누구나 참가 가능한 블록체인을 가리킨다. 전형적인 예는 비트코인과 이더리움이다.

퍼블릭형에서는 불특정 다수가 참가할 수 있기 때문에 악의적인 참가자가 존재할 수 있다는 것을 전제로 한다. 그렇기 때문에 참가자들은 방대한 계산을 해야 하는 구조를 도입하고 있다. 이를 '채굴(Mining)'이라고 하며 특정 조건을 만족하는 값을 가장 먼저 발견한 참가자가 트랜잭션의 정당성을 검토하고 블록을 추가할 수 있는 권리와 그에 따른 보상인 가상 화폐를 받게 된다.

1 (옮긴이) Consortium: 둘 이상의 개인 또는 회사, 단체, 정부로 구성된 협동체(협회)로서 공통의 활동에 참여하는 목적을 지니며 공통의 목적을 달성하기 위해 자원을 투입한다.

이처럼 막대한 계산 처리를 거쳐 블록을 추가하는 작업을 '작업 증명(Proof of Work: PoW)'이라고 하며 악의적인 참가자가 존재하더라도 블록체인을 유지할 수 있게 해준다. 퍼블릭형 블록체인은 이러한 합의 방식의 특성상 트랜잭션이 확정될 때까지 시간이 걸린다는 단점이 있다.

퍼블릭형 블록체인은 불특정 다수의 참가자가 거래의 검증 작업을 수행하기 때문에 일부 개인이나 조직에 의한 임의 조작과 변조가 매우 어렵다. 이 특징은 퍼블릭형 블록체인의 가장 큰 장점이며, 거래의 정당성 담보를 은행과 같은 중앙 관리 조직에 의존하지 않기 때문에 비중앙집권형(Decentralized) 구조를 만들기에 적합하다.

② 컨소시엄형 블록체인

이 책에서 설명하는 하이퍼레저 패브릭은 컨소시엄형 블록체인으로 분류된다. 컨소시엄이란 공동 사업체 등의 의미를 가진다. 컨소시엄형 블록체인은 이 공동 사업체에 참가하는 기업이나 조직만이 사용하는 블록체인이다. 예를 들어, 복수의 금융 기관에서 결제용 블록체인을 구축하거나 유통망에서 상품 추적을 위한 블록체인으로 사용하는 등 특정 기업이나 조직에서 사용하는 경우에는 컨소시엄형 블록체인 사용을 고려할 수 있다.

컨소시엄형 블록체인은 공동 사업체를 구성하는 신뢰할 수 있는 기업이 블록체인에 참가하기 때문에 불특정 다수가 참가하는 퍼블릭형 블록체인보다 분산화를 통한 장점은 적다는 단점이 있다. 하지만 특정 기업, 조직의 참가를 전제로 해서 PoW와는 다른 경량 합의 방식을 사용하기 때문에 거래 검증 속도를 크게 높일 수 있다. 그리고 거래 검증을 위한 인센티브(비트코인에서의 채굴 보상)가 필요 없다는 장점이 있다.

1.1.4 블록체인 적합성 여부

앞에서는 블록체인의 두 가지 형태를 설명했지만 여기서는 컨소시엄형을 염두에 두고 블록체인이 적합할지 부적합할지에 대해 간단히 설명한다.

앞에서 살펴본 블록체인은 다음과 같은 큰 특징을 가지고 있다.

- 다수의 참가자가 원장을 공유함
- 다수의 참가자가 트랜잭션을 검증하고 원장을 갱신함

블록체인의 활용을 검토하는 경우 이 특징을 잘 생각해야 한다. 1.2절 '블록체인의 사용 사례'에서 소개할 내용과 같이 다수의 기업과 조직이 블록체인 원장을 공유하는 것이 큰 특징이다. 지금까지는 각 기업이 기업 단위로 개별 시스템을 구축하고 관리했기 때문에 각기 다른 데이터를 보유하고 있었다. 그에 반해 블록체인이라는 분산형 원장 기술을 사용하면 각 기업이 동일한 내용의 데이터를 보유하는 것이 가능해진다.

무역 실무를 예로 들어 설명해보면 수출할 때 수출자는 포워더(전달자)에게 통관 절차와 선적 절차를 의뢰한다. 그때 S/I(Shipping Instruction: 선적 지시서)를 작성해 제출해야 한다. S/I는 포워더를 통해 선박 회사를 거치고, 선박 회사에서는 S/I를 이용해 B/L(Bill of Lading: 선하 증권)을 작성하게 된다. 즉 선박 회사는 수출자가 작성한 S/I의 기재 항목에 추가 항목을 기입해 B/L을 만드는 것이다.

무역 실무에서는 많은 종류의 무역 서류를 취급하지만 이전 공정에서 작성된 서류의 내용을 바탕으로 추가 내용을 기입하는 것이 대부분이다. '정보의 버킷 릴레이'라고 하는 것도 바로 이런 이유에서다. 이런 작업을 각 기업이 개별 시스템을 통해 실시하기 때문에 아무래도 효율이 나빠질 수밖에 없다.

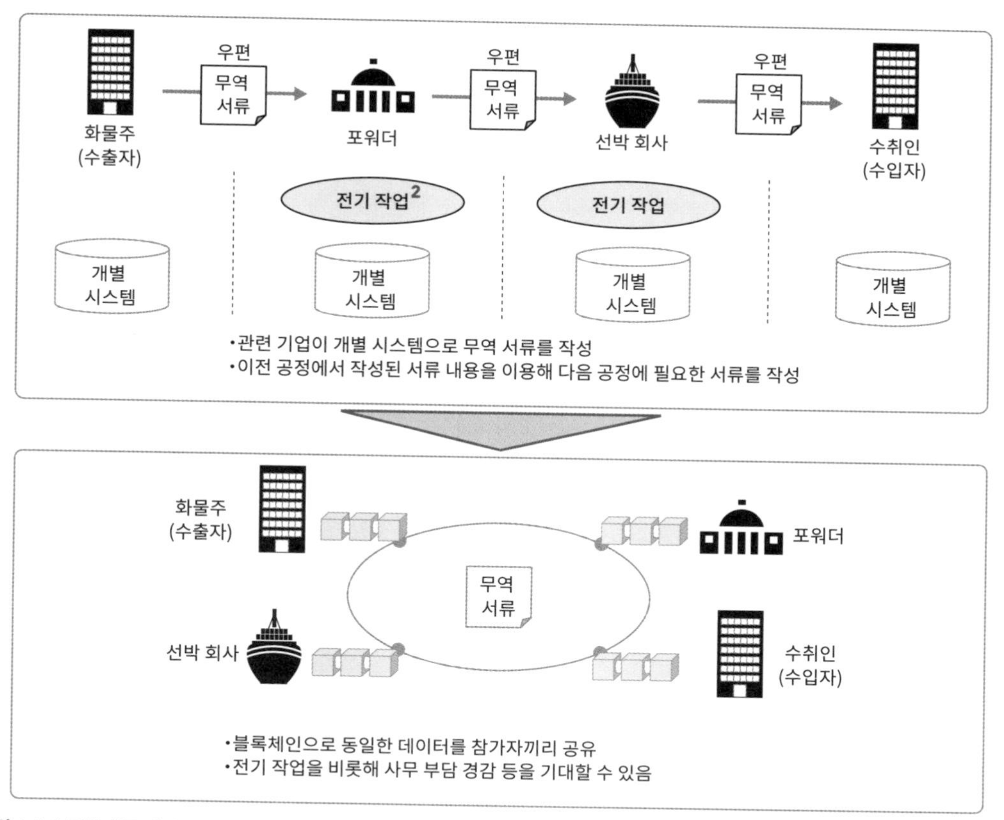

그림 1.1.4 무역 실무에서의 블록체인 적용

2 (옮긴이) 원장에 옮겨 쓰는 것을 '전기(轉記)'라고 한다.

그렇다면 한 기업 내에서의 블록체인 활용은 큰 의미가 없을까? 가령 글로벌 기업에서 국내외 거점 데이터를 공유하는 경우라면 블록체인을 이용하는 장점이 있을 수 있다. 블록체인의 특징 중 하나는 데이터를 공유하는 것이다. 각 거점에서 원장을 보유하고, 거점 데이터를 해당 거점의 원장에 기록하면 지구 반대편에 있는 거점에도 자동으로 데이터가 공유된다.

한 기업 안에서 활용하는 경우 '여러 기업에서 원장을 보유해 원장에 기록된 데이터의 확실성을 유지한다'라는 블록체인의 장점은 사라지지만 각 거점 간 데이터를 공유하는 관점에서 생각한다면 이 장점은 그대로 유지될 수 있다.

블록체인이 적합한지 아닌지를 논하는 데 있어서 또 하나의 큰 포인트는 '성능'과 '보안'이다.

먼저 성능 문제를 보면 블록체인은 여러 참가자가 트랜잭션을 검증하는 작업이 이뤄지기 때문에 기존 기술(집중형 데이터베이스)과 비교해 좋은 성능이 나온다고 할 수 없다. 따라서 초당 수 만~ 수십 만 건 이내의 처리가 요구되는 경우에는 부적합하며 블록체인 활용을 검토하는 경우에는 사전에 트랜잭션 성능 조건을 확인해야 한다.

하지만 블록체인은 아직 발전 단계의 기술이다. 이 책에서 다루는 하이퍼레저 패브릭도 버전업에 따라 성능이 비약적으로 향상되고 있으며 앞으로의 기술 발전에 따라 성능과 관련된 약점은 모두 극복될 가능성이 있다.

다음으로 보안 측면을 보면 블록체인은 원칙적으로 원장을 보유하는 기업, 조직이 모든 데이터를 공유한다. 예를 들어, A 기업, B기업, C기업이 블록체인 원장을 보유한다고 하면 A와 B 기업의 거래 데이터(발주서나 계약서 등)는 C 기업의 블록체인 원장에도 보존된다. 블록체인 기술을 실무에 도입하는 데 있어서 이렇게 다른 회사에 정보가 노출되는 것이 보안상 문제가 없는지 검토해야 한다.

하이퍼레저 패브릭에서는 블록체인 원장에 저장된 데이터에 접근 제한을 설정하거나 원장의 구성을 변경하는 등 유연한 대응이 가능하기에 보안 요건에도 충분히 대응할 수 있다.

1.2 블록체인의 활용

이번 절에서는 블록체인의 적용을 가정한 사용 예를 소개한다. 우선 여기서 말하는 사용 예라는 것은 블록체인을 활용하는 '대상 업무 영역' 또는 '대상 서비스 영역'이라고 이해하면 된다.

앞서 설명한 내용과 같이 블록체인은 여러 참가자가 분산 원장에 동일한 데이터를 저장한다는 점과 저장된 데이터의 변조가 어렵다는 특징이 있다. 이런 특성을 활용해 여러 기업이 원장을 보유하고 분산 운영하는 컨소시엄 형태의 시스템을 구축하는 것이 가능해 업무 프로세스의 효율화, 자동화를 꾀할 수 있을 것으로 기대받고 있다. 그리고 제3자 기관을 만들거나 중앙 집권 시스템을 구축 및 운영할 필요가 없기 때문에 비용 감소와 구축 시간의 단축도 기대할 수 있다.

블록체인은 금융 기관이 먼저 실증 실험을 해왔기 때문에 결제와 디지털 화폐와 같은 금융 분야의 적용이 비교적 눈에 띄지만 최근에는 비금융 분야에서도 많은 실증 실험이 이뤄지고 있다.

그럼 대표적인 블록체인 사용 사례를 간단히 소개하겠다.

1.2.1 은행에서 발행하는 가상 화폐

은행이 발행하는 가상 화폐다. 거대 은행을 비롯한 여러 은행이 '○○코인'이라는 형태로 현재 시중의 코인에 대항하는 코인을 발표[3]하고 있다. 각 코인의 자세한 내용은 앞으로 밝혀질 것으로 예상된다. 보도된 내용에서 확인 가능한 큰 특징으로는 비트코인과는 달리 법정 통화에 페그(Peg: 고정 환율제. 1엔 = 1코인)를 걸어 가치를 안정시키는 것이다. 이에 따라 코인은 투자 목적이 아니라 일반적인 지급 및 결제 수단으로 사용되므로 기존 결제 서비스보다 낮은 수수료로 제공될 것이다.

또한 점포에서의 결제뿐만 아니라 포인트, 쿠폰 서비스 등에도 응용되며 IoT와의 연계 등 앞으로 사용이 확대될 것으로 내다보고 있다. 특히 IoT와의 연계를 살펴보면 소수점 이하의 소액 결제나 사용한 만큼(사용 시간) 결제하는 등, 가상 화폐의 특성과 맞는 결제 서비스가 가능하기 때문에 새로운 방식의 결제 서비스가 등장할 것으로 기대된다.

---

3 • **일본 경제 신문**: SBI, 가상 화폐 'S코인' 발행으로 낮은 비용 결제(2017/9/28)
https://www.nikkei.com/article/DGXLZO21608320X20C17A9EE9000

• **MUFG INNOVATION HUB**: MUFG가 CEATEC JAPAN 2017에서 'MUFG 코인'을 전시(2017/11/16)
https://innovation.mufg.jp/detail/id=213

그 밖에도 특정 지역에 특화된 가상 화폐(지역 화폐)나 지역 포인트 등에도 블록체인을 활용하는 실증 실험이 이뤄지고 있어 각 발행 주체가 어떻게 가상 화폐 경제권을 구축해 나가는지도 주목해 볼 만하다.

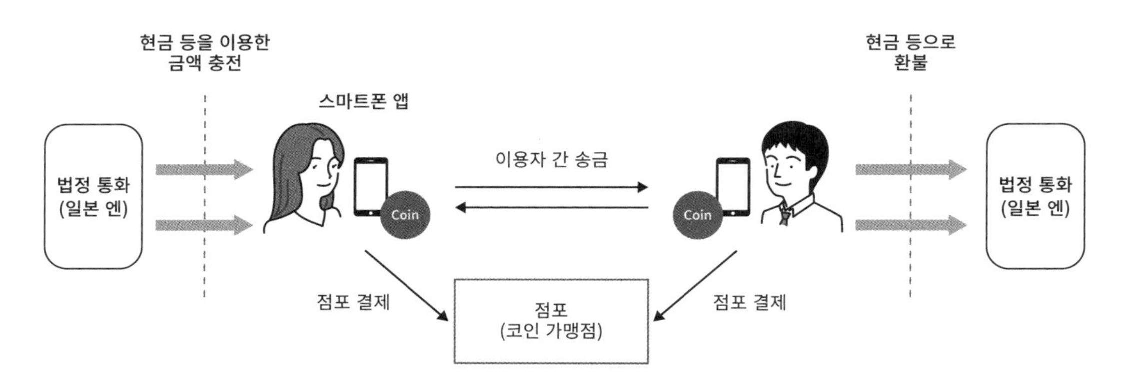

그림 1.2.1 은행이 발행하는 가상화폐에 블록체인을 적용

1.2.2 무역 물류/무역 금융

국제 무역은 여기에 관련된 기관과 취급하는 무역 문서가 많다는 특징이 있다. 하나의 화물을 운송하기 위해 화물주, 수취인, 감독 기관, 세관, 무역 보험, 선박 회사, 운송자, 항만업자, 통화업자, 금융 기관 등 다양한 기관이 관여한다. 그리고 신용장(L/C), 선하 증권(B/L), 인보이스(송장) 등 수십 종류에 달하는 서류를 다룬다.

현재 무역 업무는 '정보의 버킷 릴레이'라고도 한다. 어떤 사람이 종이에 작성한 무역 서류를 다음 사람이 전기해 다른 문서를 만드는 작업이나 종이 무역 서류를 우편 등을 이용해 상대방 국가에 보내는 등 비효율적인 작업이 많이 남아있는 상황이다. 이 같은 상황 때문에 간혹 화물보다 서류가 늦게 도착하는 경우도 발생한다. 예를 들어, 한국에서 중국으로 컨테이너 화물을 보내는 데는 2~3일이 걸리지만 화물을 실제로 수령하기 위한 서류가 도착하는 데 1주일 이상 걸리는 경우도 있다.

블록체인은 이 같은 상황을 크게 바꿀 수 있는 가능성을 가진 기술이기에 많은 기대를 받고 있다. 무역 서류를 변조하기 힘든 블록체인에 기록하고 무역 실무에 관련된 각 기관이 이를 공유해서 비효율적이었던 무역 업무를 좀 더 효율적으로 바꿀 수 있기 때문이다.

실제로 무역 분야에서 블록체인을 활용하려는 프로젝트가 다수 존재한다. IBM과 대형 해운 업체인 MAERSK는 무역 물류의 가시화를, IBM과 UBS(Union Bank of Switzerland) 등의 대형 금융 기관은 무역 금융의 효율화를 목표로 프로젝트를 진행해 나가고 있다. 일본에서는 NTT 데이터가 여러 일본 기업과 컨소시엄을 구성[4]하는 등 무역 분야에서도 블록체인에 큰 기대를 걸고 있다.

무역 실무는 앞에서도 설명한 것처럼 매우 많은 기관이 관여하고 있다. 관련 업체 수가 많을수록 블록체인을 사용한 효과가 뚜렷하게 나타날 것이다. 하지만 이렇게 많은 업체를 끌어들여 서로 조절하며 하나의 시스템을 완성시키는 것 자체가 매우 난이도가 높은 일이다. 여러 국가에서 진행되고 있는 이런 프로젝트가 앞으로 어떻게 전개되는지 살펴보는 것도 가치 있는 일이 될 것이다.

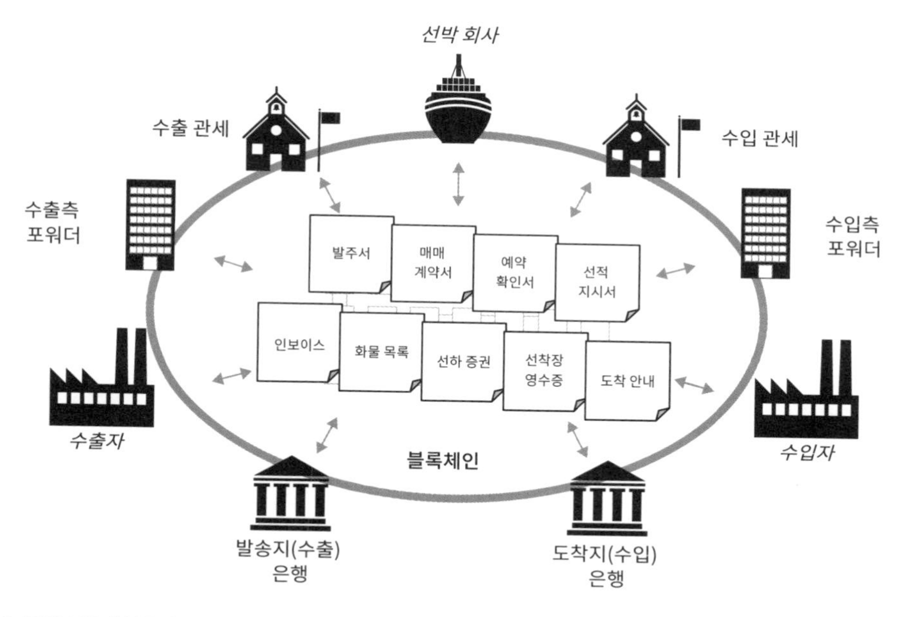

그림 1.2.2 무역 실무에 블록체인을 적용

1.2.3 식품 추적

식품 유통망은 생산자로부터 소비자까지 여러 국가와 기업을 거치지만 추적성을 담보하기에는 시스템이 충분하지 않다. 따라서 식품이 오염되거나 이물질이 혼입되더라도 해당 상품이 어디까지 퍼져있는

4 2017년 8월 '블록체인 기술을 활용한 무역 정보 연계 기반 실현을 위한 컨소시엄'이 발족. 선박 회사, 무역 보험 회사, 포워더, 금융 기관 등 13개 회사가 참가하고 있다. 이 컨소시엄에서는 블록체인 기술을 활용한 무역 정보 연계 기반의 실용화를 위한 PoC(Proof of concept)를 통해 다양한 문제에 대응하기 위한 연구를 하고 있다(http://www.nttdata.com/jp/ja/news/services_info/2017/2017081501.html 참고).

지, 그 상품의 생산지가 어디인지 등을 파악하기 위해서는 엄청난 시간과 노력이 필요하다. 어떤 세균이 검출된 과일을 생산한 농가를 찾기 위해서는 몇 주에서 몇 개월이 필요한 경우도 있다.

이 같은 비효율적인 상태를 해결하기 위해 블록체인을 활용하고자 하는 움직임이 있다. 유통망도 무역과 마찬가지로 관련된 여러 업체가 있다. 여기서의 유통 이력 등을 모두 블록체인에 저장한다면 모든 유통 이력을 손쉽게 확인할 수 있다. 또한 현재의 유통망은 종이로 된 문서로 관리되기 때문에 기입 실수나 의도적인 변조가 발생할 수 있지만 블록체인을 이용하면 이런 실수는 발생하지 않기 때문에 데이터의 신뢰성을 높일 수 있다. 이처럼 생산자에서 소비자에 이르기까지 누구나 식품의 생산지나 가공처 등의 정보를 간단하게 확인할 수 있기 때문에 식품의 품질에 문제가 발생해도 즉시 대응이 가능하다.

식품 추적의 가장 대표적인 사례는 월마트다. 월마트는 식품 추적을 위해 유니레버, 네슬레, 타이슨, 돌 푸드 컴퍼니, 크로거, 맥코믹 등 미국과 유럽을 대표하는 기업들과 컨소시엄을 결성[5]했다. 앞으로 더 많은 기업이 참가해 블록체인을 활용한 식품 추적 연구에 박차를 가할 것이라는 기대를 받고 있다.

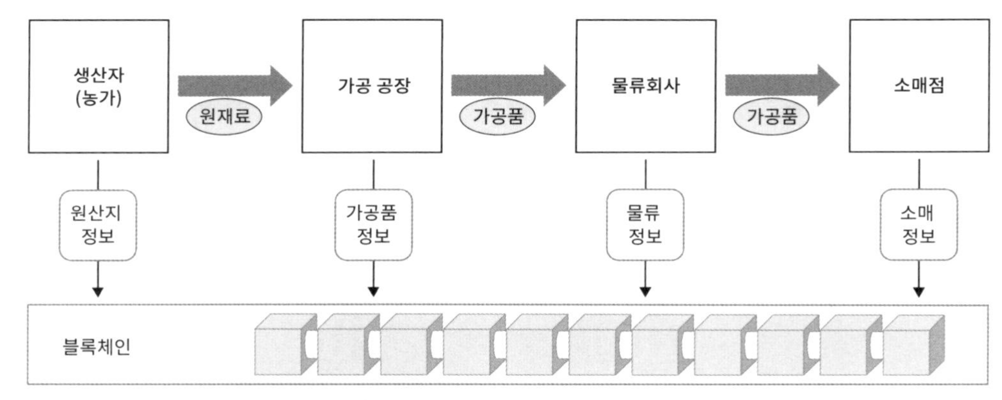

그림 1.2.3 식품 추적에 블록체인을 적용

여기서 소개한 사례 외에도 증권 거래에서의 포스트 트레이드 처리 효율화나 KYC[6] 영역에서의 적용, 스마트 그리드의 데이터 관리 등 기존 업무뿐 아니라 비즈니스 모델이 변하는 영역에서도 활용하기 위한 검토가 이뤄지고 있다.

---

5 월마트와 IBM은 2017년 8월 식품 안전을 위한 블록체인을 개발한다는 발표를 했다. 유니레버와 네슬레 등도 여기에 동참해 식품 안전을 위한 실증 실험을 국제적으로 수행하고 있다(http://www-03.ibm.com/press/us/en/pressrelease/53013.wss 참고).

6 (옮긴이) Know Your Customer: 금융기관 등에서 필수적으로 수행하는 운영 규칙으로, 고객의 세부 정보를 확인하는 것이다.

02장

하이퍼레저 패브릭 개요

이번 장에서는 하이퍼레저 패브릭을 실제로 다뤄보기 전에 알아둬야 할 기본적인 내용에 대해 설명한다.

2.1 하이퍼레저 패브릭이란?

하이퍼레저 패브릭(Hyperledger Fabric)은 블록체인을 활용한 다양한 업무 시스템을 구축하고 운영하기 위한 소프트웨어 플랫폼이다. 분산 원장과 합의(Consensus)를 비롯해 사용자 ID 발행과 인증, 스마트 계약의 개발과 실행, 기밀성 등의 기능을 제공한다.

정식 버전인 '하이퍼레저 패브릭 v1.x'는 2017년 7월부터 제공되기 시작했다. 그 전에는 실증 실험을 위해 임시 버전인 '하이퍼레저 패브릭 v0.6'이 제공됐다.

2.1.1 개발 경위

하이퍼레저 프로젝트(https://www.hyperledger.org/)는 2015년 12월 시작된 오픈소스 프로젝트이며, 가상 화폐뿐 아니라 광범위한 비즈니스 용도의 블록체인 플랫폼을 제공하는 것을 목적으로 한다.

하이퍼레저 프로젝트에서는 블록체인 플랫폼을 구현하기 위한 프레임워크가 다수 존재한다. 이 책을 집필하는 시점에 운영되고 있는 것으로는 하이퍼레저 패브릭(https://www.hyperledger.org/projects/fabric) 외에도 Hyperledger Iroha, Hyperledger Sawtooth, Hyperledger Burrow, Hyperledger Indy 등이 있다.

2.1.2 하이퍼레저 패브릭의 특징

하이퍼레저 패브릭을 다른 블록체인 플랫폼과 비교하면 다음과 같은 특징이 있다.

① 컨소시엄형 참가 방식

하이퍼레저 패브릭은 특정 조직 간의 비즈니스 네트워크를 구현하기 위해 '컨소시엄형' 참가 방식을 기반으로 하는 블록체인 네트워크를 형성한다. 컨소시엄형은 각 조직 내의 사용자와 노드를 독립적으로 관리하고, 블록체인 네트워크에는 허가를 받은 뒤에 참가하는 구조로 돼 있다. 이를 통해 여러 조직에서 공동으로 운영하는 신뢰성 높은 블록체인 네트워크를 형성할 수 있다.

비트코인이나 이더리움 등에 사용되고 있는 퍼블릭형 방식은 불특정 다수가 참가할 수 있다. 퍼블릭형의 경우 누구나 참가할 수 있기 때문에 악의적인 참가자가 참가할 가능성도 있다. 그렇기 때문에 블록체인 네트워크를 안전하게 운용하려면 이후에 설명할 PoW(Proof of Work)라는 합의 알고리즘을 병용해야 한다.

② 가볍고 빠른 합의 방식

각 참가 조직이 보유하고 있는 분산 원장을 갱신하기 위해서는 '합의'와 '파이널리티(Finality)'가 필요하다. 합의란 분산 원장의 갱신과 트랜잭션의 기록에 대해 합의하는 것을 말하며 트랜잭션의 정당성과 동일성을 확보하는 역할을 한다(1.1.2절 '블록체인의 구조' 참조). 그리고 파이널리티란 블록의 정당성을 최종 확인한 상태를 말한다.

앞에서 설명한 바와 같이 하이퍼레저 패브릭은 특정 조직만 참가할 수 있는 블록체인 네트워크를 형성한다. 그렇기 때문에 각 참여 기관이 가볍고 빠르게 파이널리티를 확보할 수 있는 합의 방식을 채용하고 있다.

비트코인과 이더리움 같은 퍼블릭 블록체인은 시스템을 안전하게 운영하기 위해 참가자에게 '채굴'이라는 방대한 계산을 하게끔 만든다. 채굴은 특정 조건을 만족시키는 값을 가장 먼저 찾는 참가자가 트랜잭션의 정당성 검증과 블록을 추가할 수 있는 권한을 받고, 그에 대한 보수로 일정량의 가상 화폐를 받는 것이다. 이런 방식을 PoW(작업 증명)라고 하며, 방대한 연산 자원과 일정 시간을 소모해야 하나의 블록을 생성할 수 있다[1].

③ 다양한 업무 처리 구현

하이퍼레저 패브릭은 스마트 계약을 '체인 코드(Chaincode)'라는 프로그램을 통해 구현해 자신만의 업무 로직을 만들고 실행할 수 있다. 반면 비트코인 등에 채용된 UTXO(Unspent Transaction Output) 방식은 코인이나 토큰의 권리 이전과 같은 특정 트랜잭션만을 처리할 수 있다.

④ 트랜잭션 실행 직후의 상태 보존

하이퍼레저 패브릭은 'State DB(State Database)'라는 데이터 저장소에 트랜잭션을 실행한 직후의 상태(물류의 경우에는 운송 기록 등)를 저장한다. 이를 통해 사용자는 모든 블록을 참조할 필요 없이 해당 시점의 상태를 바로 확인할 수 있다. 이더리움에도 이와 동일한 기능이 있지만 비트코인에는 최신 상태를 보존하는 기능이 없다.

---

1 (옮긴이) 비트코인 네트워크에서 누군가가 엄청난 성능의 연산 장치를 만들어서 1분만에 블록을 생성하게 된다면 비트코인 시스템은 난이도를 올려 엄청난 성능의 연산 장치가 10분간 연산을 해야 풀릴 수 있게끔 만든다. PoW에는 일정 시간 동안 문제를 풀어야 한다는 의미도 포함하고 있다.

⑤ 채널을 사용한 블록체인 네트워크의 논리적 분할

하이퍼레저 패브릭은 하나의 블록체인 네트워크를 논리적으로 독립된 여러 네트워크로 분할할 수 있다. 이렇게 분할된 네트워크를 '채널(Channel)'이라고 한다. 분리된 채널 간에는 체인 코드와 분산 원장이 공유되지 않는다.

2.2 하이퍼레저 패브릭 v1.x의 아키텍처

하이퍼레저 패브릭 블록체인 네트워크(이후 "하이퍼레저 패브릭 네트워크"라 한다)를 구현하는 데 중요한 각종 구성 요소의 기능과 역할, 트랜잭션의 처리 방법 등을 설명하겠다.

2.2.1 하이퍼레저 패브릭 v1.x의 구성 요소

하이퍼레저 패브릭 v1.x를 구성하는 주요 구성 요소는 그림 2.2.1과 같다.

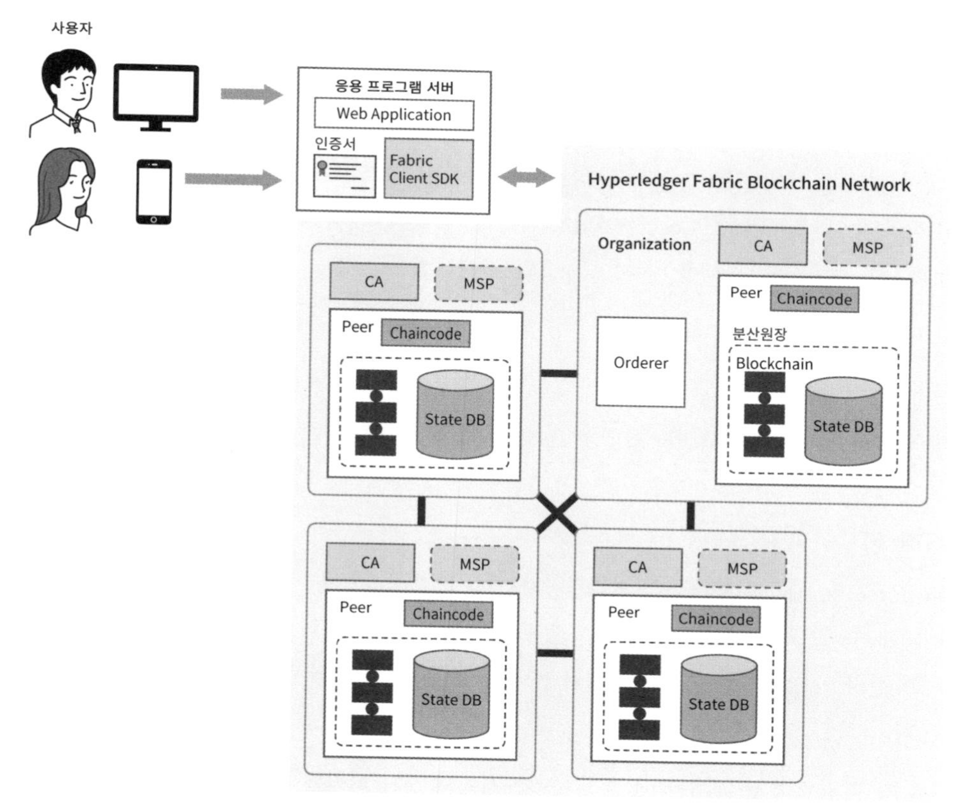

그림 2.2.1 하이퍼레저 패브릭의 구성 요소

● Hyperledger Fabric Client SDK

Hyperledger Fabric Client SDK는 클라이언트용 SDK(Software Development Kit)다. Hyperledger Fabric Client SDK는 하이퍼레저 패브릭의 기능을 이용하기 위한 API를 제공한다. 이를 통해 하이퍼레저 패브릭 네트워크를 구성하고 트랜잭션을 실행할 수 있다. Node.js 버전이 먼저 제공됐지만 이 책을 집필하는 시점에는 자바 버전이 제공되기 시작했으며 파이썬, Go 버전도 개발 중이다.

● Organization(조직)

하이퍼레저 패브릭 네트워크에 참여하는 조직을 나타내는 논리적 단위이며 각 피어와 오더러는 오거니제이션에 소속된다.

● Peer(피어)

조직 내의 노드를 나타내는 논리적 단위로서 블록체인, 상태 DB, 체인코드를 보유한다. 피어는 Endorser(보증인) 및 Committer(커미터)의 역할을 가지지만 성능 측면을 고려해 커미터 역할만 가진 피어만 배치할 수도 있다(자세한 내용은 2.2.2절 '트랜잭션 처리 흐름' 참조).

피어는 Endorser 역할을 수행할 때는 응용 프로그램(클라이언트)의 요청에 따라 트랜잭션에 대해 Endorsement(보증)한다.

커미터 역할을 할 때는 트랜잭션과 실행 결과의 타당성을 확인해 블록체인과 상태 DB를 갱신한다.

● Orderer(오더러)

보증(Endorsement)된 트랜잭션의 결과를 블록체인과 상태 DB에 기록하는 순서를 제어한다. 오더러는 하이퍼레저 패브릭 네트워크의 모든 트랜잭션을 제어하므로 단일 장애점이 되지 않도록 이중화 구성을 해야 한다. 이를 위해 분산 메시징 기술인 Apache Kafka(https://kafka.apache.org/)를 사용할 수 있다.

오더러를 각 조직에 분산 배치할 때 특정 조직에서의 부정한 처리를 제외하기 위한 비잔틴 결함 허용[2]을 갖춘 이중화 기능도 향후 제공될 예정이다.

---

2 비잔틴 결함 허용(Byzantine Fault Tolerance): 상호 통신하고 있는 P2P 네트워크에서 전체가 합의를 형성해야 할 때 악의를 가진 일부 노드가 잘못된 데이터를 전달해도(비잔틴 장군 문제) 올바른 합의를 형성할 수 있는 능력.

● Chaincode(체인코드)

체인코드는 스마트 계약을 구현하기 위한 프로그램으로(2.1절의 ③ 참조) 전용 컨테이너에서 실행된다. 개발 언어는 Go 버전이 먼저 제공됐지만 자바 버전과 Node.js 버전도 개발 중이다.

체인코드는 트랜잭션 요청에 따라 실행[3]되며 상태 DB를 읽고 쓰거나 과거의 상태 DB에 기록된 내역(블록 내에 포함)을 조회할 수 있다.

용도에 따라 여러 체인코드를 만들 수 있으며 한 체인코드에서 다른 체인코드를 호출할 수도 있다. 하지만 한 체인코드가 상태 DB에 저장한 데이터를 다른 체인코드에서 읽을 수 없다는 제약이 있다.

● 분산 원장 기술

하이퍼레저 패브릭 네트워크의 참가자끼리 동일한 정보(원장)를 공유하기 위해 사용하는 기술이다.

● 원장

하이퍼레저 패브릭에서 사용하는 원장은 블록체인과 상태 DB로 구성된다. 레저(Ledger)는 원장을 의미한다.

● 블록체인

하이퍼레저 패브릭의 블록체인도 기본적으로는 일반적인 블록체인과 동일한 구조(1장 참조)다. 하이퍼레저 패브릭의 블록체인이 다른 블록체인과 다른 점은 체인코드를 실행할 때 상태 DB에 저장된 내용(RWSet)을 블록 안에 저장한다는 점이다. 이런 구조를 통해 체인코드를 사용해 과거에 상태 DB에 저장한 이력을 조회할 수 있다.

● 상태 DB

트랜잭션을 실행한 결과로 얻을 수 있는 최신 상태(송금이나 출금을 했다면 통장에 남아있는 잔액)를 저장하는 데이터 저장소다(2.1절 ④ 참조).

상태 DB에서 사용하는 데이터 저장소는 기본적으로 LevelDB(http://leveldb.org/)라는 키-값(Key-Value) 형식의 DB를 사용하지만 JSON 형식 문서를 기본적으로 저장하는 Apache

---

3 실제 체인코드는 보증이 되는 순간에 실행되지만 상태 DB에는 갱신될 때 저장된다(2.2.2절의 '트랜잭션 처리 흐름' 참조).

CouchDB(http://couchdb.apache.org/)를 이용하기도 한다. 향후 관계형 데이터베이스를 지원하는 것도 검토하고 있다.

● MSP(Membership Service Provider)

하이퍼레저 패브릭이 표준으로 제공하는 CA(Certification Authority – 인증 기관) 또는 외부 CA와 연계해 사용자 등록 및 Ecert[4] 발행을 수행한다. MSP 및 CA는 조직 내에서 중복 구성이 가능하며, 각 조직별로 MSP를 만들 수 있다.

● Endorsement Policy(보증 정책)

블록체인 및 상태 DB를 갱신하기 위해 보증이 필요한 조직에 대한 정책을 규정한다. '특정 조직의 보증만을 필요로 함', '전체 조직 중 임의의 X개 조직의 보증이 필요함' 등의 규칙을 지정할 수 있다. 여러 정책을 규정하고 상황에 맞는 정책을 체인코드에 할당할 수 있다.

● Channel(논리적 분리 네트워크)

한 개의 하이퍼레저 패브릭 네트워크를 논리적으로 분리한 네트워크다(그림 2.2.2). 한 개의 네트워크 안에 독립된 여러 채널이 존재하는 것이 가능하다(MultiChannel). 각 채널은 동일한 분산 원장(상태 DB와 블록체인)을 보유한다.

채널은 조직의 일부분으로 참가 및 구성이 가능하다. 그림 2.2.2를 보면 C은행의 피어 c1은 채널 3에 참가하고 피어 c2는 채널 1에 참가하고 있다.

특정 조직이 여러 채널에 참가할 수도 있다. 그림 2.2.2에서 D운송은 채널 1과 채널 2에 참가하며 B상사는 채널 1, 채널 2, 채널 3에 참가한다.

---

4 Enrollment Certificate: 하이퍼레저 패브릭 네트워크에서 사용하는 사용자 인증서

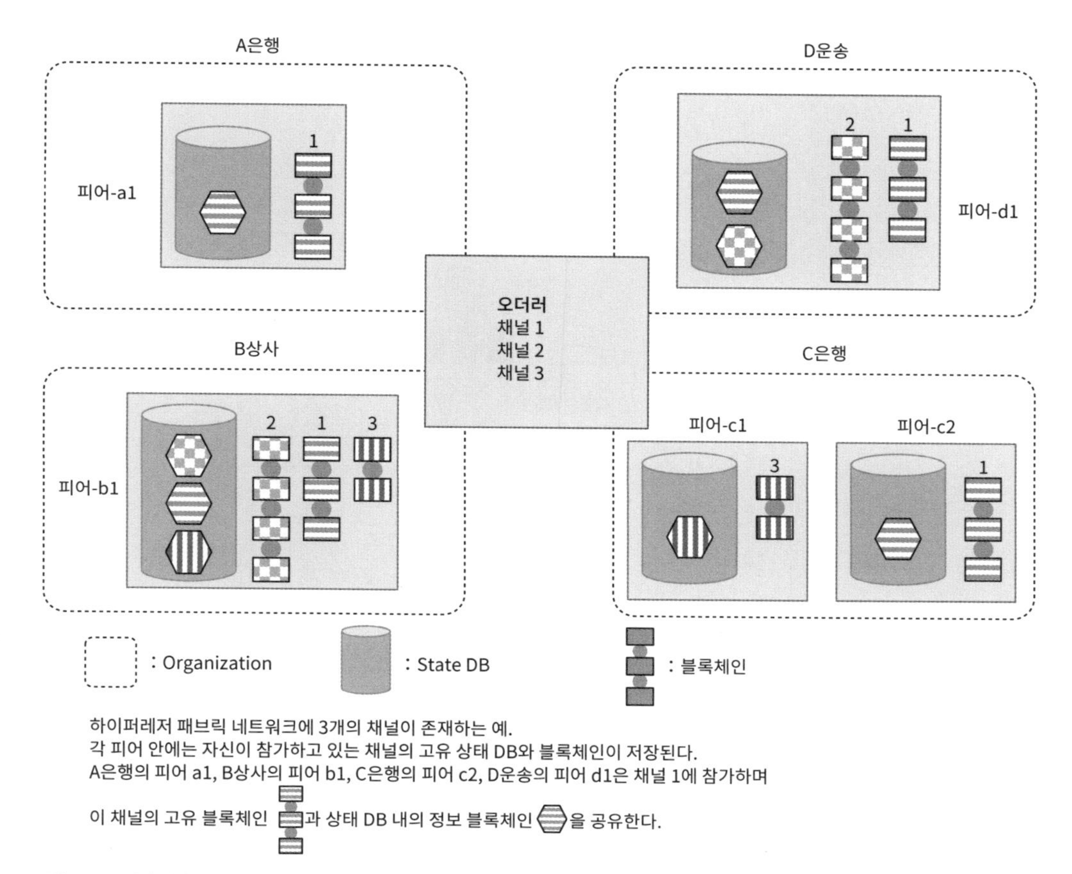

그림 2.2.2 채널 사용 예

2.2.2 트랜잭션 처리 흐름

하이퍼레저 패브릭 네트워크에서 트랜잭션을 실행하기 위해서는 사용자 등록을 해야 한다. 체인코드나 전 단계의 응용 프로그램(웹 응용 프로그램 등) 설계에 따라 조직 단위로 할지 개인 단위로 할지 선택한다.

등록된 사용자(조직의 멤버 또는 개인 사용자)에 대해 사전에 또는 로그인할 때 CA로부터 Ecert가 발행된다. 그 후 트랜잭션별로 ①~⑦ 과정이 반복된다(그림 2.2.3).

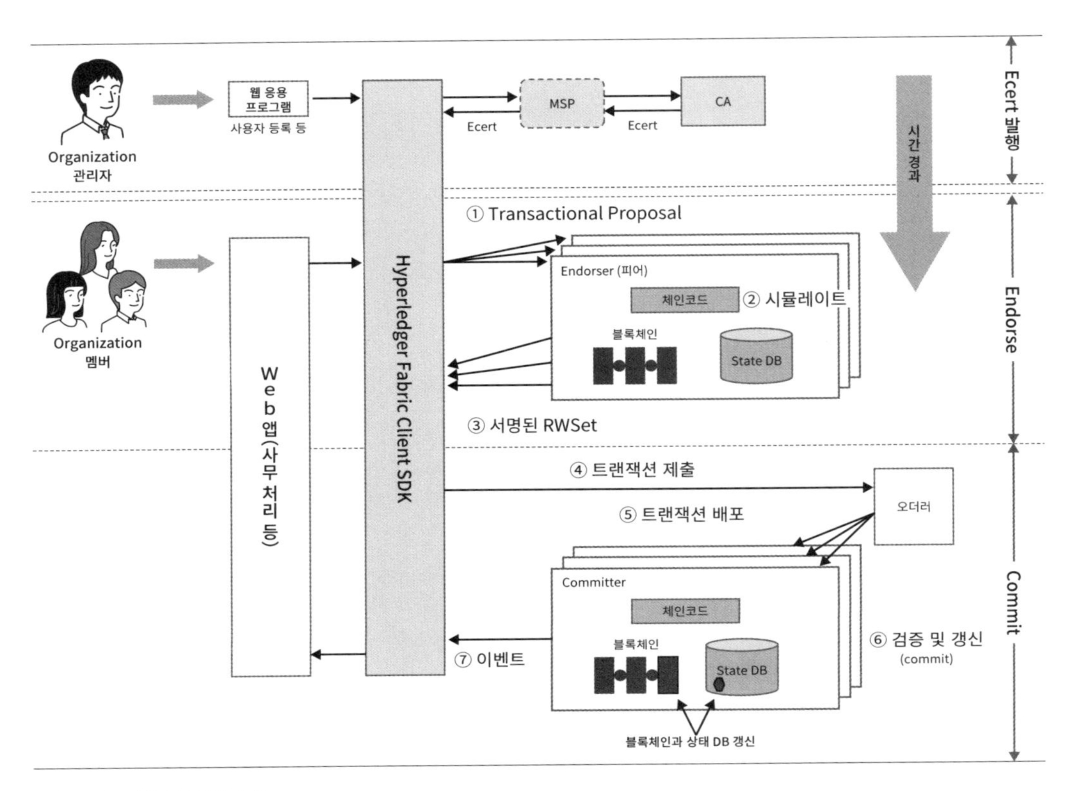

그림 2.2.3 트랜잭션 처리 흐름

① 하이퍼레저 패브릭 클라이언트 SDK를 이용하는 클라이언트(웹 응용 프로그램 등)로부터 체인코드 실행 요청을 받는다. 이를 'Transaction Proposal'이라고 한다. 보증 정책(Endorsement Policy)에 규정된 정책에 따라 대상이 되는 조직 내에서 임의의 보증인(피어)에게 보증 요청을 한다.

② 보증인이 체인코드를 시뮬레이트한다. 이때 상태 DB에는 내용이 저장되지 않고 대신 RWSet(read/write set)을 생성한다. RWSet은 체인코드를 시뮬레이트할 때 읽어 들일 대상의 키 항목과 그 항목의 버전 번호, 쓰기 대상의 키 항목과 그 버전 정보, 쓸 값을 담고 있다.

③ 보증인이 서명한 RWSet을 클라이언트에 돌려준다. 이렇게 해서 해당 트랜잭션은 대상 조직으로부터 보증된 것으로 취급된다.

④ 하이퍼레저 패브릭 클라이언트 SDK는 대상이 되는 여러 조직 내의 보증인으로부터 받은 서명된 RWSet을 통해 보증 정책이 충족된 것을 확인한다. 그리고 그 정보를 바탕으로 트랜잭션 제어를 오더러에게 요청한다(제출).

⑤ 오더러는 트랜잭션 순서를 제어한다. 정렬된 여러 트랜잭션(서명된 RWSet)은 하이퍼레저 패브릭 네트워크 내의 커미터(피어)에 배포된다. 이것은 1블록당 최대 트랜잭션 수 또는 시간 제한에 따라 이뤄진다. 이때 Gossip(가십) 프로토콜(2.2.3절 참조)이 이용된다.

⑥ 커미터가 트랜잭션(서명된 RWSet)을 검증한다. 그리고 검증이 성공하면 블록체인 및 상태 DB를 갱신(Commit)한다.

트랜잭션 검증은 보증 정책이 충족됐는지를 확인함과 동시에 RWSet에 저장돼 있는 키 항목의 버전 번호와 현재의 상태 DB 내에 해당하는 키 항목 버전 번호가 일치하는지를 검사한다. 이처럼 버전 번호를 검사해서 최신 데이터가 아닌 내용이 상태 DB에 저장되는 것을 방지하는 '낙관적 배타 제어'(칼럼 참조)를 실현한다.

⑦ 커미터는 이벤트를 발행해 클라이언트 측에 트랜잭션 검증의 성공과 실패를 통지한다. 검증 결과 배타제어 에러가 발생한 경우 이용자가 직접 처음부터 시도하게 하거나 클라이언트(웹 브라우저 등)가 자동으로 처음부터 재시도하게끔 해야 한다.

2.2.3 가십 프로토콜

가십 프로토콜은 오더러가 트랜잭션을 커미터에 배포할 때나 피어에 장애가 발생해 지연된(최신 내용으로 업데이트 되지 않음) 분산 원장(블록체인 및 상태 DB)을 복구하기 위한 동기화 처리에 사용된다.

가십 프로토콜의 동기화 처리 방식(그림 2.2.4)은 오더러가 모든 커미터와 직접 통신하는 것이 아니다. 오더러는 채널 단위로 오직 리더(Leader)인 피어하고만 직접 통신을 하며 리더 외의 피어는 리더를 통해 무작위로 버킷 릴레이 형식 데이터 동기화를 한다. 이 방식으로 조직 내의 커미터 수에 상관 없이 유연한 대응이 가능하며 확장성도 해결한다.

여기서 리더란 오더러와 직접 연결돼 다른 피어에게 가십 프로토콜 데이터를 전달하는 기점이 되는 피어를 말한다. 특별히 지정하지 않는 한 리더는 조직 내에서 자동으로 결정된다.

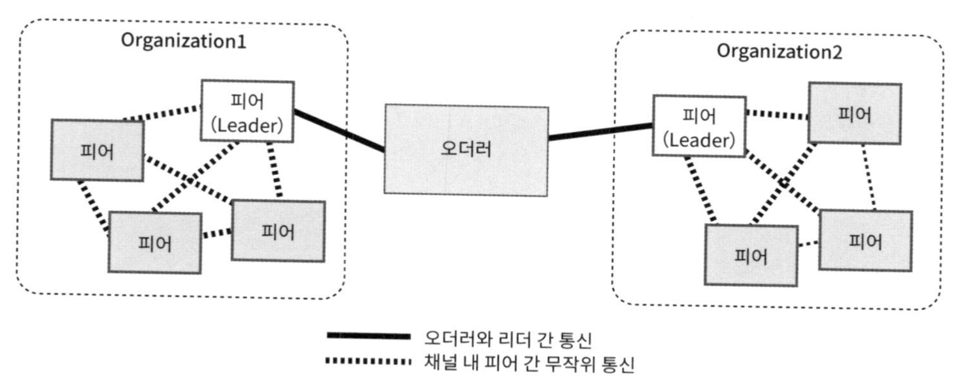

그림 2.2.4 가십 프로토콜

Column 가십 프로토콜을 통한 통신 방식

가십 프로토콜은 다음과 같은 세 가지 종류의 통신 방식이 있다.

① **Push**: 모든 피어가 메시지를 받을 때까지 무작위로 피어를 선택해 받은 메시지(Block)를 전송한다.

② **Pull**: 정기적으로 다른 피어에게 멤버 정보(채널에 속한 피어 정보)와 현재 블록에 대한 정보(블록 길이, 해시 값) 교환을 수행하며 차이가 있는 경우 동일한 정보를 갖도록 동기화한다.

③ **Alive 메시지**: 정기적으로 다른 피어에게 Alive 메시지를 보낸다. 일정 기간 Alive 메시지를 보내지 않은 피어는 Dead 상태로 판단한다.

Column 하이퍼레저 패브릭 v0.6과의 주요 변경점(기능 개선)

정식 버전인 하이퍼레저 v1.x가 공개되기 전 실증 실험을 위해 임시 버전인 하이퍼레저 패브릭 v0.6이 제공됐다. 하이퍼레저 패브릭 v0.6은 전 세계의 다양한 실증 실험에 이용됐으며, 많은 의견을 받았다. 정식 버전인 v1.0은 이때의 의견을 반영해 아키텍처를 크게 변경했다.

하이퍼레저 패브릭 v1.x를 더욱 잘 이해하기 위해 v0.6과의 변경점을 살펴보자.

① 확장성 향상(체인코드의 병렬 가동성 구현)

v0.6에서 Invoke 트랜잭션은 하이퍼레저 패브릭 클라이언트 SDK를 이용하는 클라이언트에서 임의의 피어에게 요청을 하고 그 후 피어 간 합의가 이뤄져 그대로 실행되는 형태였다. v1.x의 트랜잭션 요구 단계는 이 버전에는 없었다.

그렇기 때문에 피어는 합의된 순서대로 Invoke 트랜잭션을 처리하기 위한 체인코드를 실행해야 했다. 병렬 실행하면 트랜잭션의 실행 순서가 피어별로 달라질 수 있기 때문이다. 그리고 이런 순차적인 체인코드 실행이 확장성 구성에 걸림돌로 작용했다.

v1.x에서는 낙관적 배타 제어 구조를 도입해 트랜잭션 요구 단계에서 체인 코드를 병렬로 실행할 수 있게 함으로써[5] 확장성을 구현할 수 있게 됐다.

5 이 시점에서는 상태 DB에 기록하지 않고 RWSet만 생성해 갱신할 때 RWSet 내의 키 항목 버전을 체크한다.

② 채널을 이용한 블록체인 네트워크의 논리적 분할

본문에서도 설명했지만 블록체인 네트워크 내의 특정 참가자끼리 기밀 정보를 교환해야 하는 경우가 있기 때문에 채널을 사용해 블록체인 네트워크를 논리적으로 분할할 수 있게 만들었다.

③ 인증 기관의 이중 구성/복수 구성

v0.6에서는 가상 머신 계층에서 인증기관을 이중으로 구성해야 했다. 하지만 v1.x에서는 하이퍼레저 패브릭 계층에서 이중 구성을 할 수 있게 됐다.

그리고 v0.6에서는 인증기관이 중앙관리적인 관리와 운용을 해야 했지만 v1.x에서는 조직이라는 개념을 통해 조직별로 분산 관리 및 운영이 가능해졌다.

④ 기타 확장

v0.6에서는 참가한 피어 등을 동적으로(서비스를 중지하지 않고) 구성할 수 없었다. v1.x에서는 기본적으로 동적 구성이 가능해졌다.

또한 v0.6은 상태 DB에 단순한 키-값 형식의 데이터만 저장할 수 있었다. v1.x에서는 여기에 JSON 형식의 문서를 기본적으로 지원하며 JSON 항목 검색도 가능한 Apache CouchDB도 이용할 수 있게 했다.

그리고 v0.6에서는 체인코드를 다시 배포하면 체인코드의 ID가 변경되어 지금까지 상태 DB에 저장된 데이터에 접근할 수 없게 되는 등 운영상 제약이 있었지만 이런 제약도 v1.x에서는 해결됐다.

03 장

하이퍼레저 패브릭 시작하기

이번 장에서는 하이퍼레저 패브릭의 동작 환경을 구축하고 예제 응용 프로그램을 통해 실제 블록체인 네트워크를 동작시켜본다.

3.1 동작 환경에 대해

3.1.1 동작 환경

이 책에서 사용하는 하이퍼레저 패브릭 환경은 그림 3.1.1과 같다.

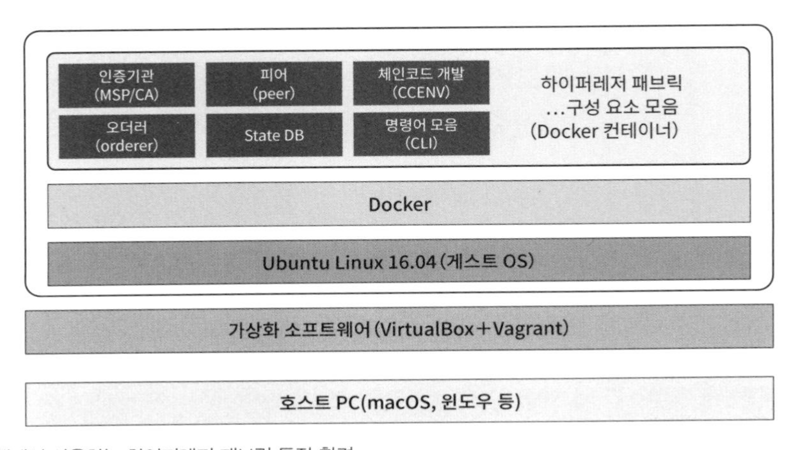

그림 3.1.1 이 책에서 사용하는 하이퍼레저 패브릭 동작 환경

여기서는 그림 3.1.1과 같이 가상화 소프트웨어(VirtualBox – 버추얼박스)를 사용해 리눅스(Ubuntu)를 설치하고 그 위에 하이퍼레저 패브릭 환경을 구축한다.

버추얼박스에 게스트 OS를 쉽게 설치하고 관리하기 위해 Vagrant(베이그런트)를 사용한다. 그리고 하이퍼레저 패브릭의 각 구성 요소는 컨테이너 형태로 제공되기 때문에 Docker(도커)를 사용한다.

호스트 OS는 가상화 소프트웨어를 지원해주는 OS 또는 우분투를 바로 사용해도 상관 없다.

이 책에서는 하이퍼레저 패브릭을 사용하기 위한 환경으로 리눅스를 사용하므로 리눅스에 대한 기본적인 지식이 있다는 것을 전제로 한다.

3.1.2 기본 구성

이번 장에서는 먼저 3.2절에서 사용할 하이퍼레저 패브릭의 환경을 구축하는 절차를 설명한다. 3.3절에서는 설정을 마친 하이퍼레저 패브릭 네트워크에서 예제 응용 프로그램을 실행해보고 블록체인 네트워크의 동작을 간단하게 살펴본다. 3.4절에서는 하이퍼레저 패브릭을 조작하기 위한 명령줄 인터페이스(CLI)를 소개한다. 3.5절에서는 버추얼박스의 가상화 환경을 사용하지 않는 환경을 구축하는 방법을 소개한다. 마지막으로 3.6절에서는 4장에서 사용할 하이퍼레저 패브릭 네트워크를 구축하는 절차를 설명한다.

3.2 하이퍼레저 패브릭 동작 환경 준비

하이퍼레저 패브릭을 바로 구축해보자.

3.2.1 필요한 도구 및 소프트웨어

이번 절에서 설치하는 각종 도구 및 소프트웨어는 다음과 같다[1].

● 가상화 소프트웨어

- VirtualBox(https://www.virtualbox.org/)
- Vagrant 2.0(https://www.vagrantup.com/)

● 리눅스 게스트 OS(하이퍼레저 패브릭을 구축할 OS 환경)

- Ubuntu 16.04.3 LTS x86/64bit(https://www.ubuntu.com/)

● 필요한 도구 및 소프트웨어(게스트 OS에 설치)

- Docker(https://www.docker.com/)
- Python 2.7(https://www.python.org/)
- Go(https://golang.org/)
- Node.js(https://nodejs.org/)
- npm
- GNU make, gcc/c++, libtool

위의 도구를 아래의 ①~④단계에서 설치한다.

① 버추얼박스와 베이그런트 설치

1 (옮긴이) 원서에서는 1.0.6을 다루고 있으나, 번역 시점에 출시된 1.4.x를 사용한다.

② 가상화 게스트 OS로 우분투 설치 및 초기 설정

③ 필요한 도구 및 소프트웨어를 우분투에 설치

④ 하이퍼레저 패브릭 설치 및 동작 확인

3.2.2 ① 버추얼박스와 베이그런트 설치

버추얼박스와 베이그런트를 설치한다.

● 버추얼박스 설치

버추얼박스(정식 명칭은 Oracle VM VirtualBox)는 오라클에서 개발한 x86 가상화 소프트웨어다. 이 소프트웨어를 동작 환경(호스트 OS)에 설치해서 다양한 OS(게스트 OS)를 가상 머신으로 사용할 수 있다.

버추얼박스 공식 홈페이지(https://www.vifrtualbox.org/, 그림 3.2.1)에서 'Download VirtualBox'라는 버튼 또는 왼쪽의 'Downloads'를 클릭해 다운로드 페이지로 이동한다.

그림 3.2.1 버추얼박스 공식 홈페이지

현재 사용 중인 OS를 선택해 다운로드한다(그림 3.2.2).

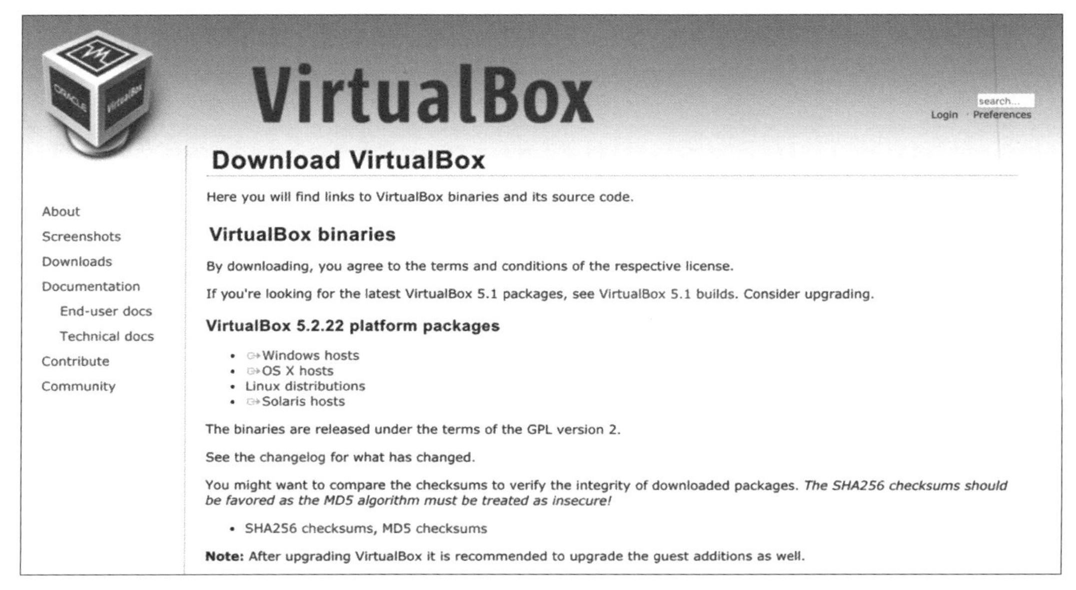

그림 3.2.2 버추얼박스 다운로드 페이지

내려받은 설치 파일을 실행해 설치를 완료하자.

● 베이그런트 설치

베이그런트는 Mitchell Hashimoto(HashiCorp 설립자)가 개발한 버추얼박스 등의 가상화 소프트웨어 및 구성 관리 도구를 쉽게 다루기 위한 도구다.

베이그런트 공식 홈페이지(https://www.vagrantup.com/, 그림 3.2.3)에서 'DOWNLOAD' 버튼을 클릭해 다운로드 페이지로 이동한다.

그림 3.2.3 베이그런트 공식 홈페이지

사용 중인 OS를 선택해 설치 파일을 다운로드한다(그림 3.2.4)

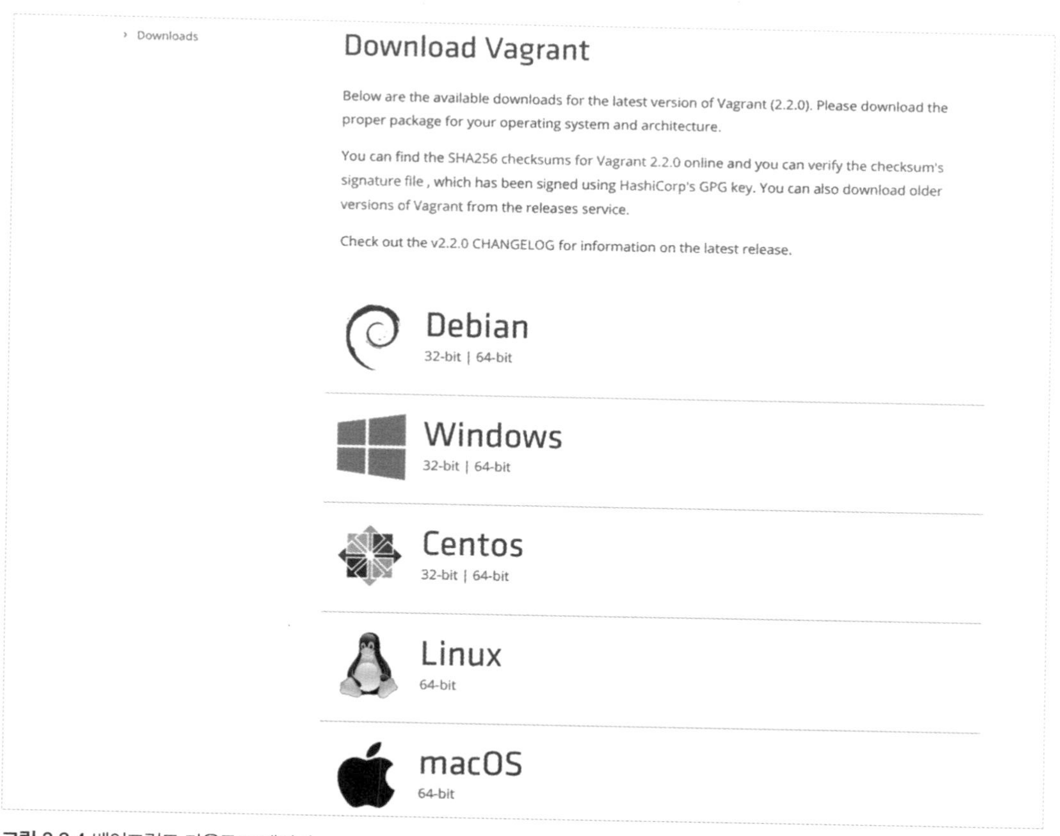

그림 3.2.4 베이그런트 다운로드 페이지

내려받은 설치 파일을 실행해 설치를 완료하자.

3.2.3 ② 가상화 게스트 OS로 우분투 설치 및 초기 설정

다음으로 리눅스 게스트 OS인 우분투 16.04를 설치한다. 우분투 공식 홈페이지(http://www.ubuntu.com/)에서 ISO 이미지를 다운로드한 뒤 설치할 수 있으나 여기서는 베이그런트를 이용해 설치해본다.

주의

윈도우 10을 사용하는 경우 사용자명에 한국어나 일본어 같은 2바이트 문자가 포함되는 경우 베이그런트가 정상적으로 동작하지 않는 경우가 있다. 이 경우 사용자명을 영어로 변경하거나, 신규 사용자를 영어 이름으로 등록해야 한다.

베이그런트에서 사용하는 게스트 OS 이미지는 'vagrant box'라는 파일에 저장된다. 보통 '.box'라는 확장자를 갖는다. 베이그런트 박스 파일은 인터넷에서 다운로드해서 로컬 파일 시스템에 설치하는 방법으로 사용한다.

여기서는 우분투 베이그런트 박스 파일을 우분투 공식 사이트에서 다운로드해서 로컬 파일 시스템에 설치하는 절차를 설명한다.

● 우분투 베이그런트 박스 파일 다운로드 및 설치

윈도우라면 명령 프롬프트를, macOS라면 터미널을 실행한다. 이후 설명에서는 모두 '터미널'로 표기한다.

터미널에서 `vagrant box add` 명령을 실행한다(항목 3.2.1). 네트워크 환경에 따라 수 초에서 수십 분이 걸릴 수 있다.

항목 3.2.1 우분투 베이그런트 박스 이미지 다운로드

```
> vagrant box add ubuntu1604 https://cloud-images.ubuntu.com/xenial/current/xenial-server-cloudimg-amd64-vagrant.box
==> box: Box file was not detected as metadata. Adding it directly...
==> box: Adding box 'ubuntu1604' (v0) for provider:
```

```
    box: Downloading: https://cloud-images.ubuntu.com/xenial/current/xenial-server-cloudimg-amd64-
vagrant.box
(생략)
```

`vagrant box add` 명령은 지정한 URL에 있는 베이그런트 박스 파일을 다운로드하고 게스트 OS 이미지를 베이그런트 도구 관리를 사용해 설치(등록)하는 명령어다. 첫 번째 인수로는 베이그런트 박스 이미지에 등록할 이름(위 예제에서는 `ubuntu1604`)을 지정하고 두 번째 인수로는 이미지가 위치한 URL(위 예제에서는 우분투 공식 amd64 버전 URL)을 지정한다.

베이그런트 박스 파일의 다운로드가 완료되면(항목 3.2.2) 게스트 OS 이미지(박스 이미지)가 지정한 이름으로 등록돼 바로 사용할 수 있다.

항목 3.2.2 우분투 베이그런트 박스 이미지 등록 완료

```
==> box: Successfully added box 'ubuntu1604' (v0) for 'virtualbox'!
```

등록된 베이그런트 박스 이미지는 `vagrant box list` 명령으로 확인할 수 있다(항목 3.2.3).

항목 3.2.3 등록된 베이그런트 박스 이미지 목록

```
> vagrant box list
ubuntu1604 (virtualbox, 0)
```

지정한 이름(ubuntu1604)으로 등록된 박스 이미지

● 우분투 베이그런트 박스 이미지를 이용해 우분투 게스트 OS를 설치

다음으로 `vagrant init` 명령을 사용해 게스트 OS용 `Vagrantfile`을 만든다. `Vagrantfile`은 지시서와 같은 것으로서 베이그런트 박스 이미지를 지정하거나 가상 머신, 게스트 OS를 설정하기 위한 루비 스크립트다.

적당한 작업용 디렉터리를 만들어(이 책에서는 `hlf`로 지정했다) 작업 디렉터리로 사용한다. 앞에서 등록한 베이그런트 박스의 ubuntu1604를 인수로 지정해 `vagrant init` 명령을 실행해보자(항목 3.2.4)

항목 3.2.4 vagrant init 실행

```
> vagrant init ubuntu1604
A `Vagrantfile` has been placed in this directory. You are now
ready to `vagrant up` your first virtual environment! Please read
the comments in the Vagrantfile as well as documentation on
`vagrantup.com` for more information on using Vagrant.
```

실행이 완료되고 Vagrantfile이 만들어진다.

● 게스트 OS의 메모리 설정

나중을 대비해 게스트 OS에 할당된 메모리 크기를 늘려두자. Vagrantfile을 텍스트 편집기로 연다(항목 3.2.5).

항목 3.2.5 Vagrantfile 내용(발췌)

```
# -*- mode: ruby -*-
# vi: set ft=ruby :

# All Vagrant configuration is done below. The "2" in Vagrant.configure
# configures the configuration version (we support older styles for
# backwards compatibility). Please don't change it unless you know what
# you're doing.
Vagrant.configure("2") do |config|
  # The most common configuration options are documented and commented below.
  # For a complete reference, please see the online documentation at
  # https://docs.vagrantup.com.

  # Every Vagrant development environment requires a box. You can search for
  # boxes at https://vagrantcloud.com/search.
  config.vm.box = "ubuntu1604"

  # Disable automatic box update checking. If you disable this, then
  # boxes will only be checked for updates when the user runs
  # `vagrant box outdated`. This is not recommended.
  # config.vm.box_check_update = false
(생략)
```

Vagrantfile의 내용 중 vb.memory 부분이 OS에 할당할 메모리 용량이다. 이 설정을 바꿔야 한다.

설정을 변경할 때 Vagrantfile 파일의 서식을 망가뜨리지 않도록 주의해야 한다. vb.memory는 'config.vm.provider … do'와 'end' 부분 사이에 있다. 기본 설정 파일은 '#'으로 주석 처리돼 있다. 옵션을 활성화하려면 해당 줄뿐만 아니라 'config.vm.provider …'와 'vb.memory', 'end'의 주석 처리를 모두 해제해야 한다(항목 3.2.6). 그 밖의 'vb.gui' 같은 설정은 변경하지 않아도 문제 없다.

'vb.memory' 설정만 '4096'(4GB)으로 변경한다.

항목 3.2.6 게스트 OS의 메모리 용량을 4GB로 설정

```
config.vm.provider "virtualbox" do |vb|
#   # Display the VirtualBox GUI when booting the machine
#   vb.gui = true
#
#   # Customize the amount of memory on the VM:
    vb.memory = "4096"
end
```

여기까지 해서 우분투 게스트 OS 준비가 완료됐다.

● 가상 머신과 게스트 OS 기동

우분투 게스트 OS를 기동해 보자. 가상 머신과 게스트 OS를 시작하는 명령은 `vagrant up`이다. `Vagrantfile`이 있는 디렉터리에서 해당 명령어를 입력한다(항목 3.2.7). 게스트 OS가 기동되기까지 몇 분 걸릴 수 있다.

항목 3.2.7 가상 머신과 게스트 OS 기동

```
> vagrant up
Bringing machine 'default' up with 'virtualbox' provider...
==> default: Importing base box 'ubuntu1604'...
==> default: Matching MAC address for NAT networking...
==> default: Setting the name of the VM: hlf_default_1541913402702_72987
Vagrant is currently configured to create VirtualBox synced folders with
the `SharedFoldersEnableSymlinksCreate` option enabled. If the Vagrant
guest is not trusted, you may want to disable this option. For more
information on this option, please refer to the VirtualBox manual:

  https://www.virtualbox.org/manual/ch04.html#sharedfolders

This option can be disabled globally with an environment variable:

  VAGRANT_DISABLE_VBOXSYMLINKCREATE=1

or on a per folder basis within the Vagrantfile:
```

```
  config.vm.synced_folder '/host/path', '/guest/path', SharedFoldersEnableSymlinksCreate: false
==> default: Clearing any previously set network interfaces...
==> default: Preparing network interfaces based on configuration...
    default: Adapter 1: nat
==> default: Forwarding ports...
    default: 22 (guest) => 2222 (host) (adapter 1)
==> default: Running 'pre-boot' VM customizations...
==> default: Booting VM...
==> default: Waiting for machine to boot. This may take a few minutes...
    default: SSH address: 127.0.0.1:2222
    default: SSH username: vagrant
    default: SSH auth method: private key
(생략)
    default: Guest Additions Version: 5.1.38
    default: VirtualBox Version: 5.2
==> default: Mounting shared folders...
    default: /vagrant => /Users/wikibooks/VirtualBox/hlf
```

게스트 OS의 기동이 완료되면 항목 3.2.7과 같이 출력된다. 시험 삼아 로그인해보자.

● 게스트 OS에 로그인

게스트 OS에 로그인하려면 `vagrant ssh` 명령을 사용한다. 게스트 OS가 있는 작업 디렉터리에서 명령을 실행하면 패스워드를 입력하지 않고 대상 게스트 OS에 로그인할 수 있다(항목 3.2.8).

항목 3.2.8 우분투 게스트 OS에 로그인

```
> vagrant ssh
Welcome to Ubuntu 16.04.5 LTS (GNU/Linux 4.4.0-138-generic x86_64)

 * Documentation:  https://help.ubuntu.com
 * Management:     https://landscape.canonical.com
 * Support:        https://ubuntu.com/advantage

  Get cloud support with Ubuntu Advantage Cloud Guest:
    http://www.ubuntu.com/business/services/cloud
```

```
(생략)

vagrant@ubuntu-xenial:~$
```

로그인한 김에 초기 설정을 해둔다. 필수는 아니지만 설정해두면 편리하다.

● Bash 셸 프롬프트 설정

기본 프롬프트는 꽤 길기 때문에 경로 정보만 표시하도록 설정해 둔다(항목 3.2.9).

항목 3.2.9 프롬프트를 짧게 설정

```
vagrant@ubuntu-xenial:~$ echo 'export PS1="\[\e[34;1m\]\w\[\e[m\]$ "' >> ~/.profile
vagrant@ubuntu-xenial:~$ source .profile
~$
```

● 사용자 패스워드 변경

기본 사용자인 'vagrant'의 패스워드를 변경한다(항목 3.2.10). 자신이 외울 수 있는 패스워드로 설정한다.

항목 3.2.10 사용자 패스워드 변경

```
~$ sudo passwd vagrant
Enter new UNIX password: 변경할 패스워드
Retype new UNIX password: 확인을 위해 변경할 패스워드를 재입력
passwd: password updated successfully
```

● 시간대를 한국 표준시로 설정

설치한 직후 시간대는 기본적으로 UTC(협정 표준시)로 설정돼 있다. 로그를 출력할 때 쉽게 읽을 수 있도록 시간대를 한국 표준시(KST)로 변경한다(항목 3.2.11).

항목 3.2.11 우분투의 시간대를 한국 표준시로 설정

```
~$ sudo timedatectl set-timezone Asia/Seoul
~$ timedatectl
```

```
      Local time: Sun 2018-11-11 15:48:14 KST
  Universal time: Sun 2018-11-11 06:48:14 UTC
        RTC time: Sun 2018-11-11 06:48:12
       Time zone: Asia/Seoul (KST, +0900)
 Network time on: yes
NTP synchronized: no
 RTC in local TZ: no
```

● 게스트 OS 정지

게스트 OS를 정지하려면 `vagrant halt` 명령을 사용한다. 이 명령을 실행하면 게스트 OS가 셧다운(shutdown)된다. 정지된 게스트 OS는 `vagrant up` 명령으로 재기동할 수 있다.

● 게스트 OS 중단 및 재개

게스트 OS를 정지하는 다른 방법으로 '중단'이 있다. 중단은 현재의 상태를 그대로 보존하고 있기 때문에 이후에 기기를 재시작(재개)하더라도 중단된 상태에서 바로 시작된다. 중단과 재개 명령은 각각 `vagrant suspend`와 `vagrant resume`이다.

suspend/resume을 통해 기동 시간을 단축하는 것뿐만 아니라 앞의 작업 상태를 바로 재개할 수 있으므로 정지보다는 중단을 사용하는 것이 여러모로 편리하다.

● 게스트 OS(가상 머신) 삭제

게스트 OS를 삭제하는 명령은 `vagrant destroy`다. 게스트 OS는 가상 머신과 함께 완전히 삭제되므로 주의해서 사용해야 한다.

지금까지 알아본 `vagrant` 명령은 모두 대상이 되는 게스트 OS가 있는 베이그런트 작업 디렉터리에서 실행해야 한다.

이상으로 이번 장에서 사용할 우분투 게스트 OS의 설정과 베이그런트 작업 절차를 모두 설명했다. 이후에는 우분투 게스트 OS 안에서 실행하는 절차를 설명한다. 필요한 경우 외에는 로그인 같은 전제 단계는 생략하므로 주의하기 바란다.

3.2.4 ③ 필요한 도구 및 소프트웨어를 우분투에 설치

이번 단계에서는 하이퍼레저 패브릭의 동작에 필요한 도구와 소프트웨어 설치 절차를 설명한다. 설치할 도구와 소프트웨어 목록은 3.2.1절을 참고하자.

● 도커 CE(및 Docker Compose) 설치

하이퍼레저 패브릭의 각종 구성 요소는 도커 사용을 전제로 해서 컨테이너 형태로 제공된다. 이들 구성 요소는 도커 소프트웨어와 도커 컴포즈 도구로 실행한다.

도커는 도커사(구 dotCloud)에서 개발한 컨테이너형 가상화 소프트웨어다. 매우 가볍고 컨테이너형 응용 프로그램을 간단하게 관리할 수 있어 호평을 받고 있다. 같은 제품군의 하나인 도커 컴포즈는 컨테이너형 응용 프로그램과 그 네트워크를 구성하는 도구로서 하이퍼레저 패브릭 응용 프로그램처럼 여러 구성 요소로 이뤄진 응용 프로그램을 편하게 구축할 수 있다.

도커는 무료 버전인 커뮤니티 에디션(CE)과 유료 버전인 엔터프라이즈 에디션(EE)이 있으나 이 책에서는 커뮤니티 에디션을 사용한다. 도커 스토어 페이지(그림 3.2.5)에서도 내려받을 수 있으나 여기서는 도커의 공식 매뉴얼[2]을 참고해서 우분투의 apt 패키지 관리 도구를 이용해 설치하겠다(항목 3.2.12).

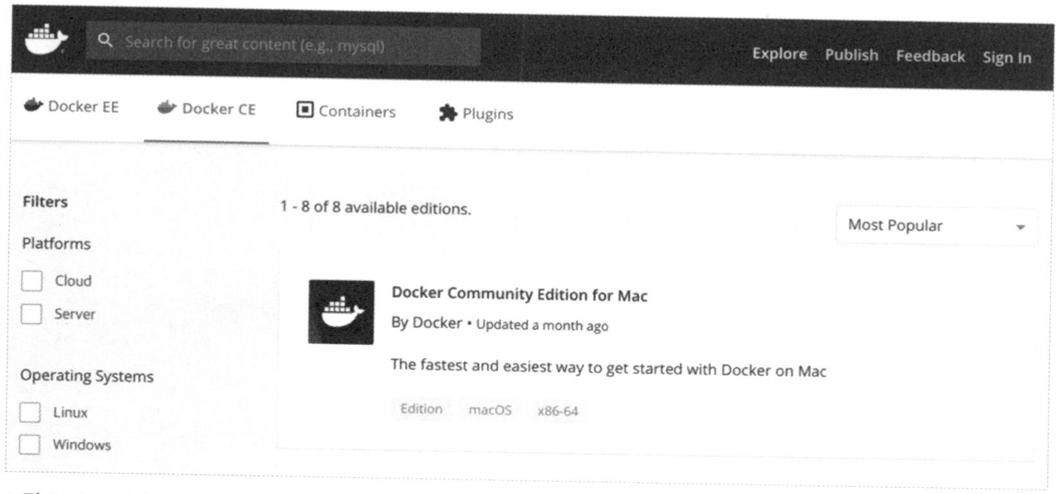

그림 3.2.5 도커 스토어

2 https://docs.docker.com/install/linux/docker-ce/ubuntu/#install-using-the-repository

항목 3.2.12 도커 CE 설치

```
~$ sudo apt update
(생략)
~$ sudo apt upgrade
(생략)
~$ sudo apt -y install apt-transport-https ca-certificates curl software-properties-common
Reading package lists... Done
Building dependency tree
Reading state information... Done
(생략)
~$ curl -fsSL https://download.docker.com/linux/ubuntu/gpg | sudo apt-key add -
OK
~$ sudo add-apt-repository "deb [arch=amd64] https://download.docker.com/linux/ubuntu \
>       $(lsb_release -cs) stable"
~$ sudo apt update
(생략)
~$ sudo apt -y install docker-ce
Reading package lists... Done
Building dependency tree
Reading state information... Done
(생략)
```

도커가 잘 설치됐는지 확인해보자(항목 3.2.13).

항목 3.2.13 도커 버전 표시

```
~$ sudo docker version
Client:
 Version:           18.09.0
 API version:       1.39
 Go version:        go1.10.4
 Git commit:        4d60db4
 Built:             Wed Nov  7 00:48:57 2018
 OS/Arch:           linux/amd64
 Experimental:      false

Server: Docker Engine - Community
 Engine:
```

```
 Version:          18.09.0
 API version:      1.39 (minimum version 1.12)
 Go version:       go1.10.4
 Git commit:       4d60db4
 Built:            Wed Nov  7 00:16:44 2018
 OS/Arch:          linux/amd64
 Experimental:     false
```

항목 3.2.13에서는 docker version 명령에 'sudo'를 붙여 실행했다. 이것은 docker 명령이 docker 그룹에 속한 사용자가 아니면 이용할 수 없기 때문이다. 사용자를 docker 그룹에 추가한 뒤 다시 로그인해서 docker 명령을 실행해본다(항목 3.2.14).

항목 3.2.14 도커 그룹 추가

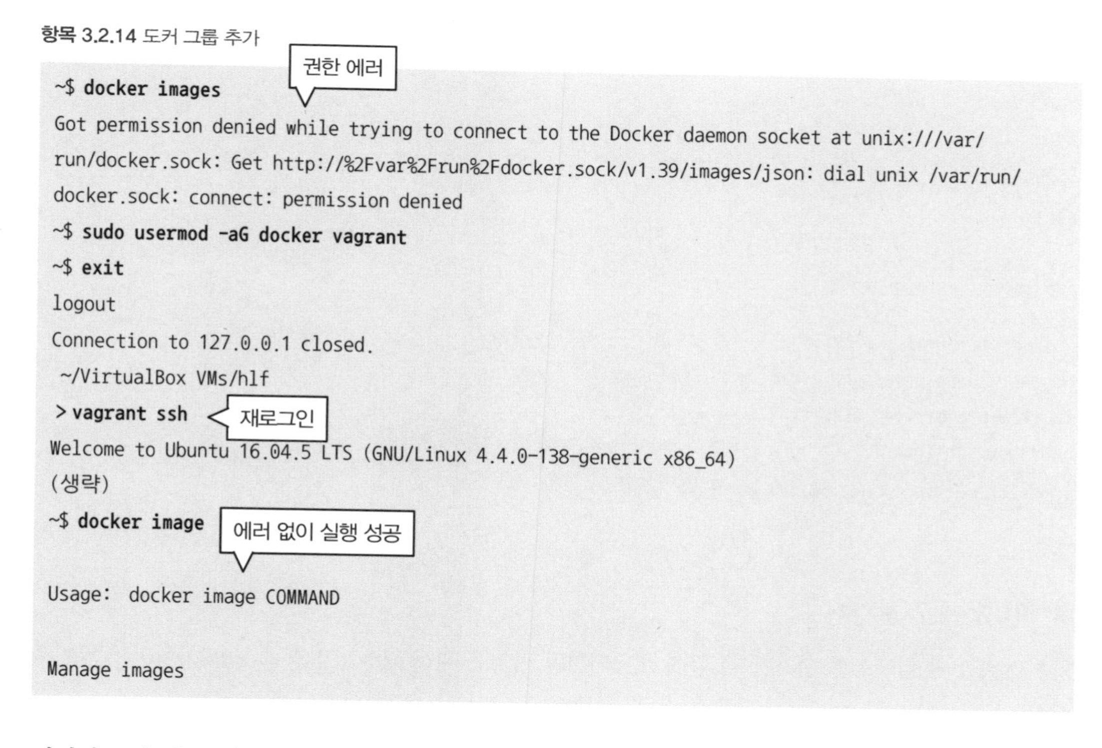


```
~$ docker images
Got permission denied while trying to connect to the Docker daemon socket at unix:///var/
run/docker.sock: Get http://%2Fvar%2Frun%2Fdocker.sock/v1.39/images/json: dial unix /var/run/
docker.sock: connect: permission denied
~$ sudo usermod -aG docker vagrant
~$ exit
logout
Connection to 127.0.0.1 closed.
 ~/VirtualBox VMs/hlf
> vagrant ssh
Welcome to Ubuntu 16.04.5 LTS (GNU/Linux 4.4.0-138-generic x86_64)
(생략)
~$ docker image

Usage:  docker image COMMAND


Manage images
```

이어서 도커 컴포즈(docker-compose 명령)를 설치한다(항목 3.2.15).

항목 3.2.15 도커 컴포즈 설치

```
~$ sudo apt -y install docker-compose
Reading package lists... Done
```

```
Building dependency tree
Reading state information... Done
The following additional packages will be installed:
  libpython-stdlib libpython2.7-minimal libpython2.7-stdlib python python-backports.ssl-match-
hostname
  python-cached-property python-cffi-backend python-chardet python-cryptography python-docker
python-dockerpty
  python-docopt python-enum34 python-funcsigs python-functools32 python-idna python-ipaddress
python-jsonschema
  python-minimal python-mock python-ndg-httpsclient python-openssl python-pbr python-pkg-resources
python-pyasn1
  python-requests python-six python-texttable python-urllib3 python-websocket python-yaml
python2.7 python2.7-minimal
Suggested packages:
(생략)
```

도커 컴포즈가 잘 설치됐는지 확인해보자(항목 3.2.16). 의존 소프트웨어로 파이썬 2.7이 함께 설치된다.

항목 3.2.16 도커 컴포즈 버전 확인

```
~$ docker-compose version
docker-compose version 1.8.0, build unknown
docker-py version: 1.9.0
CPython version: 2.7.12
OpenSSL version: OpenSSL 1.0.2g  1 Mar 2016
```

● 파이썬 2.7 설치

파이썬은 도커 컴포즈를 설치할 때 함께 설치되지만 만약을 위해 `python` 명령을 사용해 설치돼 있는지 확인해본다(항목 3.2.17).

항목 3.2.17 파이썬 버전 확인

```
~$ python -V
Python 2.7.12
```

만약 설치돼 있지 않다면 다음과 같이 파이썬을 설치한다.

항목 3.2.18 파이썬 설치

```
~$ sudo apt -y install python
```

● Go 언어 설치

4장에서는 Go 언어를 사용해 스마트 계약을 개발한다. 이를 대비해 미리 Go 언어를 설치해둔다.

하이퍼레저 패브릭 1.4에서는 Go 1.11.0을 지원한다. 이 책에서는 Go 공식 홈페이지에서 URL을 확인한 후 wget을 사용해 설치한다(항목 3.2.19)[3].

항목 3.2.19 Go 언어 설치

```
~$ wget https://dl.google.com/go/go1.10.4.linux-amd64.tar.gz
~$ sudo tar -C /usr/local -xzf go1.10.4.linux-amd64.tar.gz
~$ echo 'export PATH=$PATH:/usr/local/go/bin' >> ~/.profile
~$ source .profile
```

확인을 위해 go version 명령을 실행해본다(항목 3.2.20).

항목 3.2.20 go version 실행

```
~$ go version
go version go1.10.4 linux/amd64
```

● Node.js, npm 설치

4장에서 하이퍼레저 패브릭 SDK for Node.js를 사용하므로 여기서 Node.js를 설치해둔다(항목 3.2.21). 하이퍼레저 패브릭 1.4는 Node.js 8.9.x 이상[4]을 지원하므로 해당 버전을 설치한다.

---

3 Go 작업 디렉터리 설정과 GOPATH 환경변수 설정은 4장에서 설명하므로 여기서는 생략한다.

4 (옮긴이) Node.js 9.x는 지원하지 않는다.

항목 3.2.21 Node.js, npm 설치

```
~$ curl -sL https://deb.nodesource.com/setup_8.x | sudo bash -
(생략)
~$ sudo apt install nodejs
(생략)
~$ node -v
v8.15.0
~$ npm -v    < npm도 함께 설치된다
6.4.1
```

● GNU make, gcc/g++, libtool 설치

마지막으로 GNU make와 gcc/g++, libtool을 설치한다(항목 3.2.22). 이 도구들은 npm 명령 등이 Node.js 응용 프로그램의 의존 모듈이나 라이브러리를 설치할 때나 체인코드를 컴파일할 때, 네이티브 코드를 포함하는 모듈을 빌드하는 데 필요하다.

항목 3.2.22 GNU make, gcc/g++, libtool 설치

```
~$ sudo apt -y install make gcc g++ libtool
(생략)
```

이로써 하이퍼레저 패브릭 설치를 위한 준비를 모두 마쳤다.

3.2.5 ④ 하이퍼레저 패브릭 설치 및 동작 확인

준비가 완료되면 하이퍼레저 패브릭을 설치한다.

● CLI와 도커 컨테이너 설치

공식 홈페이지의 가이드[5]에 따라 설치용 스크립트를 다운로드한 뒤 실행한다(항목 3.2.23). 하이퍼레저 패브릭의 명령줄 인터페이스(CLI, 이후 명령어에 대해서도 설명한다)[6]는 현재 디렉터리 아래의 fabric-sample/bin 디렉터리에 설치된다. 도커 이미지를 다운로드하기까지 몇 분 정도 걸린다.

5 https://hyperledger-fabric.readthedocs.io/en/release-1.4/install.html

6 '플랫폼 바이너리'라고도 한다.

항목 3.2.23 하이퍼레저 패브릭(v1.4) 설치

```
~$ mkdir fabric
~$ cd fabric
~/fabric$ curl -sSL http://bit.ly/2ysbOFE | bash -s 1.4.0
Installing hyperledger/fabric-samples repo

==> Cloning hyperledger/fabric-samples repo and checkout v1.4.0
Cloning into 'fabric-samples'...
remote: Enumerating objects: 1, done.
remote: Counting objects: 100% (1/1), done.
remote: Total 2021 (delta 0), reused 0 (delta 0), pack-reused 2020
Receiving objects: 100% (2021/2021), 682.91 KiB | 761.00 KiB/s, done.
Resolving deltas: 100% (993/993), done.
Checking connectivity... done.
Note: checking out 'v1.4.0'.

You are in 'detached HEAD' state. You can look around, make experimental
changes and commit them, and you can discard any commits you make in this
state without impacting any branches by performing another checkout.
(생략)
```

하이퍼레저 패브릭의 명령어가 설치된 bin 디렉터리(이 예제에서는 ~/fabric-samples/bin)를 PATH 환경 변수에 등록해둔다(항목 3.2.24)[7].

항목 3.2.24 하이퍼레저 패브릭 명령어 디렉터리의 경로 설정

```
~/fabric$ cd fabric-sample
~/fabric/fabric-samples$ ls bin
configtxgen  configtxlator  cryptogen  discover  fabric-ca-client  get-docker-images.sh  idemixgen
orderer  peer
~/fabric/fabric-samples$ echo 'export PATH=$PATH:$HOME/fabric/fabric-samples/bin' >> ~/.profile
~/fabric/fabric-samples$ source ~/.profile
```

7 버추얼박스를 사용하지 않은 환경(3.5절 참조)이나 macOS에서는 '~/.Profile'이 아니라 '~/.bash_profile'로 지정한다.

설치가 완료되면 각 구성 요소의 도커 컨테이너가 등록된다(항목 3.2.25).

항목 3.2.25 하이퍼레저 패브릭(v1.4.0) 도커 컨테이너

```
~/fabric/fabric-samples$ docker images --format "table {{.Repository}}\t{{.Tag}}\t{{.Size}}"
REPOSITORY                          TAG             SIZE
hyperledger/fabric-tools            1.4.0           1.56GB
hyperledger/fabric-tools            latest          1.56GB
hyperledger/fabric-ccenv            1.4.0           1.43GB
hyperledger/fabric-ccenv            latest          1.43GB
hyperledger/fabric-orderer          1.4.0           150MB
hyperledger/fabric-orderer          latest          150MB
hyperledger/fabric-peer             1.4.0           157MB
hyperledger/fabric-peer             latest          157MB
hyperledger/fabric-ca               1.4.0           244MB
hyperledger/fabric-ca               latest          244MB
hyperledger/fabric-zookeeper        0.4.14          1.43GB
hyperledger/fabric-zookeeper        latest          1.43GB
hyperledger/fabric-kafka            0.4.14          1.44GB
hyperledger/fabric-kafka            latest          1.44GB
hyperledger/fabric-couchdb          0.4.14          1.5GB
hyperledger/fabric-couchdb          latest          1.5GB
hyperledger/fabric-baseos           amd64-0.4.14    124MB
```

● 공식 예제 다운로드

v1.0에서는 별도로 예제 코드를 내려받아야 하지만 v1.4에서는 예제 코드를 명령어 세트와 같이 한 번에 내려받는다. 이 예제 코드는 이후 장에서 사용하므로 다운로드된 것만 확인한다. 만약 다운로드되지 않았거나 실수로 삭제한 경우 다음과 같이 내려받을 수 있다.

항목 3.2.26 하이퍼레저 패브릭의 공식 예제 코드 다운로드

```
~/fabric$ git clone https://github.com/hyperledger/fabric-samples.git -b v1.4.0
```

● fabcar를 통한 간단한 동작 확인

공식 예제 코드의 하나인 'fabcar'[8]를 통해 하이퍼레저 패브릭이 제대로 동작하는지 확인해보자. fabcar는 Hyperledger Fabric SDK for Node.js를 사용한 단순한 자동차 거래 응용 프로그램이다.

npm 도구에 의존 모듈을 설치하고 제공된 설치 스크립트(startFabric.sh)를 실행한다(항목 3.2.27).

항목 3.2.27 fabcar 예제 코드 설치

```
~/fabric/fabric-samples$ cd fabcar/
~/fabric-samples/fabcar$ ./startFabric.sh javascript    설치 스크립트 실행
# don't rewrite paths for Windows Git Bash users
export MSYS_NO_PATHCONV=1

docker-compose -f docker-compose.yml down
Removing network net_basic

docker-compose -f docker-compose.yml up -d ca.example.com orderer.example.com
peer0.org1.example.com couchdb
Creating network "net_basic" with the default driver
Creating ca.example.com
Creating couchdb
Creating orderer.example.com
Creating peer0.org1.example.com

# wait for Hyperledger Fabric to start
# incase of errors when running later commands, issue export FABRIC_START_TIMEOUT=<larger number>
export FABRIC_START_TIMEOUT=10
#echo ${FABRIC_START_TIMEOUT}
sleep ${FABRIC_START_TIMEOUT}

# Create the channel
docker exec -e "CORE_PEER_LOCALMSPID=Org1MSP" -e "CORE_PEER_MSPCONFIGPATH=/etc/hyperledger/
msp/users/Admin@org1.example.com/msp" peer0.org1.example.com peer channel create -o
orderer.example.com:7050 -c mychannel -f /etc/hyperledger/configtx/channel.tx
2019-03-03 11:56:38.603 UTC [channelCmd] InitCmdFactory -> INFO 001 Endorser and orderer
connections initialized
```

8 https://hyperledger-fabric.readthedocs.io/en/release-1.4/write_first_app.html

```
2019-03-03 11:56:38.644 UTC [cli.common] readBlock -> INFO 002 Received block: 0
# Join peer0.org1.example.com to the channel.
docker exec -e "CORE_PEER_LOCALMSPID=Org1MSP" -e "CORE_PEER_MSPCONFIGPATH=/etc/hyperledger/msp/
users/Admin@org1.example.com/msp" peer0.org1.example.com peer channel join -b mychannel.block
2019-03-03 11:56:38.919 UTC [channelCmd] InitCmdFactory -> INFO 001 Endorser and orderer
connections initialized
2019-03-03 11:56:39.046 UTC [channelCmd] executeJoin -> INFO 002 Successfully submitted proposal
to join channel
Creating cli
2019-03-03 11:56:40.247 UTC [chaincodeCmd] checkChaincodeCmdParams -> INFO 001 Using default escc
2019-03-03 11:56:40.247 UTC [chaincodeCmd] checkChaincodeCmdParams -> INFO 002 Using default vscc
2019-03-03 11:56:40.278 UTC [chaincodeCmd] install -> INFO 003 Installed remotely
response:<status:200 payload:"OK" >
2019-03-03 11:56:40.558 UTC [chaincodeCmd] checkChaincodeCmdParams -> INFO 001 Using default escc
2019-03-03 11:56:40.559 UTC [chaincodeCmd] checkChaincodeCmdParams -> INFO 002 Using default vscc
2019-03-03 11:57:39.228 UTC [chaincodeCmd] chaincodeInvokeOrQuery -> INFO 001 Chaincode invoke
successful. result: status:200

Total setup execution time : 75 secs ...

Next, use the FabCar applications to interact with the deployed FabCar contract.
The FabCar applications are available in multiple programming languages.
Follow the instructions for the programming language of your choice:

JavaScript:

  Start by changing into the "javascript" directory:
    cd javascript

  Next, install all required packages:
    npm install

  Then run the following applications to enroll the admin user, and register a new user
  called user1 which will be used by the other applications to interact with the deployed
  FabCar contract:
    node enrollAdmin
    node registerUser

  You can run the invoke application as follows. By default, the invoke application will
```

```
    create a new car, but you can update the application to submit other transactions:
      node invoke

    You can run the query application as follows. By default, the query application will
    return all cars, but you can update the application to evaluate other transactions:
      node query

  TypeScript:

    Start by changing into the "typescript" directory:
      cd typescript

    Next, install all required packages:
      npm install

    Next, compile the TypeScript code into JavaScript:
      npm run build

    Then run the following applications to enroll the admin user, and register a new user
    called user1 which will be used by the other applications to interact with the deployed
    FabCar contract:
      node dist/enrollAdmin
      node dist/registerUser

    You can run the invoke application as follows. By default, the invoke application will
    create a new car, but you can update the application to submit other transactions:
      node dist/invoke

    You can run the query application as follows. By default, the query application will
    return all cars, but you can update the application to evaluate other transactions:
      node dist/query

~/fabric-samples/fabcar$ cd javascript
~/fabric-samples/fabcar/javascript$ npm install

> pkcs11js@1.0.17 install ~/fabric-samples/fabcar/javascript/node_modules/pkcs11js
> node-gyp rebuild

make: Entering directory '~/fabric-samples/fabcar/javascript/node_modules/pkcs11js/build'
```

```
  CXX(target) Release/obj.target/pkcs11/src/main.o
  CXX(target) Release/obj.target/pkcs11/src/dl.o
  CXX(target) Release/obj.target/pkcs11/src/const.o
  CXX(target) Release/obj.target/pkcs11/src/pkcs11/error.o
  CXX(target) Release/obj.target/pkcs11/src/pkcs11/v8_convert.o
  CXX(target) Release/obj.target/pkcs11/src/pkcs11/template.o
  CXX(target) Release/obj.target/pkcs11/src/pkcs11/mech.o
  CXX(target) Release/obj.target/pkcs11/src/pkcs11/param.o
  CXX(target) Release/obj.target/pkcs11/src/pkcs11/param_aes.o
  CXX(target) Release/obj.target/pkcs11/src/pkcs11/param_rsa.o
  CXX(target) Release/obj.target/pkcs11/src/pkcs11/param_ecdh.o
  CXX(target) Release/obj.target/pkcs11/src/pkcs11/pkcs11.o
  CXX(target) Release/obj.target/pkcs11/src/async.o
  CXX(target) Release/obj.target/pkcs11/src/node.o
  SOLINK_MODULE(target) Release/obj.target/pkcs11.node
  COPY Release/pkcs11.node
make: Leaving directory '/~/fabric-samples/fabcar/javascript/node_modules/pkcs11js/build'

> grpc@1.14.2 install ~/fabric-samples/fabcar/javascript/node_modules/grpc
> node-pre-gyp install --fallback-to-build --library=static_library

node-pre-gyp WARN Using request for node-pre-gyp https download
[grpc] Success: "~/fabric-samples/fabcar/javascript/node_modules/grpc/src/node/extension_binary/
node-v57-linux-x64-glibc/grpc_node.node" is installed via remote
npm notice created a lockfile as package-lock.json. You should commit this file.
npm WARN fabcar@1.0.0 No repository field.

added 501 packages from 1050 contributors and audited 1687 packages in 78.598s
found 0 vulnerabilities
```

동작 확인이므로 상세한 설명은 생략한다. 1개 조직, 1개 인증기관, 1개 오더러, 1개 피어, 상태 DB로 CouchDB를 사용하는 단순한 구성의 하이퍼레저 패브릭 네트워크가 만들어졌다[9]. 그 위에 mychannel이라는 채널과 자동차 거래용 체인코드, 초기 데이터가 설치된 상태다.

9 자세한 내용은 https://hyperledger-fabric.readthedocs.io/en/release-1.4/write_first_app.html에서 확인할 수 있다.

docker 명령을 사용해 이를 확인할 수 있다(항목 3.2.28).

항목 3.2.28 fabcar 기동 후

```
~/fabric/fabric-samples/fabcar$ docker ps --format "table {{.Names}}\t{{.Command}}" --no-trunc
NAMES                              COMMAND
dev-peer0.org1.example.com-fabcar-1.0  "chaincode -peer.address=peer0.org1.example.com:7052"
cli                                "/bin/bash"
peer0.org1.example.com             "peer node start"
orderer.example.com                "orderer"
couchdb                            "tini — /docker-entrypoint.sh /opt/couchdb/bin/couchdb"
ca.example.com                     "sh -c 'fabric-ca-server start -b admin:adminpw'"
```

이제 fabcar를 작동시켜보자(항목 3.2.29).

항목 3.2.29 fabcar 예제 실행

```
~/fabric-samples/fabcar/javascript$ node enrollAdmin   ← 관리용 계정인 admin 등록
Wallet path: ~/fabric-samples/fabcar/javascript/wallet
Successfully enrolled admin user "admin" and imported it into the wallet

~/fabric-samples/fabcar/javascript$ node registerUser.js   ← 일반 사용자 계정인 user1 등록
Wallet path: ~/fabric-samples/fabcar/javascript/wallet
Successfully registered and enrolled admin user "user1" and imported it into the wallet

~/fabric-samples/fabcar/javascript$ node query.js   ← user1 계정으로 전체 데이터에 대해 질의한 결과를 출력
Wallet path: ~/fabric-samples/fabcar/javascript/wallet
Transaction has been evaluated, result is:
"[{\"Key\":\"CAR0\",\"Record\":{\"color\":\"blue\",\"docType\":\"car\",\"make\":\"Toyota\",
\"model\":\"Prius\",\"owner\":\"Tomoko\"}},{\"Key\":\"CAR1\",\"Record\":{\"color\":\"red\",
\"docType\":\"car\",\"make\":\"Ford\",\"model\":\"Mustang\",\"owner\":\"Brad\"}},{\"Key\":\"CAR2\",
\"Record\":{\"color\":\"green\",\"docType\":\"car\",\"make\":\"Hyundai\",\"model\":\"Tucson\",
\"owner\":\"Jin Soo\"}},{\"Key\":\"CAR3\",\"Record\":{\"color\":\"yellow\",
\"docType\":\"car\",\"make\":\"Volkswagen\",\"model\":\"Passat\",\"owner\":\"Max\"}},
{\"Key\":\"CAR4\",\"Record\":{\"color\":\"black\",\"docType\":\"car\",\"make\":\"Tesla\",
\"model\":\"S\",\"owner\":\"Adriana\"}},{\"Key\":\"CAR5\",\"Record\":{\"color\":\"purple\",
\"docType\":\"car\",\"make\":\"Peugeot\",\"model\":\"205\",\"owner\":\"Michel\"}},{\"Key\":\"CAR6\",
\"Record\":{\"color\":\"white\",\"docType\":\"car\",\"make\":\"Chery\",\"model\":\"S22L\",
\"owner\":\"Aarav\"}},{\"Key\":\"CAR7\",\"Record\":{\"color\":\"violet\",\"docType\":\"car\",
```

```
\"make\":\"Fiat\",\"model\":\"Punto\",\"owner\":\"Pari\"}},{\"Key\":\"CAR8\",
\"Record\":{\"color\":\"indigo\",\"docType\":\"car\",\"make\":\"Tata\",\"model\":\"Nano\",
\"owner\":\"Valeria\"}},{\"Key\":\"CAR9\",\"Record\":{\"color\":\"brown\",\"docType\":\"car\",
\"make\":\"Holden\",\"model\":\"Barina\",\"owner\":\"Shotaro\"}}]"
```

하이퍼레저 패브릭은 백그라운드에서 SDK for Node.js를 통해 상태 DB의 내용을 받아온다. 이 예제에서 받아오는 내용은 보증, 트랜잭션 발행, fabcar 체인코드 실행 등이다.

항목 3.2.29와 동일한 결과(node query.js를 실행했을 때)가 표시됐다면 하이퍼레저 패브릭이 올바르게 작동하는 것이다.

● fabcar 예제 삭제

마지막으로 fabcar 예제를 삭제해본다. fabcar 예제는 공식 예제에 포함된 basic-network 블록체인 네트워크를 이용한다. 따라서 삭제하기 위해서는 basic-network에 포함된 스크립트(stop.sh와 teardown.sh)를 사용한다(항목 3.2.30).

항목 3.2.30 fabcar 예제 삭제

```
~/fabric/fabric-samples/fabcar$ cd ../basic-network/
~/fabric/fabric-samples/basic-network$ ./stop.sh

# Shut down the Docker containers that might be currently running.
docker-compose -f docker-compose.yml stop
Stopping cli ... done
Stopping peer0.org1.example.com ... done
Stopping orderer.example.com ... done
Stopping couchdb ... done
Stopping ca.example.com ... done
~/fabric/fabric-samples/basic-network$ docker rm $(docker ps -aq -f 'name=dev-*')
a383597b7b00                                          체인코드 컨테이너를 삭제한다
~/fabric/fabric-samples/basic-network$ ./teardown.sh
Removing cli ... done
Removing peer0.org1.example.com ... done
Removing orderer.example.com ... done
Removing couchdb ... done
Removing ca.example.com ... done
Removing network net_basic
```

```
"docker rm" requires at least 1 argument.[10]
See 'docker rm --help'.

Usage:  docker rm [OPTIONS] CONTAINER [CONTAINER...]

Remove one or more containers
```

항목 3.2.30에서는 중간에 docker rm 명령을 실행한다. fabcar 예제를 실행했을 때 만들어진 일부 컨테이너가 삭제되지 않고 남아있는 경우가 있기 때문이다. 만약 fabcar 컨테이너 일부가 남아있다면 명령을 입력해 삭제할 수 있다.

10 (옮긴이) docker rm 명령을 사용해 이미 컨테이너를 삭제했기 때문에 인자가 필요하다는 메시지가 표시된다.

3.3 하이퍼레저 패브릭 예제 실행

여기서는 하이퍼레저 패브릭용 예제 응용 프로그램을 실행해보고 블록체인 네트워크의 동작을 확인해 본다.

3.3.1 Marbles Demo 개요

예제 응용 프로그램으로 깃허브에 공개돼 있는 'Marbles Demo'(https://github.com/IBM-Blockchain/marbles/, 그림 3.3.1)[11]를 사용한다.

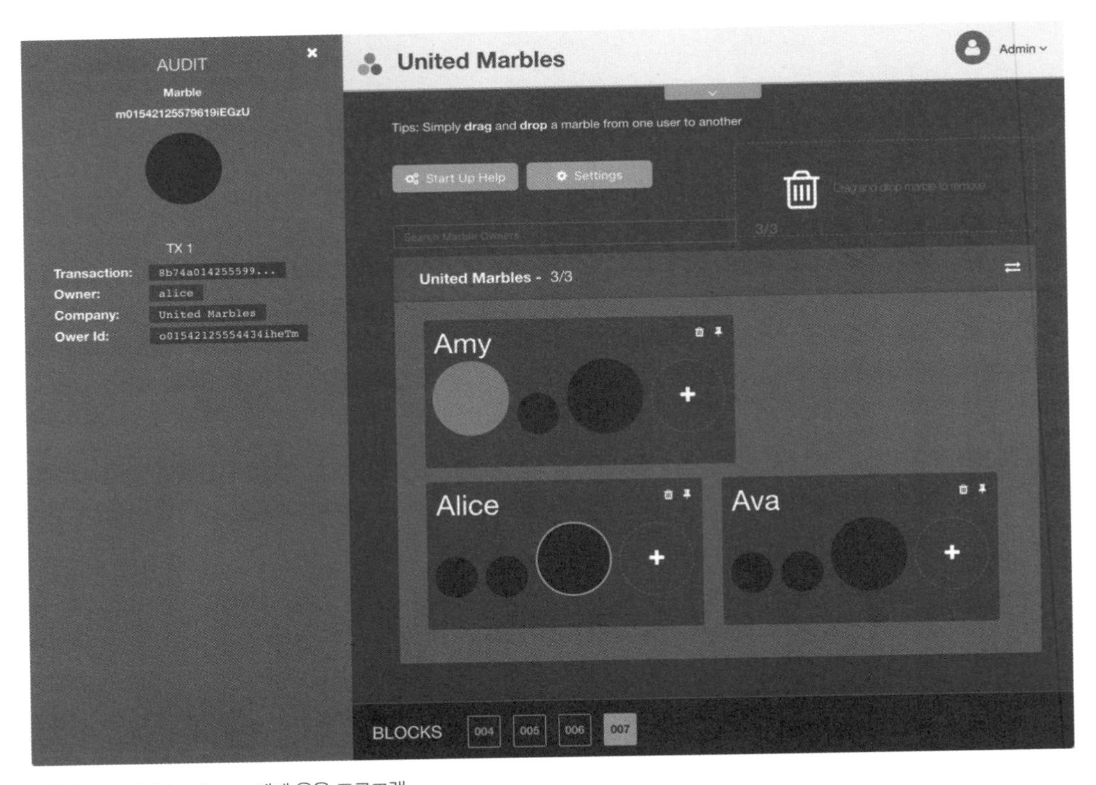

그림 3.3.1 Marbles Demo 예제 응용 프로그램

11 Apache 2.0 라이선스로 공개됐다.

Marbles Demo는 하이퍼레저 패브릭 네트워크에서 'Marbles' 자산(=구슬)의 거래를 수행하는 간단한 데모용 응용 프로그램이다. 하이퍼레저 패브릭 공식 예제는 아니지만 Node.js와 Express.js 프레임워크로 만들어진 웹 응용 프로그램이며 블록체인 네트워크의 동작을 알기 쉽게 시각적으로 표현해준다.

3.3.2 Marbles Demo 설치

Marble Demo를 설치해보자.

● Marbles Demo 다운로드

깃허브 저장소에서 Marbles Demo 소스코드를 내려받는다(항목 3.3.1)

항목 3.3.1 Marbles Demo 다운로드

```
~$ git clone https://github.com/IBM-Blockchain/marbles.git --depth 1

Cloning into 'marbles'...
(생략)
```

소스 다운로드가 완료되면 `marbles` 디렉터리로 이동한 뒤 npm으로 의존 모듈을 설치한다(항목 3.3.2)

항목 3.3.2 Marbles Demo: 의존 모듈 설치

```
~$ cd marbles
~/marbles$ sudo npm install gulp -g
(생략)
~/marbles$ npm install
(생략)
```

Marble Demo 빌드 정의에 gulp(https://gulpjs.com/)가 사용되고 있으므로 gulp도 함께 설치했다[12].

12 나중에 삭제할 때는 `sudo npm uninstall gulp -g` 명령으로 삭제할 수 있다.

● 게스트 OS 포트 포워딩 설정

Marbles Demo는 웹 응용 프로그램이기 때문에 웹 브라우저를 통해 사용한다. Marbles Demo와 웹 브라우저가 하나의 OS 안에서 동작한다면 웹 브라우저에서 바로 응용 프로그램의 URL을 입력하면 사용할 수 있다. 하지만 이 책에서 사용하고 있는 우분투 게스트 OS 환경은 GUI를 사용하지 않기 때문에 게스트 OS에서 이 응용 프로그램을 사용할 수 없다. 그리고 게스트 OS에서 이 응용 프로그램을 사용하기 위해 X Window System 같은 GUI나 브라우저를 설치해 환경을 구축하는 것은 꽤나 번거로운 일이다. 여기서는 베이그런트에서 포트 포워딩을 설정하고 호스트 OS의 웹 브라우저를 사용해 게스트 OS에서 동작하는 응용 프로그램에 접속하는 방법을 사용한다.

포트 포워딩을 설정하려면 한 번 게스트 OS에서 로그아웃한 뒤 시스템을 정지해야 한다(항목 3.3.3).

항목 3.3.3 게스트 OS 정지

```
~/marbles$ exit
logout
Connection to 127.0.0.1 closed.
> vagrant halt
==> default: Attempting graceful shutdown of VM...
```

정지 후 게스트 OS용 `Vagrantfile`에 항목 3.3.4의 내용을 추가한다. 어느 부분에 추가해도 상관은 없지만 나중에 찾기 쉽게 네트워크 설정이 있는 부분에 추가해두는 것이 좋다.

항목 3.3.4 게스트 OS의 3001번 포트를 호스트 OS의 3001번 포트로 포트 포워딩

```
  # Create a forwarded port mapping which allows access to a specific port
  # within the machine from a port on the host machine and only allow access
  # via 127.0.0.1 to disable public access
  # config.vm.network "forwarded_port", guest: 80, host: 8080, host_ip: "127.0.0.1"
  config.vm.network "forwarded_port", guest: 3001, host: 3001
```

Marbles Demo는 3001번 포트로 통신한다. 위와 같이 설정하면 호스트 OS에서 3001번 포트로 통신하는 모든 트래픽은 게스트 OS의 3001번 포트로 전달되기 때문에 호스트 OS에서 바로 게스트 OS의 응용 프로그램에 접근할 수 있다.

수정한 `Vagrantfile`을 저장하고 게스트 OS를 기동해 다시 로그인한다. 기동할 때의 로그로 포트 포워딩 설정이 제대로 반영됐는지 확인할 수 있다(항목 3.3.5).

항목 3.3.5 게스트 OS 재기동 및 로그인

```
> vagrant up
Bringing machine 'default' up with 'virtualbox' provider...
==> default: Clearing any previously set forwarded ports...
==> default: Clearing any previously set network interfaces...
==> default: Preparing network interfaces based on configuration...
    default: Adapter 1: nat
==> default: Forwarding ports...
    default: 3001 (guest) => 3001 (host) (adapter 1)    < 3001번 포트 포워딩
    default: 22 (guest) => 2222 (host) (adapter 1)
==> default: Running 'pre-boot' VM customizations...
==> default: Booting VM...
==> default: Waiting for machine to boot. This may take a few minutes...
    default: SSH address: 127.0.0.1:2222
    default: SSH username: vagrant
    default: SSH auth method: private key
(생략)
> vagrant ssh
~$
```

게스트 OS에 로그인한 뒤 Marbles Demo를 실행해보자.

3.3.3 Marbles Demo 실행

Marbles Demo 실행 절차는 다음과 같다.

① Marbles Demo용 블록체인 네트워크를 기동

② Marbles Demo 체인코드 배포

③ Marbles Demo 기동

④ 호스트 OS의 웹 브라우저로 Marbles Demo에 접속

⑤ Marbles Demo의 초기 설정 수행(첫 로그인만)

● ① Marbles Demo용 블록체인 네트워크를 기동

Marbles Demo는 3.2.5절에서 다운로드한 공식 예제에 포함된 basic-network 블록체인 네트워크를 사용한다. Marbles Demo의 블록체인 네트워크를 기동하려면 basic-network에 포함된 블록체인 네트워크 시작 스크립트인 start.sh를 사용한다(항목 3.3.6).

항목 3.3.6 Marbles Demo: 블록체인 네트워크(basic-network)를 기동한다.

```
~$ cd fabric/fabric-samples/basic-network/
~/fabric/fabric-samples/basic-network$ ./start.sh

# don't rewrite paths for Windows Git Bash users
export MSYS_NO_PATHCONV=1

(생략)
```

● ② Marble Demo 체인코드 배포

기동한 블록체인 네트워크에 Marbles Demo 체인코드를 배포한다.

체인코드 배포는 피어 노드에 설치하고 인스턴스화[13]하는 두 단계로 이뤄진다. Marbles Demo는 두 단계 모두 예제 코드에 첨부된 스크립트로 처리할 수 있다(항목 3.3.7 ~ 3.3.8).

항목 3.3.7 Marbles Demo: 체인코드 설치

```
~/fabric/fabric-samples/basic-network$ cd ~/marbles/scripts
~/marbles/scripts$ node install_chaincode.js
info: Loaded config file /home/vagrant/marbles/config/marbles_local.json
info: Loaded connection profile file /home/vagrant/marbles/config/connection_profile_local.json

(생략)
info: [packager/Golang.js]: packaging GOLANG from marbles
debug: [fcw] Successfully obtained transaction endorsement
---------------------------------------
info: Install done. Errors: nope    < "Errors: nope"라고 표시되면 성공
---------------------------------------
```

13 Instantiate. 피어 노드에 설치한 체인코드를 실행 가능하도록 만드는 것.

로컬호스트에서 admin 계정과 관련된 에러가 나오는 경우가 있다. 이 경우 다음과 같은 절차로 에러를 해결할 수 있다.

1. 사용자 루트 디렉터리(/home/vagrant) 아래에 .hfc-key-store라는 디렉터리를 만든다.
2. Marbles Demo 안의 config 디렉터리에 있는 connection_profile_local.json 파일을 다음과 같이 수정한다.

```
(생략)
   "name": "Docker Compose Network",
   "x-networkId": "not-important",
   "x-type": "hlfv1",
   "description": "Connection Profile for an Hyperledger Fabric network on a local machine",
      "version": "1.0.0",
      "client": {
         "organization": "Org1MSP",
            "credentialStore": {
                "path": "/$HOME/.hfc-key-store"
            }
      },
(생략)
      "organizations": {
         "Org1MSP": {
            "mspid": "Org1MSP",
            "peers": [
               "fabric-peer-org1"
            ],
         "certificateAuthorities": [
            "fabric-ca"
         ],
         "x-adminCert": {
             "path": "basic-network 디렉터리/crypto-config/peerOrganizations/org1.example.com/
users/Admin@org1.example.com/msp/admincerts/Admin@org1.example.com-cert.pem"
         },
         "x-adminKeyStore": {
         "path": "basic-network 디렉터리/crypto-config/peerOrganizations/org1.example.com/
users/Admin@org1.example.com/msp/keystore/"
         }

(생략)
```

항목 3.3.8 Marbles Demo: 체인코드의 인스턴스화

```
~/marbles/scripts$ node instantiate_chaincode.js
info: Loaded config file /home/vagrant/marbles/config/marbles_local.json
info: Loaded connection profile file /home/vagrant/marbles/config/connection_profile_local.json
(생략)
debug: [fcw] Successfully obtained transaction endorsement
debug: [fcw] Successfully ordered instantiate endorsement.
---------------------------------------
info: Instantiate done. Errors: nope
---------------------------------------
```

"Errors: nope"라고 표시되면 성공

● ③ Marbles Demo 기동

Marbles Demo를 기동하려면 gulp 명령어에 marbles_local이라는 인수를 지정해 실행한다(항목 3.3.9).

항목 3.3.9 Marbles Demo 기동

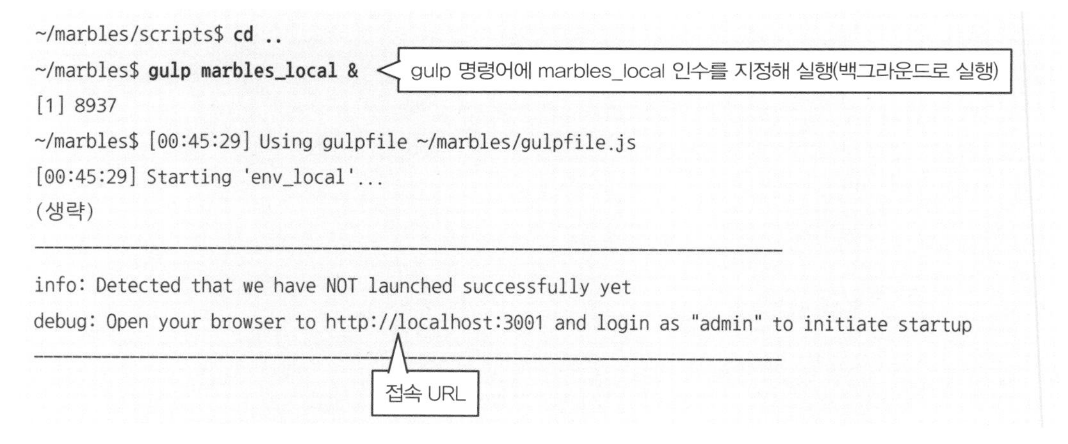

```
~/marbles/scripts$ cd ..
~/marbles$ gulp marbles_local &
[1] 8937
~/marbles$ [00:45:29] Using gulpfile ~/marbles/gulpfile.js
[00:45:29] Starting 'env_local'...
(생략)
------------------------------------------------------------------------------
info: Detected that we have NOT launched successfully yet
debug: Open your browser to http://localhost:3001 and login as "admin" to initiate startup
------------------------------------------------------------------------------
```


● ④ 호스트 OS의 웹 브라우저로 Marbles Demo에 접속

Marbles Demo를 성공적으로 기동했다면 항목 3.3.9와 같이 접속용 URL(http://localhost:3001)이 표시된다. 브라우저[14]에서 이 주소로 접속하면 그림 3.3.2와 같은 화면을 볼 수 있다.

---

14 필자는 마이크로소프트 에지(Microsoft Edge)와 파이어폭스(Firefox)를 사용해 동작을 확인했으며, 옮긴이는 사파리(Safari), 크롬(Chrome), 파이어폭스(macOS)를 사용해 동작을 확인했다.

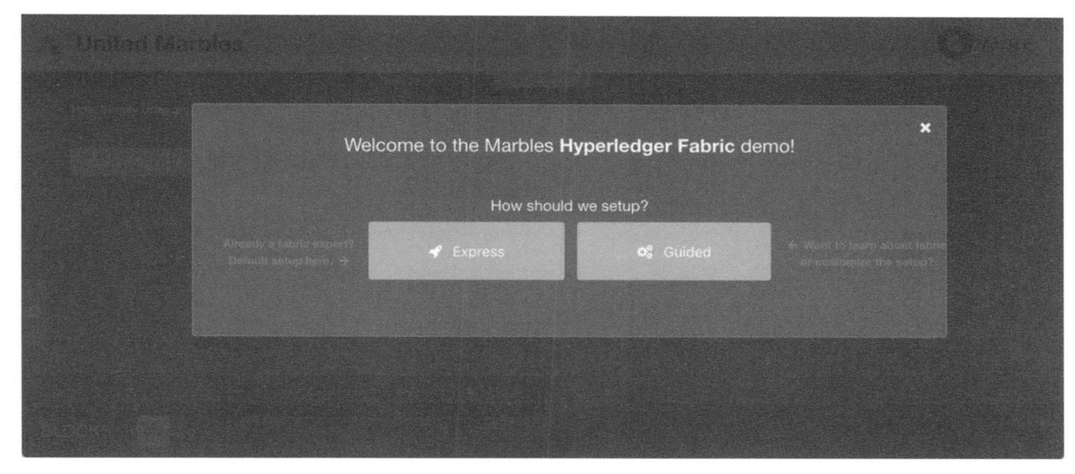

그림 3.3.2 Marbles Demo 기동 화면

● ⑤ Marbles Demo의 초기 설정 수행(첫 로그인만)

계속해서 응용 프로그램 기동 화면(그림 3.3.2)의 Guided 버튼을 클릭해 설정을 진행한다. 3단계까지는 이미 설정이 이뤄졌으므로 4단계에서 'Create' 버튼을 눌러 Company와 Marble Owner를 생성한다(그림 3.3.3). 잠시 기다리면 화면 아래에 Step 4 Complete라는 글자가 표시된다. 'Next Step'을 클릭하면 설정이 완료된다. 'Enter' 버튼을 클릭하면 응용 프로그램의 초기 화면이 표시된다(그림 3.3.4).

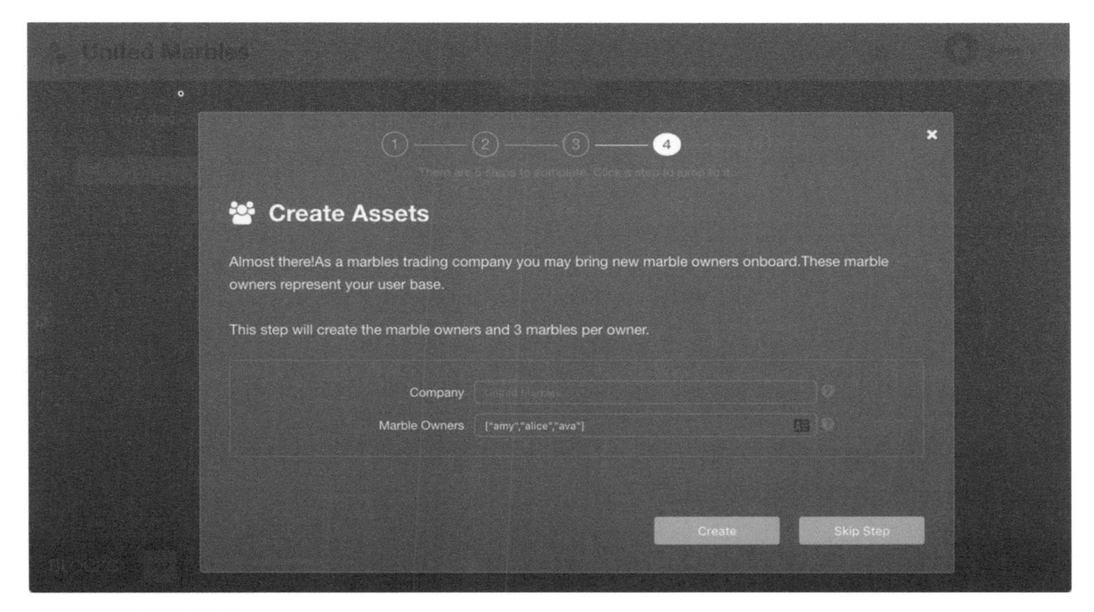

그림 3.3.3 초기 설정 화면

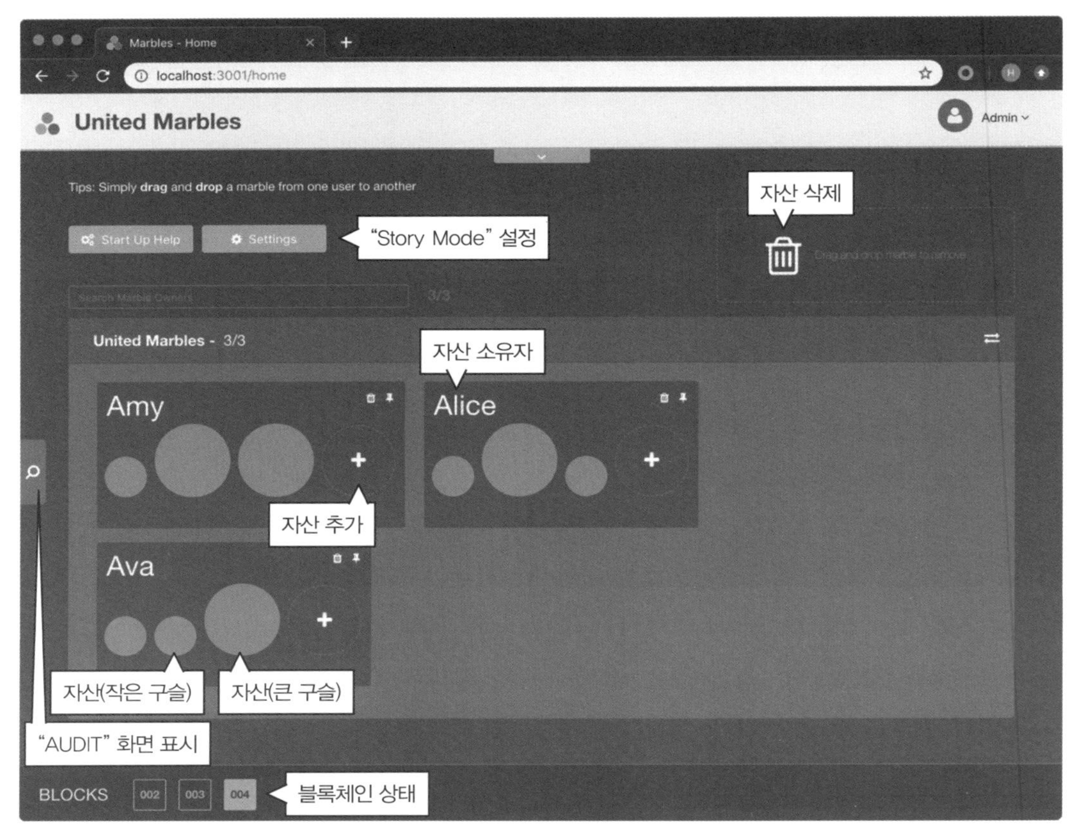

그림 3.3.4 Marbles Demo 메인 화면

메인 화면 좌측 상단의 'Settings'를 클릭하면 'Story Mode' 설정을 확인할 수 있다. 'Enable', 'Disable'로 각각 활성화와 비활성화를 선택할 수 있다. 기본값은 'Enable'이다(그림 3.3.5).

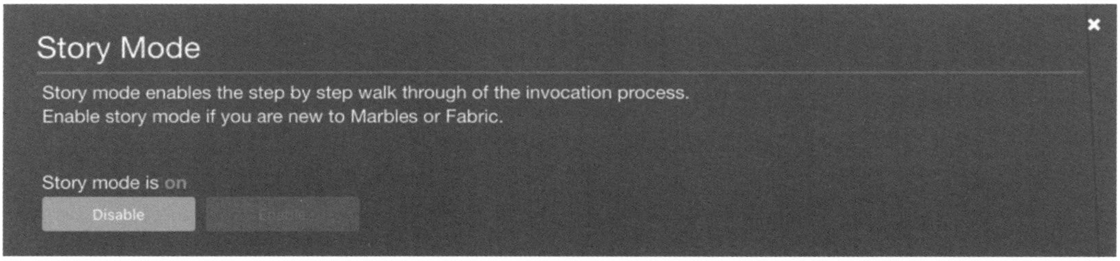

Story Mode

Story mode enables the step by step walk through of the invocation process.
Enable story mode if you are new to Marbles or Fabric.

Story mode is on

Disable

그림 3.3.5 "Story Mode" 설정

Story Mode는 하이퍼레저 패브릭의 처리 흐름을 시각화하는 것이므로 여기서는 활성화한 상태로 둔다.

3.3.4 Marbles Demo 동작시켜 보기

Marbles Demo는 구슬(Marble) 자산을 거래(=교환)하는 예제용 응용 프로그램이다. 조작법은 간단하다.

● 자산 이동

자산 이동은 이동하고 싶은 구슬을 마우스로 드래그해서 다른 소유자의 영역으로 옮기면 된다(그림 3.3.6).

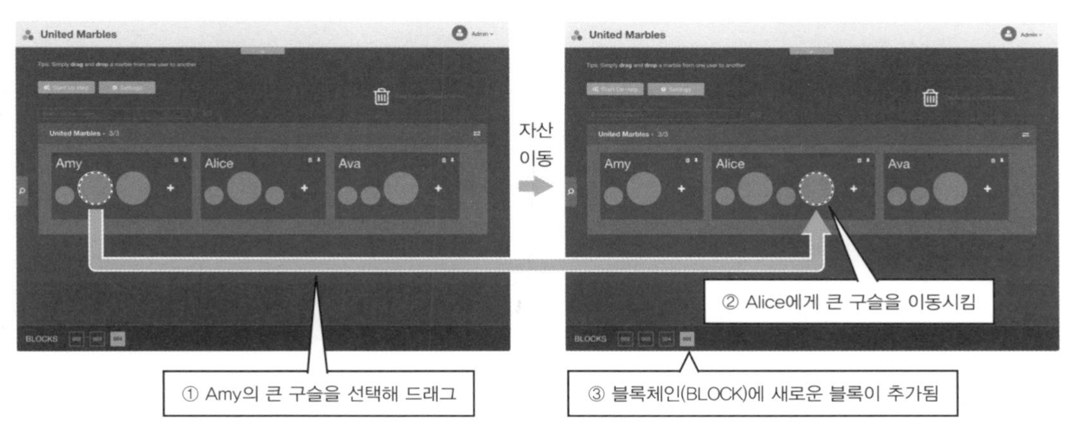

그림 3.3.6 자산 이동

이동 처리가 개시되면 블록체인 네트워크에서 일련의 트랜잭션 처리(제안 작성, 보증, 주문, 체인코드 실행, 원장 갱신)가 실행되고 그 상태는 Story Mode 화면에 표시된다(그림 3.3.7).

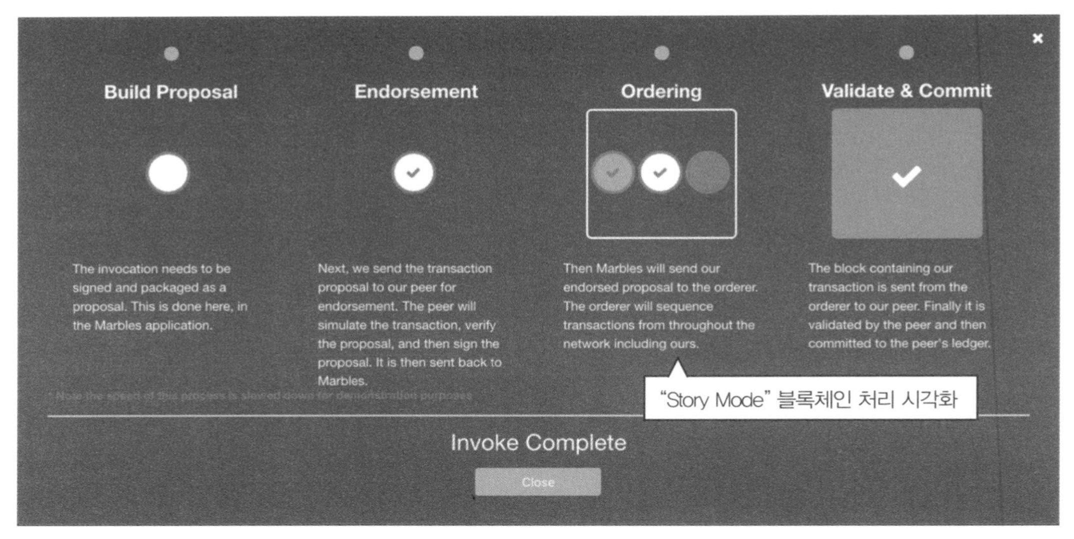

그림 3.3.7 "Story Mode"를 통해 블록체인 처리를 표시

모든 처리가 끝나면 Story Mode 화면에 'Close' 버튼이 표시된다. Close 버튼을 눌러 화면을 닫고 메인 화면으로 돌아오면 이동한 자산(구슬)이 반영된 것을 볼 수 있다. 블록체인(화면 아래의 "BLOCKS")에는 새로운 블록인 "005"가 추가된 것을 확인할 수 있다(그림 3.3.6).

메인 화면의 오른쪽에 보이는 돋보기 아이콘(그림 3.3.4)을 클릭하면 "AUDIT" 화면이 왼쪽에 표시된다. 방금 이동한 구슬을 선택하면 블록체인 원장에서 이동 이력과 정보를 읽어와서 표시해준다(그림 3.3.8).

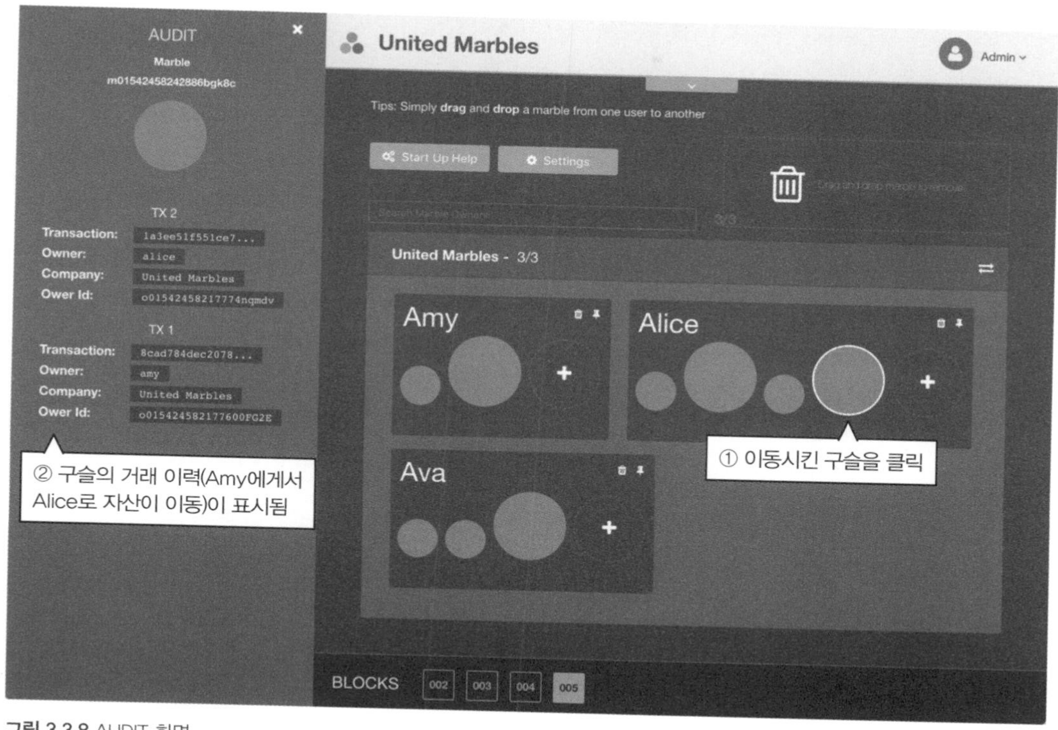

그림 3.3.8 AUDIT 화면

● 자산 추가 및 삭제

자산을 추가하려면 소유자 영역 오른쪽의 '+' 버튼을 클릭한 뒤 구슬의 크기와 색상을 선택하고 'Create' 버튼을 클릭하면 새로운 구슬이 생성된다.

자산을 삭제하려면 구슬을 화면 위의 휴지통 아이콘으로 드래그하면 된다.

● 하이퍼레저 패브릭 CLI를 이용한 자산 현황 확인

자산 현황(=누가 구슬을 가지고 있는지 등)은 Marbles Demo 메인 화면에서도 확인할 수 있지만 하이퍼레저 패브릭의 명령줄 인터페이스(CLI)를 통해 블록체인 네트워크에서 직접 확인할 수도 있다.

3.4절에서도 다루지만 예제 프로그램을 설치한 김에 간단하게 체험해보자. 이 예제의 체인코드인 `"marbles"`의 상태 DB 데이터를 읽어오는 `"read_everything"`을 CLI에서 실행해보자.

여기서는 basic-network에서 구축한 피어 도커 컨테이너 내의 CLI를 사용한다[15]. 항목 3.3.10과 같이 입력해보자[16].

항목 3.3.10 Marbles Demo: CLI를 사용해 자산 현황을 확인

```
~/marbles$ docker exec peer0.org1.example.com peer chaincode query -C mychannel -n marbles -c
'{"Args":["read_everything"]}'
{"owners":[{"docType":"marble_owner","id":"o015424582177600FG2E","username":"amy","company":"United
Marbles","enabled":true},{"docType":"marble_owner","id":"o01542458217774nqmdv","username":"alice",
"company":"United Marbles","enabled":true},{"docType":"marble_owner","id":"o01542458217785Nezcm",
"username":"ava","company":"United Marbles","enabled":true}],"marbles":[{"docType":"marble",
"id":"m01542458242876e111H","color":"red","size":35,"owner":{"id":"o015424582177600FG2E",
"username":"amy","company":"United Marbles"}},{"docType":"marble","id":"m01542458242886bgk8c",
"color":"red","size":35,"owner":{"id":"o01542458217774nqmdv","username":"alice", "company":"United
Marbles"}},{"docType":"marble","id":"m01542458242901qdMrt","color":"red","size":16,"owner":{"id":
"o015424582177600FG2E","username":"amy","company":"United Marbles"}},{"docType":"marble",
"id":"m01542458242910KSriQ","color":"red","size":16,"owner":{"id":"o01542458217774nqmdv",
"username":"alice","company":"United Marbles"}},{"docType":"marble","id":"m01542458242918treTK",
"color":"red","size":35,"owner":{"id":"o01542458217774nqmdv","username":"alice","company":"United
Marbles"}},{"docType":"marble","id":"m01542458242927vgGab","color":"red","size":16,"owner":{"id":
"o01542458217774nqmdv","username":"alice","company":"United Marbles"}},{"docType":"marble",
"id":"m015424582429320Cn1J","color":"red","size":35,"owner":{"id":"o01542458217785Nezcm",
"username":"ava","company":"United Marbles"}},{"docType":"marble","id":"m01542458242940SeCsk",
"color":"red","size":16,"owner":{"id":"o01542458217785Nezcm","username":"ava","company": "United
Marbles"}},{"docType":"marble","id":"m01542458242947MEjh0","color":"red","size":16,
"owner":{"id":"o01542458217785Nezcm","username":"ava","company":"United Marbles"}}]}
```

명령어의 각 의미는 다음과 같다.

- **docker exec peer0.org1.example.com 〈명령어 문자열〉**

  peer0이라는 도커 컨테이너 안에 〈명령어 문자열〉 실행을 지시한다.

- **peer chaincode query ...**

  CLI의 peer 명령을 사용해 체인코드 실행을 요청한다. 인수는 "-C 채널 ID", "-n 체인코드 ID", "-c 체인코드 인수"다. 여기서는 Marbles Demo에 맞게 각각 "mychannel", "marbles", "read_everything"(상태 DB 데이터를 읽어오는 처리)을 지정했다.

---

15 이렇게 하면 CLI를 사용하기 위한 환경변수 설정은 생략할 수 있다.

16 (옮긴이) gulp marbles_local &를 실행한 터미널에서 바로 입력해도 되지만 새로운 터미널에서 가상 머신에 접속한 뒤 작업하는 것이 내용을 확인하기 편하다.

실행을 완료하면 JSON 형식으로 결과가 반환된다(항목 3.3.11). 이대로는 조금 보기 어려우니 sed, sort, jq 도구[17]를 사용해 "소유자", "구슬 색", "크기", "고유 식별 번호(ID)"만 표시되도록 해보자(항목 3.3.11).

항목 3.3.11 JSON 출력을 가공한 결과

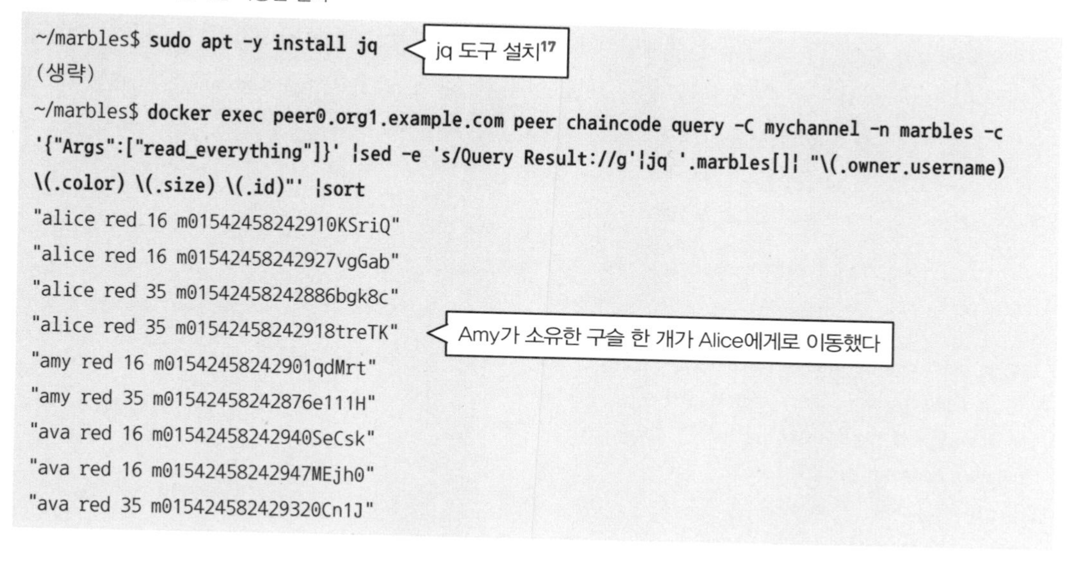

```
~/marbles$ sudo apt -y install jq
(생략)
~/marbles$ docker exec peer0.org1.example.com peer chaincode query -C mychannel -n marbles -c
'{"Args":["read_everything"]}' |sed -e 's/Query Result://g'|jq '.marbles[]| "\(.owner.username)
\(.color) \(.size) \(.id)"' |sort
"alice red 16 m01542458242910KSriQ"
"alice red 16 m01542458242927vgGab"
"alice red 35 m01542458242886bgk8c"
"alice red 35 m01542458242918treTK"
"amy red 16 m01542458242901qdMrt"
"amy red 35 m01542458242876e111H"
"ava red 16 m01542458242940SeCsk"
"ava red 16 m01542458242947MEjh0"
"ava red 35 m015424582429320Cn1J"
```


3.3.5 Marbles Demo의 정지 및 삭제

마지막으로 Marbles Demo를 정지하고 삭제하는 방법을 설명하겠다.

응용 프로그램 프로세스를 정지하기 위해서는 fg를 눌러 백그라운드에서 실행되고 있던 프로세스를 포어그라운드(foreground)로 복구한 뒤 Ctrl+C로 정지시킨다(항목 3.3.12).

항목 3.3.12 Marbles Demo 정지

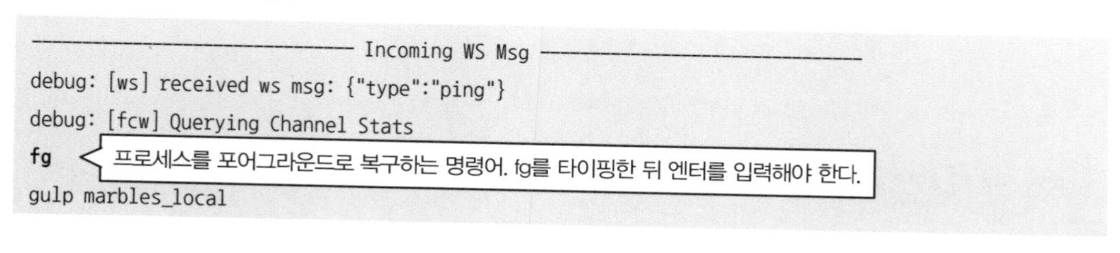

```
------------------------------ Incoming WS Msg ------------------------------
debug: [ws] received ws msg: {"type":"ping"}
debug: [fcw] Querying Channel Stats
fg
gulp marbles_local
```


17 JSON 프로세서(JSON 데이터 생성, 집계). https://stedolan.github.io/jq/

18 macOS에서는 brew를 사용해 설치할 수 있다.

```
debug: [fcw] Querying Channel Stats
^C  ← Ctrl+C 입력
~/marbles$
```

다음으로 블록체인 네트워크를 정지한다.

Marbles Demo 응용 프로그램용 블록체인 네트워크는 공식 예제인 `basic-network`를 사용했으므로 정지 역시 `basic-network`에서 수행한다. `basic-network`에 포함된 `stop.sh`와 `teardown.sh`(블록체인 네트워크 삭제) 스크립트를 이용한다(항목 3.3.13)[19].

항목 3.3.13 Marbles Demo 블록체인 네트워크 정지 및 삭제

```
~/marbles$ cd ../fabric/fabric-samples/basic-network/
~/fabric/fabric-samples/basic-network$ ./stop.sh

# Shut down the Docker containers that might be currently running.
docker-compose -f docker-compose.yml stop
Stopping peer0.org1.example.com ... done
Stopping orderer.example.com ... done
Stopping couchdb ... done
Stopping ca.example.com ... done
~/fabric/fabric-samples/basic-network$ docker rm $(docker ps -aq -f 'name=dev-*')
266c980d8a3b
~/fabric/fabric-samples/basic-network$ rm -rf ~/.hfc-key-store
~/fabric/fabric-samples/basic-network$ ./teardown.sh
Removing peer0.org1.example.com ... done
Removing orderer.example.com ... done
Removing couchdb ... done
Removing ca.example.com ... done
Removing network net_basic
"docker rm" requires at least 1 argument.
See 'docker rm --help'.

Usage:  docker rm [OPTIONS] CONTAINER [CONTAINER...]

Remove one or more containers
```

Marbles Demo 응용 프로그램을 삭제하려면 디렉터리를 삭제(`rm -rf ~/marbles/`)하면 된다.

19 기본적으로는 fabcar 예제 삭제와 방법은 동일하다.

3.4 하이퍼레저 패브릭 CLI

지금까지 예제에 포함된 스크립트를 실행해 하이퍼레저 패브릭을 설정하고 실행했다.

이 스크립트 안에서는 하이퍼레저 패브릭에 포함된 명령어줄 인터페이스(CLI)를 호출해 블록체인 네트워크 설정이나 트랜잭션 처리를 수행했다. 여기서는 CLI에 포함된 명령어와 각 역할을 간단히 살펴본다.

3.4.1 peer 명령어

하이퍼레저 패브릭에는 블록체인 네트워크를 관리, 조작하는 오퍼레이터와 체인코드 개발자를 위해 "platform binaries"(플랫폼 바이너리)라는 각종 도구 및 명령어가 준비돼 있다. 기본적으로 하이퍼레저 패브릭이 설치될 때 함께 설치한다[20].

플랫폼 바이너리에 포함된 주요 도구와 명령어는 표 3.4.1과 같다.

표 3.4.1 하이퍼레저 패브릭 플랫폼 바이너리

명령어	설명
cryptogen	사용자 암호키, 각종 증명서 생성 도구
configtxgen	채널 구성 도구
configtxlator	채널 구성 도구(REST 서버)
peer	• 피어 노드 실체 • 하이퍼레저 패브릭 CLI: 피어 노드의 기동 및 피어에 대한 각종 조작을 수행하는 도구
orderer	오더러 실체

표 3.4.1의 peer가 이번 절에서 소개할 명령어다. 이 명령어는 하이퍼레저 패브릭에서 피어 노드의 기능을 수행하기도 하지만 하이퍼레저 패브릭과의 상호작용(조작, 질의)을 수행하기도 한다. 상호작용하는 부분은 하이퍼레저 패브릭 CLI라고 한다. 이번 절에서는 이 CLI 역할을 하는 peer 명령을 소개한다.

20 이 책에서는 3.2.5절 'CLI와 도커 컨테이너 설치'에서 ~/fabric/fabric-sample/bin에 설치했다.

3.4.2 peer 명령의 설정 항목

peer 명령은 명령줄에서 바로 실행하며, 설정 파일과 환경변수 등을 참조한다. 자세한 내용은 후속 장과 공식 문서에서 찾아보길 바란다. 여기서는 이번 절의 내용을 진행하는 데 필요한 만큼만 소개한다.

● peer 명령 설정 파일(core.yaml)

peer 명령이 참조하는 설정 파일이다.

표 3.4.2 peer 명령 설정 파일

설정 파일	설명
core.yaml	하이퍼레저 패브릭 CLI 기본 설정 파일

● MSP(CA)용 인증서 및 암호키

peer 명령은 피어 노드를 비롯해 하이퍼레저 패브릭 블록체인 네트워크의 각종 구성 요소와 상호작용한다. 그렇기 때문에 통신할 블록체인 네트워크의 인증서와 암호키를 참조한다.

● peer 명령의 환경변수

peer 명령이 참조하는 환경변수의 일부를 표 3.4.3에 정리했다.

표 3.4.3 peer 명령이 참조하는 환경변수

환경변수	설명
FABRIC_CFG_PATH	하이퍼레저 패브릭 관련 설정 파일(표 3.4.2)을 배치할 경로 지정
CORE_PEER_ADDRESS	CLI로 조작할 피어 노드의 주소와 포트 번호를 지정. 예) 172.18.0.5:7051
CORE_PEER_LOCALMSPID	인증서 검증 등 질의를 할 때 MSP의 ID를 지정
CORE_PEER_MSPCONFIGPATH	각종 인증서가 저장될 디렉터리 경로를 지정
CORE_LOGGING_LEVEL	로그 레벨 지정(logging-level 플래그로 저장된다)

3.4.3 peer 명령 사용 준비

peer 명령을 실행하려면 설정 파일(core.yaml), MSP 인증서, 암호키, 환경변수를 설정해야 한다.

● 설정 파일(core.yaml) 준비

core.yaml 파일 안에는 하이퍼레저 패브릭의 동작을 제어하는 설정이 다수 포함돼 있다. 여기서는 공식 깃허브 저장소에 있는 예제를 이용한다(항목 3.4.1).

항목 3.4.1 core.yaml 파일 준비(공식 예제 파일 다운로드)

```
~$ cd fabric
~/fabric$ mkdir config
~/fabric$ cd config          < 설정 파일 저장용 디렉터리 생성
~/fabric/config$ wget -Nq https://raw.githubusercontent.com/hyperledger/fabric/release-1.4/
sampleconfig/core.yaml
```

● MSP(CA)용 인증서 및 암호키 준비

하이퍼레저 패브릭 네트워크의 MSP(CA) 인증서와 암호키는 앞으로 설명할 플랫폼 바이너리의 하나인 configtxgen 도구로 만드는 것이 일반적이다. 만들어진 인증서와 암호키는 네트워크 이용자(관리자 및 개발자) 사이에서 필요에 따라 공유되고 이용된다[21]. 여기서는 이미 만들어진 예제의 인증서를 그대로 사용한다.

● peer 명령의 환경변수 설정

블록체인 네트워크에 맞게 peer 명령의 환경변수를 설정한다. 블록체인 네트워크는 앞절과 마찬가지로 공식 예제인 basic-network를 이용한다.

먼저 basic-network를 기동한다. 그리고 docker inspect 명령을 사용해 통신할 피어 노드의 IP 주소와 MSP ID를 조사한다(항목 3.4.2).

21 자세한 내용은 6장을 참조

항목 3.4.2 피어 노드(도커 컨테이너)의 정보를 조사

```
~$ cd fabric/fabric-samples/basic-network
~/fabric/fabric-samples/basic-network$ rm -rf ~/.hfc-key-store
~/fabric/fabric-samples/basic-network$ mkdir ~/.hfc-key-store
~/fabric/fabric-samples/basic-network$ ./start.sh

# don't rewrite paths for Windows Git Bash users
export MSYS_NO_PATHCONV=1
(생략)
~/fabric/fabric-samples/basic-network$ docker inspect peer0.org1.example.com | grep -e IPAddress
-e MSPID
            "CORE_PEER_LOCALMSPID=Org1MSP",
        "SecondaryIPAddresses": null,
        "IPAddress": "",
            "IPAddress": "172.20.0.5",
```

키 저장소 초기화(다시 생성)

블록체인 네트워크 기동

피어 노드(도커 컨테이너)의 MSP ID

피어 노드(도커 컨테이너)의 IP 주소

조사한 정보를 바탕으로 환경변수를 설정한다(항목 3.4.3).

항목 3.4.3 peer 명령의 환경변수 설정

```
~$ export FABRIC_CFG_PATH=$HOME/fabric/config
~$ export CORE_PEER_ADDRESS=172.20.0.5:7051
~$ export CORE_PEER_LOCALMSPID=Org1MSP
~$ export CORE_PEER_MSPCONFIGPATH=$HOME/fabric/fabric-samples/basic-network/crypto-config/
peerOrganizations/org1.example.com/users/Admin@org1.example.com/msp
```

피어 노드의 기본 포트 번호는 7051

basic-network 예제의 피어 노드 MSP ID

표 3.4.4는 항목 3.4.3에서 설정한 환경변수와 설정값 목록이다.

표 3.4.4 peer 명령의 환경변수 설정 예

환경변수	설정 값
FABRIC_CFG_PATH	$HOME/fabric/config
CORE_PEER_ADDRESS	172.20.0.5:7051
CORE_PEER_LOCALMSPID	Org1MSP
CORE_PEER_MSPCONFIGPATH	$HOME/fabric/fabric-samples/basic-network/crypto-config/peerOrganizations/org1.example.com/users/Admin@org1.example.com/msp
CORE_LOGGING_LEVEL	지정하지 않음(기본값 사용)

시험 삼아 peer 명령의 도움말(peer help)을 확인해보자. 항목 3.4.4와 같이 출력되면 성공이다.

항목 3.4.4 peer 명령 도움말

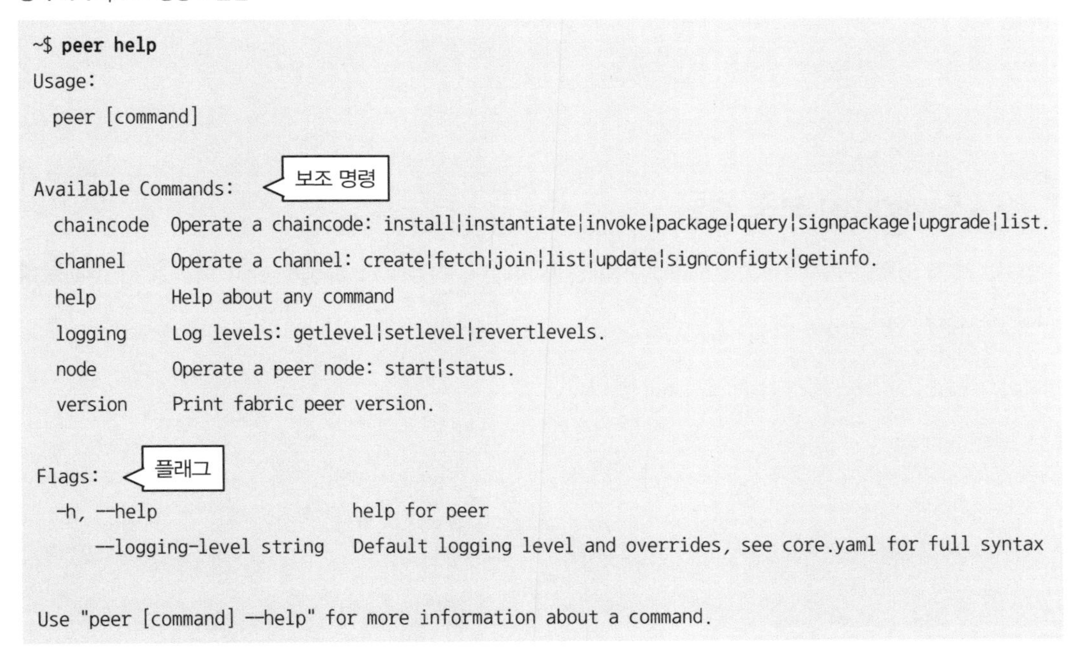

```
~$ peer help
Usage:
  peer [command]

Available Commands:
  chaincode  Operate a chaincode: install|instantiate|invoke|package|query|signpackage|upgrade|list.
  channel    Operate a channel: create|fetch|join|list|update|signconfigtx|getinfo.
  help       Help about any command
  logging    Log levels: getlevel|setlevel|revertlevels.
  node       Operate a peer node: start|status.
  version    Print fabric peer version.

Flags:
  -h, --help                    help for peer
      --logging-level string    Default logging level and overrides, see core.yaml for full syntax

Use "peer [command] --help" for more information about a command.
```


이상으로 peer 명령을 사용할 준비가 끝났다. 이후 peer 명령의 개요와 몇 개의 보조 명령에 대한 실행 예를 살펴보자.

3.4.4 peer 명령의 보조 명령

● peer 명령의 보조 명령

보조 명령은 하이퍼레저 패브릭의 각종 조작과 질의를 위해 준비돼 있다(표 3.4.5).

표 3.4.5 peer 명령의 보조 명령

보조 명령	설명
chaincode	체인코드 관리(install, instantiate, invoke, package, query, signpackage, upgrade 등)
channel	채널 관리(create, fetch, join, list, update 등)

보조 명령	설명
logging	로그 레벨 관리(getlevel, setlevel, revertlevels)
node	피어 노드 기동, 상태 확인(start, status)
version	peer 명령의 버전 표시

3.4.5 version 보조 명령

version 보조 명령은 peer 버전 정보를 표시하는 명령이다. 처음 CLI 설정을 하고 버전을 확인하는 데 사용된다(항목 3.4.5).

항목 3.4.5 basic-network 피어 서버 노드의 버전 정보 확인

```
~$ peer version
peer:
 Version: 1.4.0
 Commit SHA: d700b43
 Go version: go1.11.1
 OS/Arch: linux/amd64
 Chaincode:
  Base Image Version: 0.4.14
  Base Docker Namespace: hyperledger
  Base Docker Label: org.hyperledger.fabric
  Docker Namespace: hyperledger
```

3.4.6 node 보조 명령

node 보조 명령은 피어 노드에 대한 조작과 질의를 수행하는 명령이다. status 또는 start를 인수로 지정해 실행한다.

● peer node status

status는 피어 노드의 실행 상태를 질의하는 명령이다. CLI 설정과 소통 확인 등에 사용한다(항목 3.4.6).

항목 3.4.6 피어 노드의 실행 상태 확인(peer node status)

```
~$ peer node status
status:STARTED
```

● peer node start

start는 피어 노드를 기동하는 명령이다. 보통은 블록체인 네트워크를 정의한 docker-compose 파일 등에 입력해 사용한다[22](표 3.4.6).

표 3.4.6 peer node start 도움말

플래그	설명
-o, --orderer <문자열>	오더러 노드 지정. 기본값은 "orderer:7050"
-peer-chaincodedev	피어 노드를 개발 모드로 기동

3.4.7 logging 보조 명령

logging 보조 명령은 하이퍼레저 패브릭의 피어 노드 로그 출력 수준을 확인하거나 조정하기 위한 명령이다[23].

● 준비: 피어 노드의 로그 출력을 표시

조정 대상이 되는 피어 노드의 로그를 출력하려면 docker logs 명령을 사용한다. 예를 들어, 기동한 basic-network의 피어 노드를 출력한다면 항목 3.4.7과 같이 명령을 입력한다.

항목 3.4.7 basic-network 피어 노드의 로그 출력

```
~$ docker logs --since 1m -f peer0.org1.example.com
2018-11-18 14:39:33.202 UTC [qscc] Init -> INFO 032 Init QSCC
2018-11-18 14:39:33.202 UTC [sccapi] deploySysCC -> INFO 033 system chaincode qscc/
mychannel(github.com/hyperledger/fabric/core/scc/qscc) deployed
```

---

22 3.6절과 6장에서 다루는 docker-compose 파일의 정의 및 사용자화 참조.

23 오더러 등 다른 구성 요소의 로그 수준을 조절할 수 없다. 다른 구성 요소의 로그 수준을 조절하려면 기동할 때의 환경변수(docker-compose 파일 등)에서 조절할 수 있으나 보통은 개발 용도로 사용한다.

```
2018-11-18 14:39:33.202 UTC [sccapi] deploySysCC -> INFO 034 system chaincode +lifecycle/
mychannel(github.com/hyperledger/fabric/core/chaincode/lifecycle) deployed
2018-11-18 14:39:33.202 UTC [endorser] callChaincode -> INFO 035 [][92320d61] Exit chaincode:
name:"cscc"  (105ms)
```

'-since 1m'과 '-f' 인수는 docker logs 명령어에 대해 '1분 전부터' '갱신되는 내용을 계속 읽어온다'라는 의미다.

마지막 인수인 'peer0.org1.example.com'은 로그를 출력할 도커 컨테이너의 이름을 지정하는 것이다[24]. basic-network의 피어 노드는 peer0.org1.example.com이라는 이름을 가진 도커 컨테이너에서 동작하고 있다.

로그 출력에는 타임스탬프와 모듈 이름, 로그 내용이 포함된다. 모듈 이름을 logging 명령어로 지정하면 모듈별 로그 수준을 조정할 수 있게 된다.

● peer logging getlevel/setlevel/revertlevels

logging 보조 명령에는 getlevel, setlevel, revertlevels이라는 3개의 옵션을 지정할 수 있다. 이 가운데 getlevel, setlevel은 로그 레벨의 확인과 설정에 사용된다.

getlevel, setlevel의 첫 번째 인수에 모듈 이름을 지정한다[25]. 정규 표현식을 사용해 여러 모듈을 지정하는 등 상세한 설정이 가능하다. 예를 들어, gossip/discovery 모듈의 로그 수준을 확인하려면 항목 3.4.8과 같이 getlevel을 지정한다[26].

항목 3.4.8 로그 수준 확인(peer logging getlevel)

```
~$ peer logging getlevel gossip/discovery
2018-11-18 23:53:07.776 KST [cli/logging] getLevel -> INFO 001 Current log level for peer module
'gossip/discovery': INFO
```

출력 내용을 보면 gossip/discovery 모듈의 로그 출력 수준은 "INFO"로 돼 있다. 로그 수준을 설정하려면 setlevel을 사용한다. 두 번째 인수에는 설정하고 싶은 로그 수준을 문자열로 지정한다(항목 3.4.9).

---

24 동작 중인 도커 컨테이너의 이름은 docker ps 명령으로 확인할 수 있다.

25 공식 문서에도 지정할 수 있는 모듈 일람이 명시돼 있지 않으나 출력되는 로그에서 어느 정도 유추할 수 있다. revertlevels를 실행해 조사할 수 있으나 전체 모듈의 로그 레벨이 초기화되는 경우가 있으니 주의해야 한다.

26 앞 단계에서 실행 중인 로그 출력과 함께 비교해 볼 수 있도록 다른 터미널에서 실행한다.

항목 3.4.9 로그 수준 변경(peer logging setlevel)

```
~$ peer logging setlevel gossip/discovery debug
2018-11-19 00:04:27.521 KST [cli/logging] setLevel -> INFO 001 Log level set for peer modules
matching regular expression 'gossip/discovery': DEBUG
```

위와 같이 설정하면 gossip/discovery 로그가 출력될 것이다(항목 3.4.10).

항목 3.4.10 basic-network 피어 노드의 로그 출력(gossip/discovery)

```
~$ docker logs --since 1m -f peer0.org1.example.com
2018-11-18 15:04:28.474 UTC [gossip/discovery] periodicalSendAlive -> DEBU 035 Sleeping 5s
2018-11-18 15:04:32.558 UTC [gossip/discovery] periodicalReconnectToDead -> DEBU 036 Sleeping 25s
2018-11-18 15:04:33.475 UTC [gossip/discovery] periodicalSendAlive -> DEBU 037 Sleeping 5s
2018-11-18 15:04:38.483 UTC [gossip/discovery] periodicalSendAlive -> DEBU 038 Sleeping 5s
2018-11-18 15:04:43.484 UTC [gossip/discovery] periodicalSendAlive -> DEBU 039 Sleeping 5s
2018-11-18 15:04:48.486 UTC [gossip/discovery] periodicalSendAlive -> DEBU 03a Sleeping 5s
2018-11-18 15:04:53.487 UTC [gossip/discovery] periodicalSendAlive -> DEBU 03b Sleeping 5s
```

마지막 revertlevels는 처음 기동했을 때의 기본 로그 수준으로 초기화하는 명령이다. 인수는 지정하지 않는다. 항목 3.4.11과 같이 실행하면 변경했던 gossip/discovery 로그 수준이 원래대로 돌아간다.

항목 3.4.11 로그 수준 초기화(peer logging revertlevels)

```
~$ peer logging revertlevels
2018-11-19 00:07:39.059 KST [cli/logging] revertLevels -> INFO 001 Log levels reverted to the
levels at the end of peer startup.
~$ peer logging getlevel gossip/discovery
2018-11-19 00:07:53.900 KST [cli/logging] getLevel -> INFO 001 Current log level for peer module
'gossip/discovery': INFO
```

3.4.8 channel 보조 명령

channel 보조 명령은 단어의 뜻과 같이 하이퍼레저 패브릭 네트워크의 채널 관리를 수행하는 명령이다. 표 3.4.7처럼 사용할 수 있다.

표 3.4.7 channel 보조 명령

명령	설명
create	채널을 생성한다
fetch	채널의 블록체인을 획득한다
getinfo	특정 채널의 블록체인 정보를 가져온다
join	채널에 참가한다
list	피어가 참가한 채널의 목록을 표시한다
signconfigtx	갱신된 configtx에 서명한다
update	갱신된 configtx를 보낸다

채널의 생성(create), 참가(join), 갱신(update)을 하기 위해서는 플랫폼 바이너리의 configtxgen 도구를 사용해 만든 제네시스 블록(genesis block)과 채널 정의를 지정해야 한다. 이 부분에 대해서는 이후의 장에서 직접 사용해보며 알아본다. 그리고 fetch로 채널의 블록체인 데이터(바이너리 형식)를 가져오더라도 보통은 용도가 제한되므로 여기서는 생략한다. 여기서는 참가한 채널을 확인하는 list 명령만 확인해본다(항목 3.4.12).

항목 3.4.12 피어 노드 참가 채널명 확인(peer channel list)

```
~$ peer channel list
2018-11-19 00:23:32.486 KST [channelCmd] InitCmdFactory -> INFO 001 Endorser and orderer
connections initialized
Channels peers has joined:
mychannel
```

basic-network 예제에서는 기동 시 mychannel 채널을 만들고 피어 노드를 참가시킨다는 것을 확인할 수 있다.

3.4.9 chaincode 보조 명령

하이퍼레저 패브릭 네트워크의 체인코드 관리와 조작을 위해서는 하이퍼레저 패브릭 SDK의 API 외에 여기서 소개하는 chaincode 보조 명령을 사용한다(표 3.4.8).

표 3.4.8 chaincode 보조 명령

명령	설명
`install`	체인코드 패키징 및 설치
`instantiate`	체인코드를 네트워크에 배포(인스턴스화)
`invoke`	체인코드 실행
`list`	배포된 체인코드 또는 설치된 체인코드의 목록 표시
`package`	배포용 패키지 생성
`query`	체인코드에 질의
`signpackage`	체인코드 패키지에 서명
`upgrade`	체인코드 갱신

구체적인 사용법은 4장에서 설명한다. 여기서는 개요 및 간단한 실행 예를 소개한다.

● 체인코드 수명주기

체인코드는 개발자(체인코드 개발자)가 구현하며 CDS[27]라는 형식으로 패키지화된다. 체인코드를 도입하는 시스템 운영자(체인코드 오퍼레이터)는 CDS 패키지를 사용해 체인코드를 피어 노드에 설치한다.

설치할 때는 블록체인 네트워크를 통해 CDS 패키지의 서명과 무결성 등이 검증된다[28]. 검증된 체인코드가 설치된 피어 노드는 응용 프로그램으로부터 질의나 보증 실행 요구 등을 받아 체인코드를 실행한다.

chaincode 보조 명령은 체인코드 수명주기의 각 주기에서 해당 주기에 맞는 사용자에게 이용된다.

● pagkage/signpackage, install: 체인코드의 패키지화 및 설치

CDS 패키지화를 할 때 사용되는 명령은 `package`나 `signpackage`, `install` 명령이다. `install`은 `package`, `signpackage`의 간략화된 명령이다. CDS 패키지의 서명 방침에 따라 나눠서 사용하게 돼 있다.

27 Chaincode Deployment Spec의 약자. 서명된 CDS는 `SignedCDS`라고 한다.

28 하이퍼레저 패브릭 네트워크의 피어 노드는 '시스템 체인코드'라는 네트워크 자체의 동작을 지원하는 체인코드가 기본적으로 도입돼 있다. 검증뿐 아니라 블록체인 네트워크 내에서 이뤄지는 각종 노드의 처리는 시스템 체인코드의 실행으로 이뤄진다.

CDS 패키지에 포함된 체인코드를 설치하려면 설치할 피어 노드가 속한 조직의 소유자가 CDS 패키지를 서명해야 한다. 설치할 곳이 여러 조직으로 이뤄진 네트워크라면 각 조직의 소유자가 모두 서명해야 한다. 각 조직의 소유자는 package로 CDS 패키지를 만든 후 signpackage 명령을 사용해 추가 서명을 해야 한다. 이처럼 1개의 CDS 패키지를 여러 조직에서 공유하는 경우 간략화된 install 명령을 사용한다.

install은 설치할 피어 노드의 소유자에게 서명된 CDS 패키지를 만들고 피어 노드에 체인코드를 설치하는 명령이다. 즉, 한 조직이라면 CDS 패키지의 생성에서 설치까지를 모두 수행하기 때문에 편하게 체인코드를 설치할 수 있다.

● instantiate/update: 체인코드의 인스턴스와 및 인스턴스 갱신

install 명령으로 설치한 체인코드는 피어 노드에 배포됐을 뿐이며 실행 대상으로 인식되지 않는다. instantiate 명령으로 인스턴스화 처리를 해야 비로소 실행 가능한 상태가 된다.

이런 점은 조금 특별하다. 2장에서 소개한 바와 같이 하이퍼레저에서는 블록체인 네트워크에 '채널'이라는 통신 경로를 정의해 통신할 수 있으며 채널별로 개별 체인코드를 지정할 수 있다. 이렇게 지정해서 처리하는 것을 인스턴스화라고 하며 instantiate 명령어를 사용한다. 이때 인스턴스화하는 대상은 '채널'이므로 인수로는 채널 ID를 지정한다. 그리고 체인코드의 보증 정책을 지정하는 것도 이 명령이다.

update도 마찬가지로 체인코드에 채널이나 정책을 연결하는 명령어지만 인스턴스로 작동 중인 기존 체인코드를 갱신하는 데 사용된다. update는 기본적으로 instantiate와 동일한 동작을 하지만 현재 체인코드의 인스턴스화 정책을 검토하는 등 아무나 체인코드의 갱신을 할 수 없게끔 확인한다는 차이점이 있다. 그리고 체인코드는 채널별로 다른 버전이 동작할 수 있기 때문에 update하더라도 모든 채널의 체인코드가 동일하게 변경되지는 않는다.

● invoke/query: 체인코드 실행

마지막으로 설치 및 인스턴스화된 체인코드를 실행하는 명령어인 invoke와 query를 소개한다.

invoke와 query는 모두 블록체인 네트워크에서 인스턴스화된 체인코드를 호출하기 위한 명령이다. invoke가 원장 갱신에 따른 실제 블록체인 트랜잭션을 발생시키는 것이라면 query는 지정한 피어 노드에서 시뮬레이션을 실행하는 것에 그친다. query는 시뮬레이션만 실행하므로 피어 노드가 가진 원장과 상태 DB의 상태를 질의할 때 사용한다.

invoke와 query는 대부분 동일한 인수로 실행할 수 있다. invoke는 시뮬레이션 결과(즉, 보증 결과)를 네트워크에 전송하기 위해 그 송신처인 오더러의 주소와 포트 번호를 지정해야 한다는 점이 다르다(항목 3.4.13).

항목 3.4.13 invoke/query 명령을 실행할 때 인수의 차이[29](예)

-o 옵션으로 오더러 주소와 포트 번호를 지정

```
peer chaincode invoke -o orderer.example.com:7050 -C mychannel -n marbles -c
'{"Args":["read_everything"]}'

peer chaincode query -C mychannel -n marbles -c '{"Args":["read_everything"]}'
```

지정한 피어 노드에서 시뮬레이션을 실행할 뿐이므로 오더러는 지정하지 않아도 된다

● invoke/query 명령 사용

3.3절에서 다룬 예제 응용 프로그램을 사용해 실제로 명령을 사용해보자.

지금까지의 예제를 잘 따라왔다면 현재 basic-network가 기동 중인 상태일 것이다. 실행 중인 상태가 아니라면 3.3절을 참조해 basic-network를 다시 기동한다.

응용 프로그램 안에 있는 스크립트를 실행해 체인코드를 설치하고 인스턴스화해 응용 프로그램을 기동한다(항목 3.4.14).

항목 3.4.14 Marbles 응용 프로그램 기동

```
~$ cd ~/marbles/scripts
~/marbles/scripts$ node install_chaincode.js
(생략)
~/marbles/scripts$ node instantiate_chaincode.js
(생략)
~/marbles/scripts$ cd ..
~/marbles$ gulp marbles_local &
(생략)
debug: Open your browser to http://localhost:3001 and login as "admin" to initiate startup
```

29 (옮긴이) 해당 명령은 실제 실행이 되지 않는다는 것에 주의한다.

항목 3.4.14와 같이 출력되면 웹 브라우저를 실행해 'http://localhost:3001'에 접속한 뒤 초기 설정을 한다(그림 3.4.1). 초기 설정 방법은 3.3.3절의 '⑤ Marbles Demo 초기 설정 수행'을 참조한다.

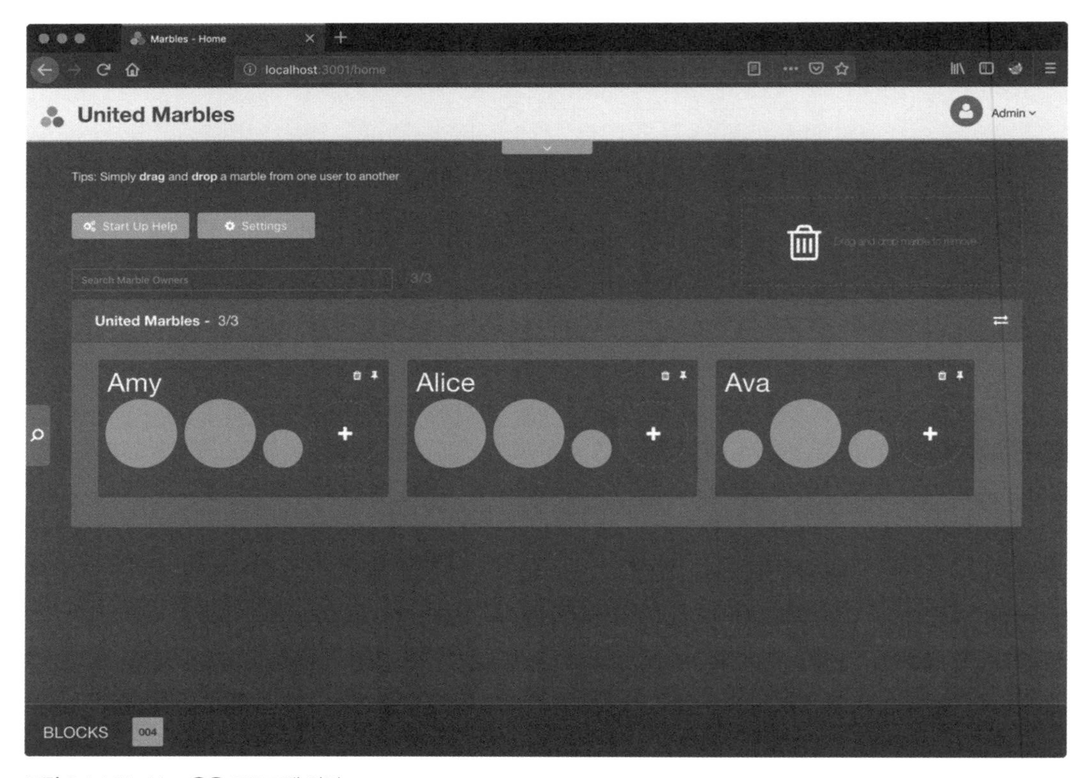

그림 3.4.1 Marbles 응용 프로그램 화면

초기 설정이 완료되면 응용 프로그램의 화면을 보며 체인 코드를 실행해보자.

여기서는 구슬의 소유자를 추가하는 체인코드인 "init_owner"를 실행해본다. 이때 query와 invoke로 각기 동일한 체인코드를 실행한 뒤 동작의 차이점을 확인해본다.

먼저 query를 실행해보자(항목 3.4.15). 체인코드를 실행할 때 '채널', '체인코드 이름', '체인코드 API 이름', '체인코드 인수'를 명령 인수로 지정해야 한다. 여기서는 각 인수로 mychannel, marbles, 'init_owner', 'o123', 'Bob', 'Beedama'를 지정한다. 체인코드 이름과 인수는 모두 -c 옵션에 JSON 형식으로 입력해야 한다.

항목 3.4.15 구슬 소유자를 추가하는 체인코드 실행: query

```
~/marbles$ peer chaincode query -C mychannel -n marbles -c '{"Args":["init_owner", "o123",
"Bob", "Beedama"]}'
```

실행해도 큰 변화는 없다. 웹 브라우저의 화면도 변한 것이 없다. 항목 3.3.11 'Marbles Demo: CLI를 사용해 자산 현황 확인'의 명령을 이용해 확인해봐도 새로운 소유자가 추가되지 않았기 때문에 아무런 내용도 표시되지 않는다(항목 3.4.16).

항목 3.4.16 구슬 소유자를 추가하는 체인코드 실행: query 실행 결과

```
~/marbles$ peer chaincode query -C mychannel -n marbles -c '{"Args":["read_everything"]}' |grep
Beedama
debug: [ws] received ws msg: {"type":"ping"}
```

다음으로 `invoke` 명령을 사용해 위의 내용을 실행해본다(항목 3.4.17). `-o` 옵션을 사용해 오더러를 지정해야 한다는 점에 주의한다. 여기서는 `basic-network` 구성에 맞춰 `localhost:7050`을 지정한다[30].

항목 3.4.17 구슬 소유자를 추가하는 체인코드 실행: invoke

```
~/marbles$ peer chaincode invoke -o localhost:7050 -C mychannel -n marbles -c
'{"Args":["init_owner", "o123", "Bob", "Beedama"]}'
2018-11-20 00:24:05.327 KST [chaincodeCmd] chaincodeInvokeOrQuery -> INFO 001 Chaincode invoke
successful. result: status:200
```

명령이 완료된 것을 확인했다면 웹 브라우저를 확인해보자(그림 3.4.2).

---

30 `basic-network`의 오더러 컨테이너는 `orderer.example.com`, 기본 포트 번호인 7050으로 오더러가 실행되도록 설정돼 있다. 그리고 이 포트 번호는 도커 호스트의 7050번 포트에서 사용할 수 있다(EXPOSE).

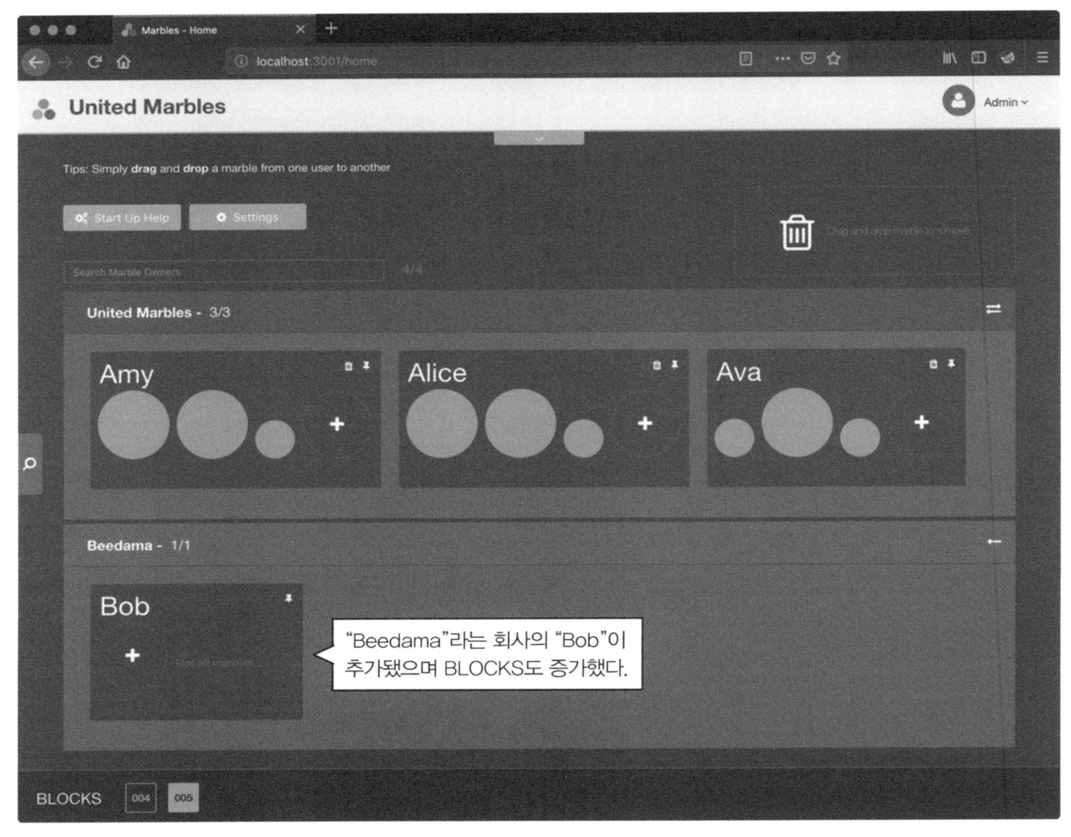

그림 3.4.2 Marbles 응용 프로그램 화면: invoke 실행 결과

보다시피 "Beedama"사와 자산 소유자 "Bob"이 추가됐다. 그리고 블록체인을 나타내는 BLOCKS에도 블록이 추가된 것을 확인할 수 있다.

read_everything을 사용해 자산 현황을 확인해보자(항목 3.4.18).

항목 3.4.18 구슬 소유자를 추가하는 체인코드 실행: invoke 실행 결과

```
~/marbles$ peer chaincode query -C mychannel -n marbles -c '{"Args":["read_everything"]}' |grep
Beedama
{"owners":[{"docType":"marble_owner","id":"o01542638573063jHDUc","username":"amy",
"company":"United Marbles","enabled":true},{"docType":"marble_owner","id":
"o01542638573089YgkuB","username":"alice","company":"United Marbles","enabled":true},
{"docType":"marble_owner","id":"o01542638573103dS6F7","username":"ava","company":"United
Marbles","enabled":true},{"docType":"marble_owner","id":"o123","username":
```

```
"bob","company":"Beedama","enabled":true}],"marbles":[{"docType":"marble","id":
"m01542638598186vyKWa","color":"green","size":16,"owner":{"id":"o01542638573063jHDUc",
"username":"amy","company":"United Marbles"}},
(생략)
```

"Beedama"사의 "Bob"이 추가됐다.

이 예제에서도 알 수 있듯이 invoke는 피어 노드에서 체인코드를 실행해 보증을 받고 트랜잭션을 생성한 뒤 블록체인 네트워크에 송신해 원장을 갱신한다.

이번 절에서 소개한 각종 CLI 명령은 개발에서뿐만 아니라 운영할 때도 블록체인 네트워크의 원장 상태를 확인하거나 체인 코드를 간단히 호출하는 데 사용할 수 있다. 사용법을 기억해두면 여러모로 편리하다.

3.4.10 CLI 컨테이너 사용

지금까지 호스트 OS에서 peer 명령을 사용하는 것을 전제로 설명했다. 하이퍼레저 패브릭에서는 'CLI 컨테이너'를 구성해 peer 명령을 사용하는 경우가 많으므로 CLI 컨테이너를 사용하는 방법도 간단히 소개해둔다.

CLI 컨테이너는 CLI 실행에 필요한 설정 파일과 환경변수 등을 블록체인 네트워크에 맞춰 정의하고 구축한 도커 컨테이너다. 기능적으로는 호스트 OS에서 CLI를 실행하는 것과 같지만 조작하는 블록체인 네트워크에 맞춰 일일이 환경변수 설정을 변경하는 등의 수고를 덜 수 있다. 그리고 docker-compose 파일로 정의해두면 구성 수정을 간소화할 수 있다는 장점도 있다.

사실 지금까지 사용해온 basic-network의 docker-compose 파일에도 cli라는 이름으로 CLI 컨테이너 구성이 정의돼 있다. 이를 docker-compose 명령으로 지정해 기동해보자(항목 3.4.19).

항목 3.4.19 basic-network의 CLI 컨테이너 기동

```
~/fabric/fabric-samples/basic-network$ docker-compose -f docker-compose.yml up -d cli
Creating cli
```

CLI 컨테이너에서 peer 명령을 실행해 3.4.8절에서 설명한 channel 보조 명령으로 채널 목록을 확인해보자(항목 3.4.20). 환경변수 등을 설정하지 않아도 되기 때문에 로그인한 뒤 바로 실행한다.

항목 3.4.20 CLI 컨테이너에서 peer 명령을 실행

```
~/fabric/fabric-samples/basic-network$ exit
logout
Connection to 127.0.0.1 closed.
> vagrant ssh
Welcome to Ubuntu 16.04.5 LTS (GNU/Linux 4.4.0-139-generic x86_64)
(생략)
Last login: Tue Nov 20 00:08:26 2018 from 10.0.2.2
~$ docker exec cli peer channel list
2018-11-19 15:54:42.344 UTC [channelCmd] InitCmdFactory -> INFO 001 Endorser and orderer
connections initialized
Channels peers has joined:
mychannel
```

출력 내용에 약간 차이가 있으나, 3.4.8절에서 확인한 바와 같이 basic-network의 피어 노드가 mychannel 채널에 소속된 것을 확인할 수 있다.

이처럼 CLI 컨테이너를 사용하면 호스트 OS에서의 번거로운 환경변수 설정이나 설정 파일의 변경으로부터 자유로워진다. 그리고 블록체인 네트워크의 docker-compose 구성 파일 안에 설정을 한꺼번에 정의할 수 있다. 그렇기 때문에 대부분의 경우 CLI 컨테이너에 구성을 정의해두고 CLI 컨테이너를 통해 peer 명령을 사용할 수 있게끔 한다.

3.5 버추얼박스 가상환경을 사용하지 않는 환경 구축

이번 장을 시작하는 부분에서 설명한 것처럼 이 책에서는 버추얼박스 가상 환경에 설치한 우분투 리눅스 게스트 OS를 사용한다(그림 3.5.1).

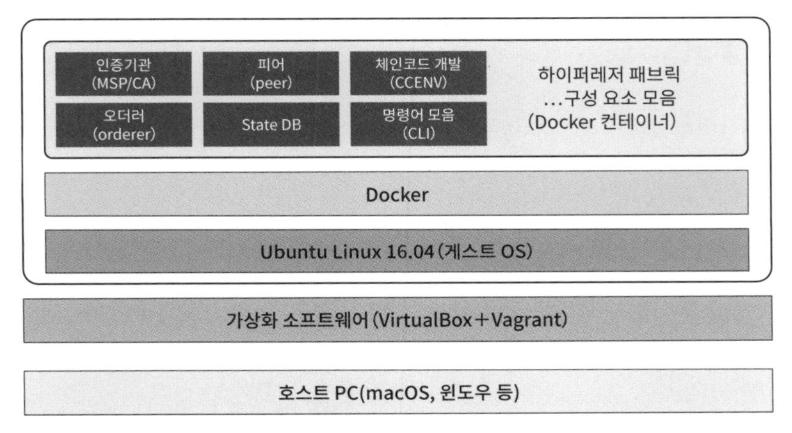

그림 3.5.1 이 책에서 사용하는 하이퍼레저 패브릭 동작 환경

이로 인해 버추얼박스 가상환경을 사용하는 장점[31]을 누릴 수 있으며, 이 책에서 다루는 조작 절차를 쉽게 재현할 수 있다.

하지만 윈도우 10 프로[32]나 macOS처럼 도커 컨테이너 환경을 지원하는 OS라면 다음과 같이 구성해도 문제 없다(그림 3.5.2).

31 스냅숏 기능(게스트 OS의 현재 상태 보존, 복구를 위한 기능)이나 이미지 생성 기능(OS 상태를 파일로 저장해 네트워크 등에서 공유 가능) 등을 이용할 수 있다.

32 Windows 10 Pro Fall Creators Edition(버전 1709) 이상

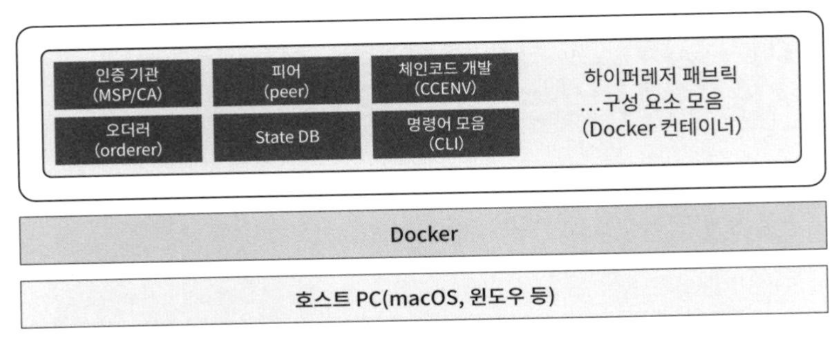

그림 3.5.2 버추얼박스를 사용하지 않는 하이퍼레저 패브릭 동작 환경

이번 절에서는 버추얼박스를 사용하지 않고 OS에 직접 환경을 구축하는 방법을 간단히 소개한다.

3.5.1 윈도우 10 프로

윈도우 10 프로에서 환경을 구축하는 방법을 소개한다. 윈도우 10 프로 Fall Creators Edition(버전 1709) 이상을 전제로 한다.

● Windows Subsystem for Linux(WSL)

윈도우 10 프로에는 Windows Subsystem for Linux(WSL; 리눅스용 윈도우 하위 시스템)이라는 기능이 있다. 이것은 윈도우에서 리눅스 유저랜드와 리눅스 실행 파일(ELF)을 실행하기 위한 호환성 계층이다.

윈도우의 명령 프롬프트나 파워셸에서 하이퍼레저 패브릭 환경을 구축하는 것도 가능하지만 이 책에서는 우분투의 Bash를 사용하고 있으므로 여기서는 WSL와 WSL용 우분투를 사용한 환경을 구축하는 방법을 소개한다[33](그림 3.5.3).

33 WSL도 일종의 가상화 환경이나 OS가 기본으로 제공하는 공식 기능이라는 장점이 있다.

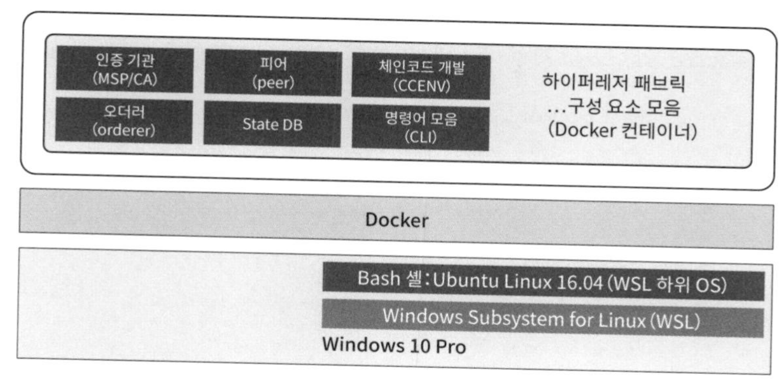

그림 3.5.3 리눅스용 윈도우 하위 시스템(WSL) 구성

● 필요한 도구 및 소프트웨어

▪ 윈도우 10 프로에 설치할 도구 및 소프트웨어

- Docker Community Edition(CE) 18.09(https://www.docker.com/)
    - 윈도우용(https://docs.docker.com/docker-for-windows/install/)
- Docker Compose 1.23
- Windows Subsystem for Linux(WSL)(https://ko.wikipedia.org/wiki/리눅스용_윈도우_하위_시스템)
    - Bash 셸(우분투 서브시스템)

▪ WSL-Ubuntu에 설치할 도구 및 소프트웨어

- Python 3.6
- Go(https://golang.org/) 1.10
- Node.js 8.12.0(https://nodejs.org/ko/)
- npm 5.6.0
- make, gcc, g++, libtool

● 윈도우용 도커 및 도커 컴포즈 설치

윈도우용 도커 CE 페이지에서 스크롤을 내려 중간에 있는 설치 파일을 내려받는다(그림 3.5.4). 내려받은 설치 파일을 실행해 화면에 표시되는 안내에 따라 설치를 완료한다. 도커 컴포즈는 도커와 함께 설치된다.

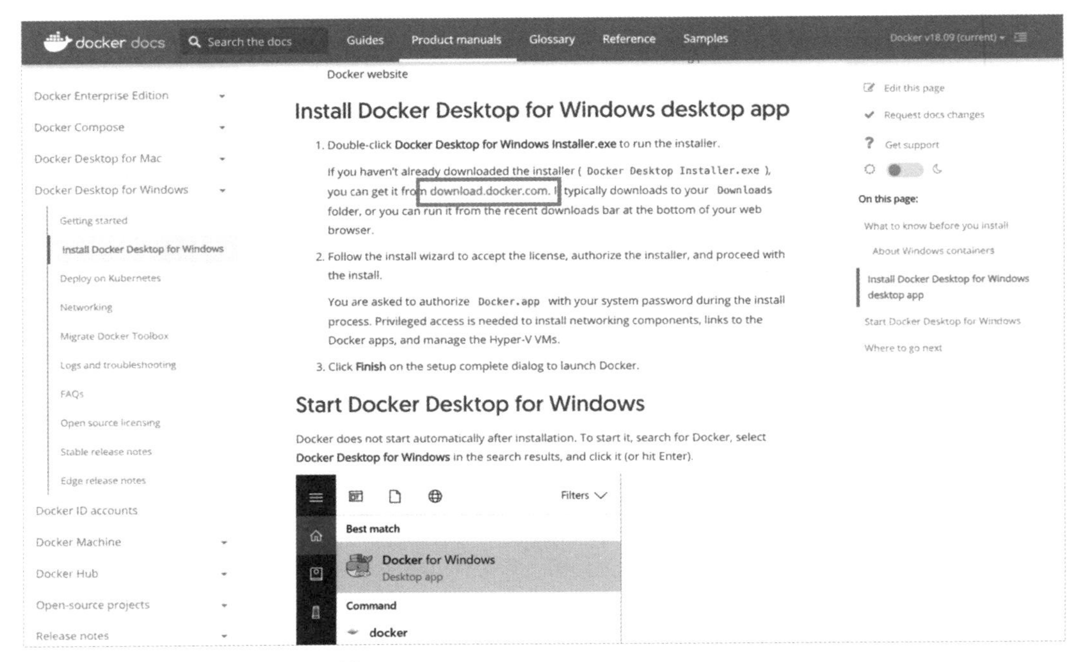

그림 3.5.4 Docker CE for Windows 다운로드

● 도커 그룹 추가

도커를 실행하려면 관리자 또는 docker-users 그룹에 속한 사용자 권한이 필요하다. 윈도우에 로그인한 사용자를 docker-users 그룹에 추가해둔다. 사용자를 그룹에 추가하려면 명령 프롬프트를 관리자 권한으로 실행해 그룹 추가 명령을 실행한다(항목 3.5.1).

항목 3.5.1 docker-users 그룹에 사용자 추가(fabricbook이라는 사용자를 추가하는 경우)

```
C:\Windows\system32>net localgroup docker-users fabricbook /add
The command completed successfully.
```

● 도커 버전 표시

여기서는 일단 로그오프한 뒤 다시 로그인해야 한다. 로그인한 후 시작 메뉴에서 'Docker Desktop'을 선택해 도커를 시작한다.

도커가 시작되면 시스템 트레이에 도커 아이콘(고래 마크)이 나타난다. 도커 시스템 아이콘에 마우스 포인터를 올렸을 때 "Docker Desktop is running"이라고 나타나면 시작된 것이다.

도커가 시작된 것을 확인했다면 도커 및 도커 컴포즈 명령을 실행해본다. 명령 프롬프트를 열어서 항목 3.5.2와 같이 실행해본다.

항목 3.5.2 도커 및 도커 컴포즈 버전 표시

```
C:\>docker version
Client: Docker Engine - Community
 Version:           18.09.1
 API version:       1.39
 Go version:        go1.10.6
 Git commit:        4c52b90
 Built:             Wed Jan  9 19:34:26 2019
 OS/Arch:           windows/amd64
 Experimental:      false

Server: Docker Engine - Community
 Engine:
  Version:          18.09.1
  API version:      1.39 (minimum version 1.12)
  Go version:       go1.10.6
  Git commit:       4c52b90
  Built:            Wed Jan  9 19:41:49 2019
  OS/Arch:          linux/amd64
  Experimental:     false

C:\>docker-compose version
docker-compose version 1.23.2, build 1110ad01
docker-py version: 3.6.0
CPython version: 3.6.6
OpenSSL version: OpenSSL 1.0.2o  27 Mar 2018
```

그 후 docker run hello-world도 실행해본다(항목 3.5.3).

항목 3.5.3 도커 hello-world 실행

```
C:\>docker run hello-world
Unable to find image 'hello-world:latest' locally
latest: Pulling from library/hello-world
1b930d010525: Pull complete
Digest: sha256:2557e3c07ed1e38f26e389462d03ed943586f744621577a99efb77324b0fe535
```

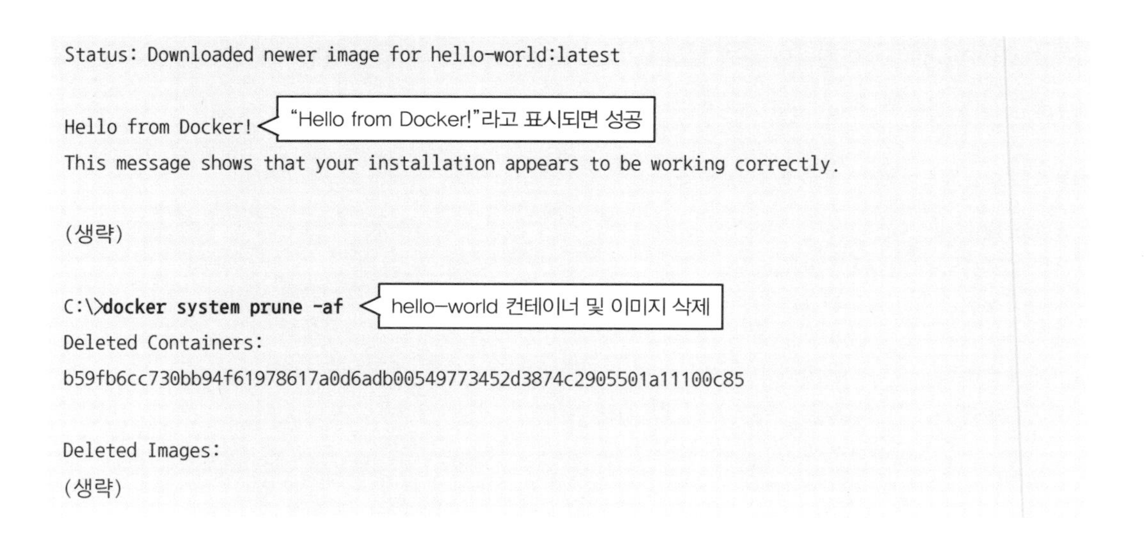

```
Status: Downloaded newer image for hello-world:latest

Hello from Docker!
This message shows that your installation appears to be working correctly.

(생략)

C:\>docker system prune -af
Deleted Containers:
b59fb6cc730bb94f61978617a0d6adb00549773452d3874c2905501a11100c85

Deleted Images:
(생략)
```


● WSL 기능 활성화

먼저 WSL 기능을 활성화하기 위해 'Windows 기능 켜기/끄기' 패널을 연다. 명령 프롬프트에서 항목 3.5.4와 같이 실행하거나 '제어판' → '프로그램 추가 제거'로 이동해 패널을 열어도 된다.

항목 3.5.4 'Windows 기능 켜기/끄기' 패널 열기

```
C:\> OptionalFeatures
```

'Linux용 Windows 하위 시스템'을 체크하고 '확인' 버튼을 클릭한다. 그 후 안내에 따라 윈도우를 재기동한다(그림 3.5.5).

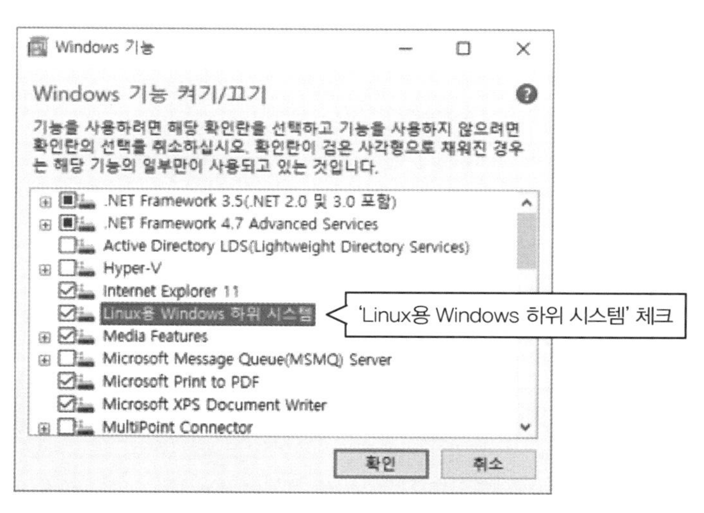

그림 3.5.5 WSL 활성화

● 우분투 서브시스템 설치

명령 프롬프트에서 다음과 같이 입력해 마이크로소프트 스토어의 WSL 페이지를 연다(항목 3.5.5, 그림 3.5.6).

항목 3.5.5 마이크로소프트 스토어: WSL 페이지

```
C:\> start https://aka.ms/wslstore
```

WSL 페이지에는 몇 개의 리눅스 배포판이 공개돼 있다. 여기서는 이 책에 맞춰 우분투를 설치한다(그림 3.5.7).

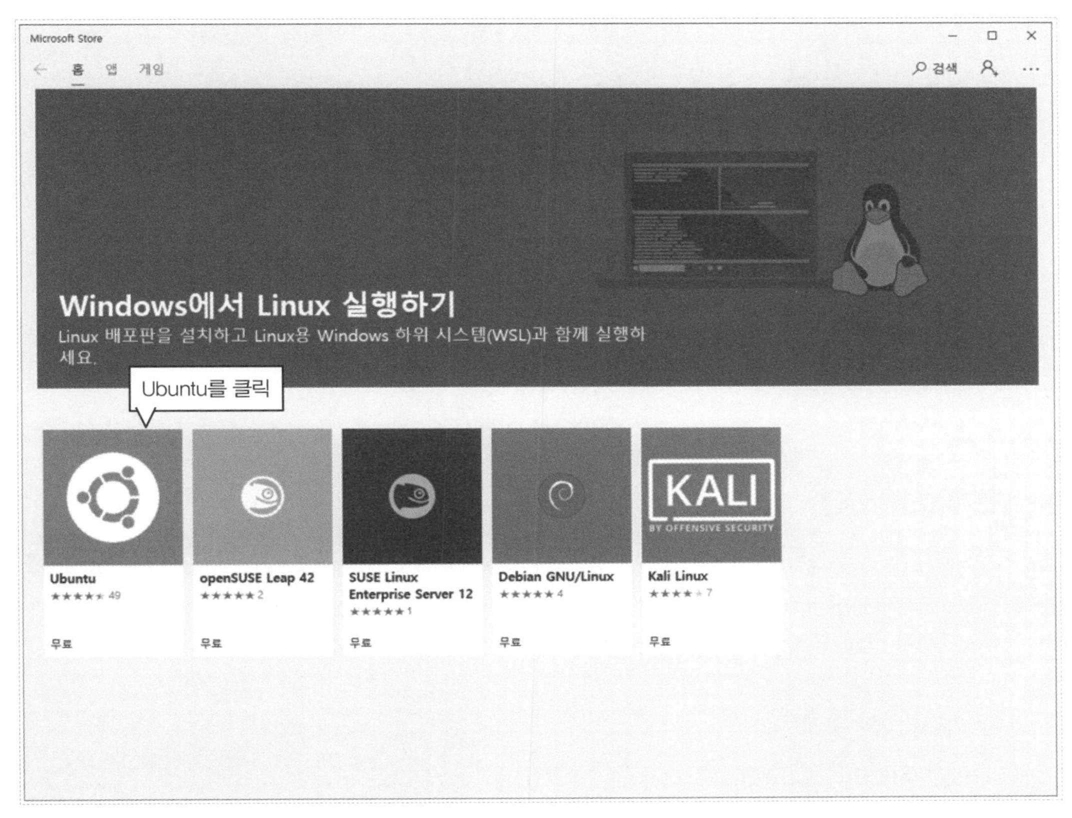

그림 3.5.6 마이크로소프트 스토어의 WSL 페이지

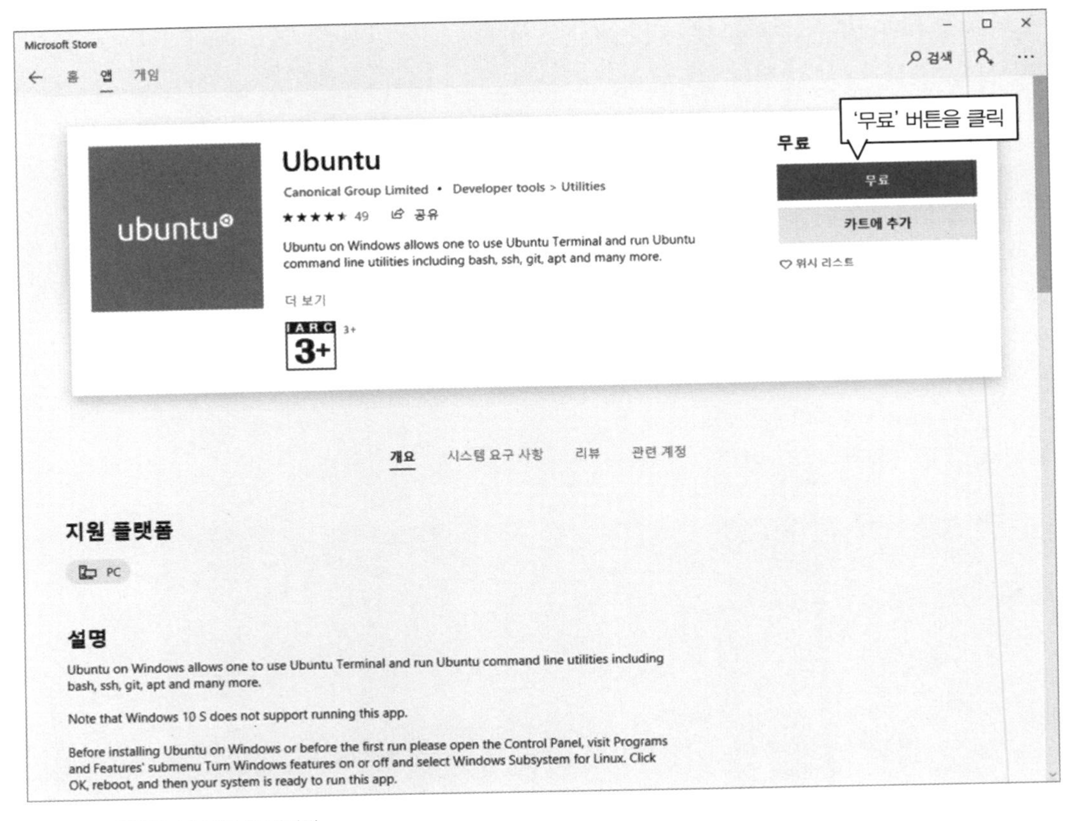

그림 3.5.7 우분투 서브시스템 페이지

● 우분투 초기 설정

설치가 완료되면 바로 시작할 수 있다. 초기 설치는 자동으로 수행되며 잠시 기다리면 새로운 사용자를 등록할 수 있다(항목 3.5.6). 여기서 사용자 이름을 "fabricbook", 패스워드를 "password"로 설정한다. 입력이 완료되면 우분투 CLI가 표시된다.

항목 3.5.6 WSL 초기 설정 및 계정 생성

```
Installing, this may take a few minutes...
Please create a default UNIX user account. The username does not need to match your Windows
username.
For more information visit: https://aka.ms/wslusers
Enter new UNIX username: fabricbook
Enter new UNIX password: (여기에 패스워드 입력)
```

```
Retype new UNIX password: (확인을 위해 패스워드를 다시 한 번 입력)
passwd: password updated successfully
Installation successful!
To run a command as administrator (user "root"), use "sudo <command>".
See "man sudo_root" for details.

fabricbook@wikibooks:~$
```

초기 설정 후에는 시작 메뉴에서 Ubuntu를 클릭해 실행하거나 명령 프롬프트에서 ubuntu 또는 bash를 입력해 우분투에 로그인할 수 있다.

이상으로 WSL에 우분투(Bash 셸) 설치가 완료됐다. 이후로는 우분투 Bash 셸(이후 Bash) 안에서 해야 할 작업을 설명한다. 필요한 경우를 제외하고 로그인 같은 절차는 생략한다.

● 도커 및 도커 컴포즈 심볼릭 링크 생성

윈도우에 설치된 도커 및 도커 컴포즈를 Bash에서 간단히 사용할 수 있도록 심볼릭 링크를 생성한다. 생성할 위치는 $HOME/bin이다. 만약 해당 경로가 PATH 환경변수에 존재하지 않는다면 "export PATH=$PATH:$HOME/bin"으로 경로를 추가한다.

항목 3.5.7 도커와 도커 컴포즈의 심볼릭 링크 생성

```
fabricbook@wikibooks:~$ mkdir bin
fabricbook@wikibooks:~$ cd bin
fabricbook@wikibooks:~/bin$ ln -s "`which docker.exe`" docker[34]
fabricbook@wikibooks:~/bin$ ln -s "`which docker-compose.exe`" docker-compose
```

제대로 실행됐는지 확인하기 위해 docker version, docker-compose version, docker run hello-world를 실행해본다.

● 파이썬 설치

일반적인 우분투 환경과 마찬가지로 apt를 사용해 패키지를 설치할 수 있다. apt update 및 apt upgrade로 패키지를 갱신하고 파이썬을 설치한다(항목 3.5.8).

34 작은따옴표(')가 아니라 그레이브 액센트(`, 숫자 키 1 왼쪽의 기호)다.

항목 3.5.8 파이썬 2.7 설치

```
fabricbook@wikibooks:~$ sudo apt -y update
(생략)
fabricbook@wikibooks:~$ sudo apt -y upgrade
(생략)
fabricbook@wikibooks:~$ sudo apt -y install python
(생략)
```

● 필요한 도구 및 소프트웨어 설치

그 밖의 도구 설치는 기본적으로 가상화 환경에서의 설치 절차와 동일하다. 3.2절 '하이퍼레저 패브릭 동작 환경 준비'를 참고해 다음 도구들을 설치한다.

- Go(https://golang.org/)
- Node.js(https://nodejs.org/)
- npm
- GNU make, gcc/c++, libtool

● Bash에서 도커 및 도커 컴포즈를 이용할 때의 주의점

마지막으로 Bash에서 도커 및 도커 컴포즈를 이용할 때 주의해야 할 점과 대처 방법을 설명한다.

윈도우에서는 직접 WSL 내의 파일에 접근할 수 없다는 제약이 있다. 도커는 윈도우에서 동작하므로 도커 컴포즈를 사용해 WSL에 있는 파일을 컨테이너에 볼륨 마운트하려고 하면 파일을 참조할 수 없기 때문에 에러가 발생한다. 이 문제를 해결하기 위해 다음과 같은 준비를 한다.

- Bash와 윈도우 양쪽에서 접근할 수 있는 WSL의 마운트 디렉터리 `/mnt/c/` 아래에 파일을 배치
- 도커의 C 드라이브 공유 설정

WSL은 `/mnt/c/`에 윈도우의 C 드라이브가 마운트돼 있어 윈도우와의 파일 교환이 가능하다. `/mnt/c/` 이하는 C 드라이브 자체이므로 윈도우의 도커와 도커 컴포즈에서 파일을 참조할 수 있다. 그리고 Docker Desktop이 적절히 경로를 변환해주기 때문에 WSL Bash에서도 별다른 구성 변경 없이 도커를 사용할 수 있다.

/mnt/c/ 아래에 도커 작업용 디렉터리를 만들어 홈 디렉터리에 심볼릭 링크를 만들어둔다(항목 3.5.9).

항목 3.5.9 도커 작업 디렉터리 생성

```
fabricbook@wikibooks:~$ mkdir /mnt/c/fabric
fabricbook@wikibooks:~$ ln -s /mnt/c/fabric
fabricbook@wikibooks:~$ ls -l fabric
lrwxrwxrwx 1 fabricbook fabricbook 13 Jan 21 12:21 fabric -> /mnt/c/fabric
```

윈도우 환경에서 실습을 진행하는 경우 이 작업 디렉터리 안에 모든 파일을 넣어두고 실행해야 한다.

다음으로 도커의 C 드라이브 공유 설정을 한다. 시스템 트레이의 도커 시스템 아이콘을 대상으로 마우스 오른쪽 버튼을 클릭해 'Settings'를 연다. 설정창 왼쪽의 'Shared Drives' 탭으로 이동한 뒤 'C'를 체크하고 'Apply' 버튼을 눌러 설정을 적용한다(그림 3.5.8).

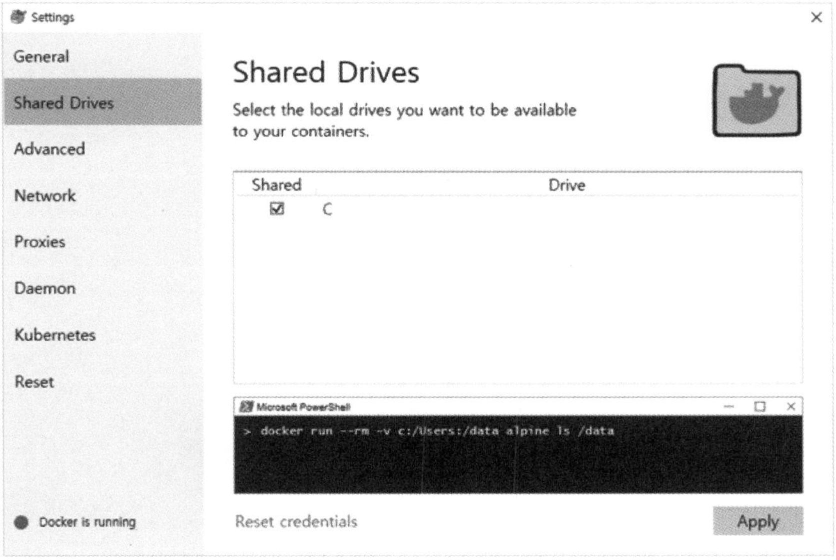

그림 3.5.8 도커에서 C 드라이브 공유 설정

Bash에서 도커를 이용할 때 방화벽이 문제가 되는 경우가 있다. 이 경우 방화벽에서 도커(DockerNAT 어댑터) 통신을 허용하도록 설정을 변경해야 한다. 그리고 도커의 인터랙티브 터미널은 윈도우 명령 프롬프트에서 실행해야 한다. Bash에서 도커 인터랙티브 터미널을 실행하면 'the input device is not a TTY'라는 에러가 발생하며 실행되지 않는다(항목 3.5.10).

항목 3.5.10 인터랙티브 터미널 실행 에러

```
fabricbook@wikibooks:~$ docker run -it bash
the input device is not a TTY.  If you are using mintty, try prefixing the command with 'winpty'
```

3.5.2 macOS

계속해서 macOS에서 하이퍼레저 패브릭 환경을 구축하는 방법을 소개한다.

● 필요한 도구 및 소프트웨어

- macOS에 설치할 도구 및 소프트웨어[35]
  - Docker Community Edition(CE) 18.06(https://www.docker.com/)
    - macOS용(https://docs.docker.com/docker-for-mac/release-notes/)
  - Docker Compose 1.22
  - Homebrew(https://brew.sh)
  - Git(https://git-scm.com/) 2.17
  - Python 3.6
  - Go(https://golang.org/) 1.10
  - Node.js 8.12.0(https://nodejs.org/ko/)
  - npm 5.6.0
  - make, gcc, g++(Homebrew가 의존하는 Xcode와 함께 설치함)
  - libtool

● 도커(및 도커 컴포즈) for Mac 설치

앞에서 설명한 macOS용 도커 CE 다운로드 페이지에 접속해 내려받을 버전의 바로 아래에 있는 'Download' 링크를 클릭해 다운로드한다(그림 3.5.9). 다운로드한 설치 파일을 실행해 설치 안내에 따라 설치를 완료한다. 도커 컴포즈는 도커와 함께 설치된다.

35 기본적으로 우분투 설정과 동일하나 'homebrew' 등 macOS 고유의 도구가 포함된다.

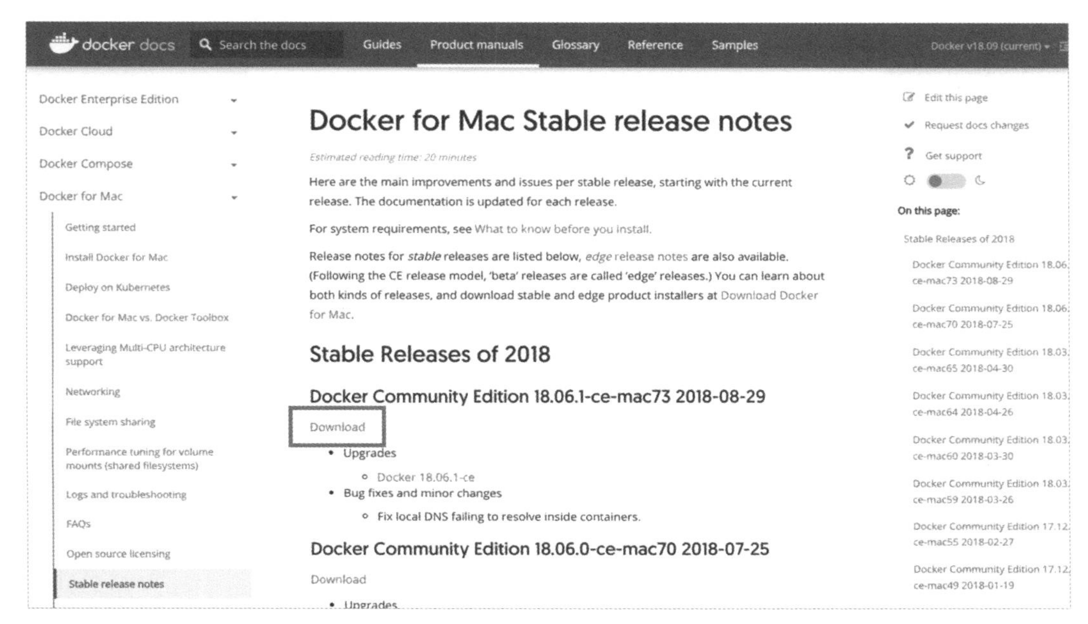

그림 3.5.9 도커 CE for macOS 다운로드 페이지

도커와 도커 컴포즈가 제대로 설치됐는지 확인한다. 터미널을 실행해 항목 3.5.11과 같이 명령을 실행해본다.

항목 3.5.11 도커 및 도커 컴포즈 버전 정보 확인

```
$ docker version
Client:
 Version:           18.06.1-ce
 API version:       1.38
 Go version:        go1.10.3
 Git commit:        e68fc7a
 Built:             Tue Aug 21 17:21:31 2018
 OS/Arch:           darwin/amd64
 Experimental:      false

Server:
 Engine:
  Version:          18.06.1-ce
  API version:      1.38 (minimum version 1.12)
  Go version:       go1.10.3
  Git commit:       e68fc7a
```

```
 Built:          Tue Aug 21 17:29:02 2018
 OS/Arch:        linux/amd64
 Experimental:    true

$ docker-compose version
docker-compose version 1.22.0, build f46880f
docker-py version: 3.4.1
CPython version: 3.6.4
OpenSSL version: OpenSSL 1.0.2o  27 Mar 2018
```

확인을 위해 docker run hello-world를 실행해보자(항목 3.5.12).

항목 3.5.12 docker run hello-world 실행

```
$ docker run hello-world
Unable to find image 'hello-world:latest' locally
latest: Pulling from library/hello-world
d1725b59e92d: Pull complete
Digest: sha256:0add3ace90ecb4adbf7777e9aacf18357296e799f81cabc9fde470971e499788
Status: Downloaded newer image for hello-world:latest

Hello from Docker!  < "Hello from Docker!"라는 문장이 표시되면 성공
This message shows that your installation appears to be working correctly.

(생략)

$ docker system prune -af  < hello-world 컨테이너 및 이미지 삭제
Deleted Containers:
ec75292c614b10a23f08095f8ef18c9db034fed8c907efda0e94264e327ef428
be6b51596da8026f06c74c8bbfdb14f3460d3b9b61d2ae15cbbdb607805570ea
```

● Homebrew 패키지 관리 도구 설치

Homebrew(brew 명령)는 macOS용 패키지 관리 도구 중 하나다. macOS에 Git이나 Go 언어 등 다양한 도구를 쉽고 간편하게 설치[36]할 수 있기 때문에 자주 사용되는 도구다. 이번 절에서는 Homebrew를 이용해 각종 도구를 설치한다.

---

36 "brew install 패키지 이름". 우분투의 "apt install 패키지 이름"과 비슷한 사용법을 제공한다.

Homebrew를 사용하려면 자바 실행 환경 및 Xcode 명령줄 도구가 필요하다. 자바가 설치되지 않은 경우 터미널에서 'java -version'이라고 입력하면 인스톨러가 실행되므로 지시에 따라 설치하면 된다. Xcode 명령줄 도구(make와 gcc를 포함)는 Homebrew 설치 스크립트가 적절하게 설치해준다[37].

Homebrew는 공식 홈페이지(https://brew.sh)에도 설명돼 있듯이 루비[38] 스크립트를 실행하는 것만으로 설치할 수 있다(항목 3.5.13).

항목 3.5.13 Homebrew(brew 명령) 설치

```
$ /usr/bin/ruby -e "$(curl -fsSL https://raw.githubusercontent.com/Homebrew/install/master/
install)"
```

도중에 엔터키를 입력하거나(Press Return to continue) 패스워드를 요구하는 경우가 있으나 안내대로 진행하면 문제 없이 설치가 완료된다.

● Git 설치

Homebrew를 사용해 Git을 설치한다(항목 3.5.14).

항목 3.5.14 Git 설치

```
$ brew install git
```

● Go 언어 설치

Go 언어는 Homebrew를 이용해 설치할 수도 있으나 여기서는 공식 홈페이지의 인스톨러를 사용해 설치한다(항목 3.5.15)[39]. 하이퍼레저 패브릭 1.4에서는 버전 1.11.1을 지원하므로 해당 버전을 설치한다.

항목 3.5.15 Go 언어 설치

```
$ wget https://dl.google.com/go/go1.11.1.darwin-amd64.pkg
--2018-11-21 02:01:49-- https://dl.google.com/go/go1.11.1.darwin-amd64.pkg
```

37 설치에 문제가 있는 경우 "xcode-select --install" 명령으로 직접 설치할 수 있다.

38 루비는 macOS에 기본 설치돼 있다.

39 Go 언어의 작업 디렉터리 설정 및 GOPATH 환경변수를 설정해야 한다. 해당 내용은 4장에서 다루므로 여기서는 생략한다.

```
(생략)

$ open go1.11.1.darwin-amd64.pkg    인스톨러가 실행되므로 지시에 따라 설치한다.
```

설치가 완료되면 확인을 위해 go version을 실행해본다(항목 3.5.16).

항목 3.5.16 go 버전 확인

```
$ go version
go version go1.10 darwin/amd64
```

● Node.js 및 npm 설치

Homebrew를 이용해 Node.js를 설치한다. Homebrew 패키지 이름에 "node@8"을 지정해 8.x 버전을 설치할 수 있다.

항목 3.5.17 Node.js 설치

```
$ brew install node@8
(생략)
$ echo 'export PATH=$PATH:/usr/local/opt/node@8/bin' >> ~/.bashrc    실행 경로 설정
$ source ~/.bashrc
```

확인을 위해 node 및 npm의 버전을 확인해본다(항목 3.5.18).

항목 3.5.18 node 및 npm 버전 확인

```
$ node --version
v8.12.0
$ npm --version
5.6.0
```

● libtool 설치

마지막으로 libtool을 설치한다(항목 3.5.19). libtool은 GNU make와 gcc/g++와 함께 npm 명령으로 Node.js 응용 프로그램의 의존성 모듈과 라이브러리를 설치할 때, 체인코드를 컴파일할 때, 네이티브 코드를 포함한 모듈을 빌드할 때 사용된다.

항목 3.5.19 libtool 설치

```
brew install libtool
```

이상으로 하이퍼레저 패브릭을 설치하기 위한 준비를 마쳤다. 이후로는 가상화 환경에 구축한 우분투와 동일하므로 3.5.2절을 참조하면 된다.

버추얼박스를 사용하지 않는 환경을 이용하는 경우 이 책의 곳곳에서 설명하는 가상화 환경 이용 절차(베이그런트 설정, 로그인, 로그아웃 등)는 적당히 건너뛴다.

3.6 실전 블록체인 네트워크 준비

이번 장의 마지막 부분으로, 4장에서 사용할 블록체인 네트워크를 구성한다. 또한 이번 절에서는 4장에서 사용할 블록체인을 '실전 블록체인'이라고 칭한다.

3.6.1 실전 블록체인 네트워크

실전편, 즉 4장에서 사용할 블록체인 네트워크의 개요는 그림 3.6.1과 같다.

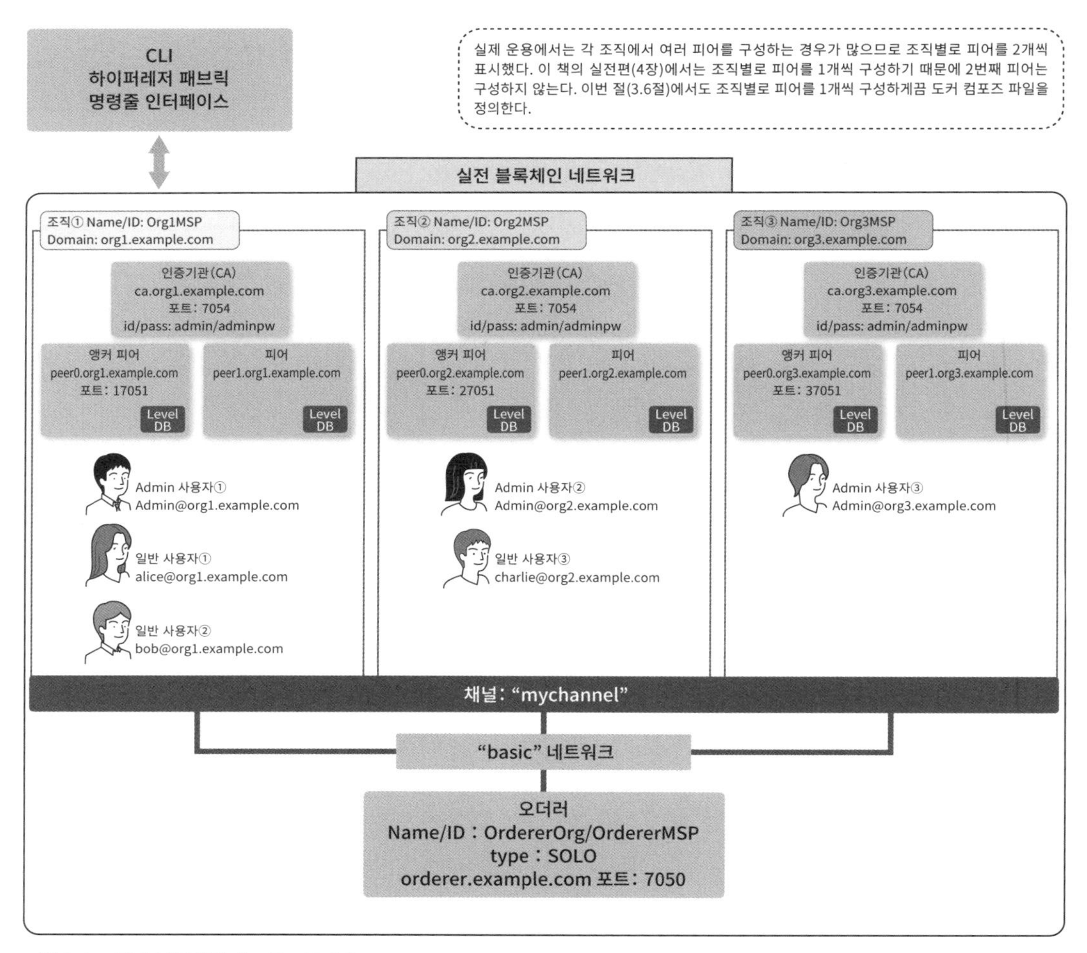

그림 3.6.1 실전 블록체인 네트워크의 개요

실전편의 블록체인 네트워크는 공식 예제인 basic-network에서 조직 수를 3개(원래는 1개)로 설정하고 사용자 수를 증가시켰다.

3.6.2 템플릿 복사

● basic-network 복사

먼저 템플릿이 될 basic-network를 복사한다. 여기서는 홈 디렉터리 바로 아래에 fabricbook이라는 디렉터리를 만들어 그 안에 복사한다(항목 3.6.1)

항목 3.6.1 basic-network 복사

```
~$ cp -r fabric/fabric-samples/basic-network/ fabricbook
~$ cd fabricbook/
~/fabricbook$ ls
README.md  configtx.yaml  crypto-config.yaml  generate.sh  start.sh  teardown.sh
config     crypto-config  docker-compose.yml  init.sh      stop.sh
```

● configtx.yaml 편집

configtx.yaml 파일을 편집한다(항목 3.6.2). 수정할 부분은 굵게 표시했다.

항목 3.6.2 configtx.yaml 파일 수정

```
(생략)

    - &Org1
        # DefaultOrg defines the organization which is used in the sampleconfig
        # of the fabric.git development environment
        Name: Org1MSP

        # ID to load the MSP definition as
        ID: Org1MSP

        MSPDir: crypto-config/peerOrganizations/org1.example.com/msp

        AnchorPeers:
```

```
            # AnchorPeers defines the location of peers which can be used
            # for cross org gossip communication.  Note, this value is only
            # encoded in the genesis block in the Application section context
            - Host: peer0.org1.example.com
              Port: 7051

    - &Org2
        Name: Org2MSP
        ID: Org2MSP
        MSPDir: crypto-config/peerOrganizations/org2.example.com/msp
        AnchorPeers:
            - Host: peer0.org2.example.com
              Port: 7051

    - &Org3
        Name: Org3MSP
        ID: Org3MSP
        MSPDir: crypto-config/peerOrganizations/org3.example.com/msp
        AnchorPeers:
            - Host: peer0.org3.example.com
              Port: 7051
(생략)
Orderer: &OrdererDefaults

    # Orderer Type: The orderer implementation to start
    # Available types are "solo" and "kafka"
    OrdererType: solo

    Addresses:
        - orderer.example.com:7050

    # Batch Timeout: The amount of time to wait before creating a batch
    BatchTimeout: 100ms

(생략)
Profiles:

    ThreeOrgOrdererGenesis:
        Orderer:
```

Org1 설정을 복사해 Org2, Org3 정의를 추가

배치 타임아웃 값을 100ms로 설정

프로파일 이름을 OneOrgXXX에서 ThreeOrgXXX로 변경

```
        <<: *OrdererDefaults
        Organizations:
            - *OrdererOrg
    Consortiums:
        SampleConsortium:
            Organizations:
                - *Org1
                - *Org2
                - *Org3
ThreeOrgChannel:
    Consortium: SampleConsortium
    Application:
        <<: *ApplicationDefaults
        Organizations:
            - *Org1
            - *Org2
            - *Org3
```

Org1과 같은 너비만큼 들여쓰고 입력. 간격이 다르거나 탭이 포함돼 있으면 YAML 파싱 에러가 발생하므로 주의해야 한다

3.6.3 암호키, 인증서 생성

● crypto-config.yaml 편집

crypto-config.yaml 파일을 편집한다(항목 3.6.3). 파일 맨 아래(Org1의 정의가 끝나는 부분)에 다음과 같은 내용을 추가한다.

항목 3.6.3 crypto-config.yaml 편집

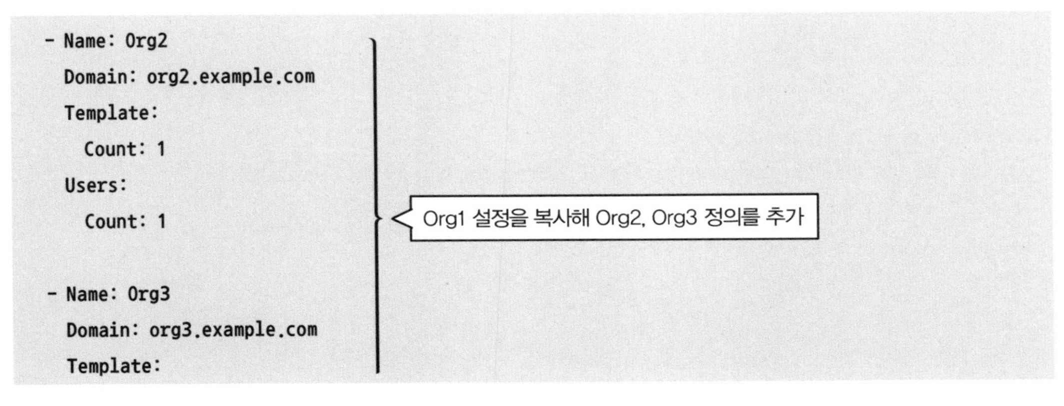


```
- Name: Org2
  Domain: org2.example.com
  Template:
    Count: 1
  Users:
    Count: 1

- Name: Org3
  Domain: org3.example.com
  Template:
```

```
    Count: 1
  Users:
    Count: 1
```

● generate.sh 편집

generate.sh 파일을 편집한다(항목 3.6.4). 수정할 부분은 굵게 표시했다.

항목 3.6.4 generate.sh 편집

```
#!/bin/sh
#
# Copyright IBM Corp All Rights Reserved
#
# SPDX-License-Identifier: Apache-2.0
#
export PATH=$GOPATH/src/github.com/hyperledger/fabric/build/bin:${PWD}/../bin:${PWD}:$PATH
export FABRIC_CFG_PATH=${PWD}
CHANNEL_NAME=mychannel

# remove previous crypto material and config transactions
rm -fr config/*
rm -fr crypto-config/*

# generate crypto material
cryptogen generate --config=./crypto-config.yaml
if [ "$?" -ne 0 ]; then
  echo "Failed to generate crypto material..."
  exit 1
fi

# generate genesis block for orderer
configtxgen -profile ThreeOrgOrdererGenesis -outputBlock ./config/genesis.block
if [ "$?" -ne 0 ]; then
  echo "Failed to generate orderer genesis block..."
  exit 1
fi
```

```
# generate channel configuration transaction
configtxgen -profile ThreeOrgChannel -outputCreateChannelTx ./config/channel.tx -channelID
$CHANNEL_NAME
if [ "$?" -ne 0 ]; then
  echo "Failed to generate channel configuration transaction..."
  exit 1
fi

# generate anchor peer transaction
configtxgen -profile ThreeOrgChannel -outputAnchorPeersUpdate ./config/Org1MSPanchors.tx
-channelID $CHANNEL_NAME -asOrg Org1MSP
if [ "$?" -ne 0 ]; then
  echo "Failed to generate anchor peer update for Org1MSP..."
  exit 1
fi

# generate anchor peer transaction
configtxgen -profile ThreeOrgChannel -outputAnchorPeersUpdate ./config/Org2MSPanchors.tx
-channelID $CHANNEL_NAME -asOrg Org2MSP
if [ "$?" -ne 0 ]; then
  echo "Failed to generate anchor peer update for Org2MSP..."
  exit 1
fi

# generate anchor peer transaction
configtxgen -profile ThreeOrgChannel -outputAnchorPeersUpdate ./config/Org3MSPanchors.tx
-channelID $CHANNEL_NAME -asOrg Org3MSP
if [ "$?" -ne 0 ]; then
  echo "Failed to generate anchor peer update for Org3MSP..."
  exit 1
fi
```

프로파일 이름을 OneOrgXXX에서 ThreeOrgXXX로 변경

위의 generate anchor peer transaction이 있는 부분을 복사해 Org2, Org3용 처리 내용을 추가

● 암호키, 인증서 생성

generate.sh 스크립트를 실행해 블록체인 네트워크(설정 파일 등)를 구성하고 필요한 암호키와 인증서를 생성한다(항목 3.6.5).

항목 3.6.5 generate.sh 실행

```
/fabricbook$ rm -rf config crypto-config
~/fabricbook$ mkdir config
~/fabricbook$ ./generate.sh
org1.example.com
org2.example.com
org3.example.com
2018-11-22 01:23:47.905 KST [common/tools/configtxgen] main -> WARN 001 Omitting the channel ID for configtxgen for output operations is deprecated.  Explicitly passing the channel ID will be required in the future, defaulting to 'testchainid'.
2018-11-22 01:23:47.906 KST [common/tools/configtxgen] main -> INFO 002 Loading configuration
2018-11-22 01:23:47.912 KST [common/tools/configtxgen/encoder] NewChannelGroup -> WARN 003 Default policy emission is deprecated, please include policy specifications for the channel group in configtx.yaml
2018-11-22 01:23:47.913 KST [common/tools/configtxgen/encoder] NewOrdererGroup -> WARN 004 Default policy emission is deprecated, please include policy specifications for the orderer group in configtx.yaml
(생략)
2018-11-22 01:23:48.019 KST [common/tools/configtxgen] doOutputAnchorPeersUpdate -> INFO 003 Writing anchor peer update
2018-11-22 01:23:48.045 KST [common/tools/configtxgen] main -> INFO 001 Loading configuration
2018-11-22 01:23:48.049 KST [common/tools/configtxgen] doOutputAnchorPeersUpdate -> INFO 002 Generating anchor peer update
2018-11-22 01:23:48.050 KST [common/tools/configtxgen] doOutputAnchorPeersUpdate -> INFO 003 Writing anchor peer update
```

config와 crypto-config 디렉터리는 generate.sh 스크립트를 실행하면 다시 생성되므로 삭제해둔다.

● 생성된 각 조직의 CA 비밀키 파일명 확인

이후 도커 컴포즈 파일을 수정해야 하므로 생성된 각 조직의 CA용 비밀키 파일명을 확인한다(항목 3.6.6).

항목 3.6.6 각 조직의 CA 비밀키 파일명 확인

```
~/fabricbook$ cd crypto-config/peerOrganizations/
~/fabricbook/crypto-config/peerOrganizations$ find | grep -E '/ca.*_sk' | sort
./org1.example.com/ca/737a164f7e923d60e41dbfb6b134a7ddc71f4e75875793d9f1e46d29e609f339_sk
./org2.example.com/ca/6215f57594f9a8bfc92f9a7b4984714a473a2b182f9a21a5bddcf25210e77161_sk
./org3.example.com/ca/a863268cc961e90179bf992df7131961fc120dd30f36f2287564bac52e9019ef_sk
```

"_sk"로 끝나는 파일이 CA 비밀키다. generate.sh(정확히는 스크립트 내의 cryptogen)가 실행될 때 각 조직(org1, org2, org3)별로 비밀키가 생성된다. 생성되는 파일명은 무작위다.

3.6.4 docker-compose.yml 편집

이어서 docker-compose.yml 파일을 편집한다. 이 파일은 수정해야 할 부분이 많다.

여기서는 주로 Org1의 설정을 복사해서 편집한다. 텍스트 에디터 등을 사용해 편집하는 것이 편하다. 전체 내용은 이번 절의 마지막에 게재한다. 수정할 부분을 요약하면 다음과 같다.

- CA 컨테이너와 피어 컨테이너의 정의 부분에 있는 Org1 내용을 참고해 Org2, Org3 추가
- CA 관리자(Admin) 패스워드 변경
- TLS 암호화 통신 활성화
- CouchDB 컨테이너 비활성화(피어 컨테이너 내의 LevelDB를 사용)
- CLI 컨테이너 구성

이를 바탕으로 Docker 컨테이너별로 수정할 부분을 설명한다. 간단한 부분부터 설명하므로 실제 파일을 수정하는 순서와 다르다는 데 주의한다.

● 오더러 컨테이너 정의

오더러 컨테이너의 정의를 수정한다(항목 3.6.7). 수정할 부분은 굵게 표시했다.

항목 3.6.7 docker-compose.yml 편집: 오더러 컨테이너 정의

```
orderer.example.com:
  container_name: orderer.example.com
  image: hyperledger/fabric-orderer
  environment:
    - ORDERER_GENERAL_LOGLEVEL=info
    - ORDERER_GENERAL_LISTENADDRESS=0.0.0.0
    - ORDERER_GENERAL_GENESISMETHOD=file
    - ORDERER_GENERAL_GENESISFILE=/etc/hyperledger/configtx/genesis.block
    - ORDERER_GENERAL_LOCALMSPID=OrdererMSP
    - ORDERER_GENERAL_LOCALMSPDIR=/etc/hyperledger/msp/orderer/msp
```

```
      # Enable TLS
      - ORDERER_GENERAL_TLS_ENABLED=true
      - ORDERER_GENERAL_TLS_PRIVATEKEY=/etc/hyperledger/msp/orderer/tls/server.key
      - ORDERER_GENERAL_TLS_CERTIFICATE=/etc/hyperledger/msp/orderer/tls/server.crt
      - ORDERER_GENERAL_TLS_ROOTCAS=[/etc/hyperledger/msp/orderer/tls/ca.crt]
    working_dir: /opt/gopath/src/github.com/hyperledger/fabric/orderer
    command: orderer
    ports:
      - 7050:7050
    volumes:
        - ./config/:/etc/hyperledger/configtx
        - ./crypto-config/ordererOrganizations/example.com/orderers/orderer.example.com/:/etc/
hyperledger/msp/orderer
        - ./crypto-config/peerOrganizations/org1.example.com/peers/peer0.org1.example.com/:/etc/
hyperledger/msp/peerOrg1
    networks:
      - basic
```

● CA 컨테이너를 정의한다

원래 존재하던 CA 정의에서 공통된 부분을 메모장 등에 복사해두자(항목 3.6.8). CA 관리자 패스워드(admin:XXX)는 이 책에서 사용할 패스워드로 변경한다는 점에 주의하자[40].

항목 3.6.8 docker-compose.yml 편집: CA 컨테이너 기본 정의

```
<수정 전>
services:
  ca.example.com:
    image: hyperledger/fabric-ca
    environment:
      - FABRIC_CA_HOME=/etc/hyperledger/fabric-ca-server
      - FABRIC_CA_SERVER_CA_NAME=ca.example.com
      - FABRIC_CA_SERVER_CA_CERTFILE=/etc/hyperledger/fabric-ca-server-config/ca.org1.example.com-
cert.pem
      - FABRIC_CA_SERVER_CA_KEYFILE=/etc/hyperledger/fabric-ca-server-config/4239aa0dcd76daeeb8ba0
cda701851d14504d31aad1b2ddddbac6a57365e497c_sk
```

40 실제 운용에서는 Org별로 다른 패스워드를 사용해야 한다.

```
    ports:
      - "7054:7054"
    command: sh -c 'fabric-ca-server start -b admin:adminpw'
    volumes:
      - ./crypto-config/peerOrganizations/org1.example.com/ca/:/etc/hyperledger/fabric-ca-server-
config
    container_name: ca.example.com
    networks:
      - basic

<수정 후>
services:
  ca-base:
    image: hyperledger/fabric-ca
    environment:
      - FABRIC_CA_HOME=/etc/hyperledger/fabric-ca-server
      - FABRIC_CA_SERVER_TLS_ENABLED=true      < TLS 활성화
    networks:
      - basic                                  < CA 개별 설정 및 "command" 정의는 삭제
```

정의한 "ca-base"를 기반으로[41] 각 조직의 CA 컨테이너 정의를 바로 아래에 추가한다. Org1의 CA 컨테이너 정의를 먼저 만들고 그것을 복사해 Org2, Org3용 컨테이너 정의를 만드는 방법을 추천한다.

Org2, Org3에서 변경할 부분은 "org1.example.com"과 같은 도메인명, 'port', FABRIC_CA_SERVER_TLS_KEYFILE 환경변수다. 그리고 "FABRIC_CA_SERVER_TLS_KEYFILE=..."에 정의하는 "_sk"로 끝나는 파일 경로 설정에는 이전 절의 '생성된 각 조직의 CA 비밀 키 파일명'에서 확인한 각 조직의 CA 비밀 키 파일명을 입력하면 된다.

항목 3.6.9 docker-compose.yml 편집: CA 컨테이너 정의

```
  ca.org1.example.com:
    extends:
      service: ca-base
    container_name: ca.org1.example.com
    environment:
      - FABRIC_CA_SERVER_CA_NAME=ca.org1.example.com
```

41 도커 컴포즈 버전 2의 extends 기능을 사용한다.

```
      - FABRIC_CA_SERVER_TLS_CERTFILE=/etc/hyperledger/fabric-ca-
server-config/ca.org1.example.com-cert.pem
      - FABRIC_CA_SERVER_TLS_KEYFILE=/etc/hyperledger/fabric-ca-
server-config/737a164f7e923d60e41dbfb6b134a7ddc71f4e75875793d9f
1e46d29e609f339_sk
    command: sh -c 'fabric-ca-server start --ca.certfile /etc/
hyperledger/fabric-ca-server-config/ca.org1.example.com-cert.pem
--ca.keyfile /etc/hyperledger/fabric-ca-server-config/737a164f
7e923d60e41dbfb6b134a7ddc71f4e75875793d9f1e46d29e609f339_sk -b
admin:ry3XQB@Tk\& -d'
    ports:
      - "17054:7054"
    volumes:
      - ./crypto-config/peerOrganizations/org1.example.com/ca/:/etc/hyperledger/fabric-ca-server-
config

  ca.org2.example.com:
    extends:
      service: ca-base
    container_name: ca.org2.example.com
    environment:
      - FABRIC_CA_SERVER_CA_NAME=ca.org2.example.com
      - FABRIC_CA_SERVER_TLS_CERTFILE=/etc/hyperledger/fabric-ca-server-config/ca.org2.example.com-
cert.pem
      - FABRIC_CA_SERVER_TLS_KEYFILE=/etc/hyperledger/fabric-ca-server-config/6215f57594f9a8bfc92f
9a7b4984714a473a2b182f9a21a5bddcf25210e77161_sk
    command: sh -c 'fabric-ca-server start --ca.certfile /etc/hyperledger/fabric-ca-server-config/
ca.org2.example.com-cert.pem --ca.keyfile /etc/hyperledger/fabric-ca-server-config/6215f57594f9a8b
fc92f9a7b4984714a473a2b182f9a21a5bddcf25210e77161_sk -b admin:ry3XQB@Tk\& -d'
    ports:
      - "27054:7054"
    volumes:
      - ./crypto-config/peerOrganizations/org2.example.com/ca/:/etc/hyperledger/fabric-ca-server-
config

  ca.org3.example.com:
    extends:
      service: ca-base
    container_name: ca.org3.example.com
```

공식 예제 파일에는 CA로 입력돼 있다. 이를 TLS로 바꿔야 한다.

FABRIC_CA_SERVER_TLS_KEYFILE 및 --ca.keyfile에서 지정할 파일명 "_sk"에는 항목 3.6.6에서 조사한 조직별 CA 비밀 키 파일명을 기입한다.

CA 관리자 패스워드를 변경해둔다(각 조직의 CA는 공통)

```
    environment:
      - FABRIC_CA_SERVER_CA_NAME=ca.org3.example.com
      - FABRIC_CA_SERVER_TLS_CERTFILE=/etc/hyperledger/fabric-ca-server-config/ca.org3.example.com-
cert.pem
      - FABRIC_CA_SERVER_TLS_KEYFILE=/etc/hyperledger/fabric-ca-server-config/a863268cc961e90179bf
992df7131961fc120dd30f36f2287564bac52e9019ef_sk
    command: sh -c 'fabric-ca-server start --ca.certfile /etc/hyperledger/fabric-ca-server-config/
ca.org3.example.com-cert.pem --ca.keyfile /etc/hyperledger/fabric-ca-server-config/a863268cc961e90
179bf992df7131961fc120dd30f36f2287564bac52e9019ef_sk -b admin:ry3XQB@Tk\& -d'
    ports:
      - "37054:7054"
    volumes:
      - ./crypto-config/peerOrganizations/org3.example.com/ca/:/etc/hyperledger/fabric-ca-server-
config
```

● 피어 컨테이너 정의

마찬가지로 피어 컨테이너를 정의한다. 먼저 원래 피어 컨테이너 정의에서 공통 부분을 추출하고 항목 3.6.10과 같이 변경한다. 이때 공통 정의 부분에 TLS 암호화 통신 설정을 추가한다.

항목 3.6.10 docker-compose.yml 편집: 피어 컨테이너 기본 정의

```
<수정 전(해당 부분 발췌)>
 peer0.org1.example.com:
    container_name: peer0.org1.example.com
    image: hyperledger/fabric-peer
    environment:
      - CORE_VM_ENDPOINT=unix:///host/var/run/docker.sock
      - CORE_PEER_ID=peer0.org1.example.com
(생략)
    depends_on:
      - orderer.example.com
      - couchdb
    networks:
      - basic

<수정 후>
peer-base:
```

```
image: hyperledger/fabric-peer
environment:
  - CORE_VM_ENDPOINT=unix:///host/var/run/docker.sock
  - CORE_LOGGING_PEER=debug
  - CORE_CHAINCODE_LOGGING_LEVEL=DEBUG
  - CORE_VM_DOCKER_HOSTCONFIG_NETWORKMODE=${COMPOSE_PROJECT_NAME}_basic
  - CORE_PEER_TLS_ENABLED=true
  - CORE_PEER_GOSSIP_USELEADERELECTION=true
  - CORE_PEER_GOSSIP_ORGLEADER=false
  - CORE_PEER_PROFILE_ENABLED=true
  - CORE_PEER_TLS_CERT_FILE=/etc/hyperledger/fabric/tls/server.crt
  - CORE_PEER_TLS_KEY_FILE=/etc/hyperledger/fabric/tls/server.key
  - CORE_PEER_TLS_ROOTCERT_FILE=/etc/hyperledger/fabric/tls/ca.crt
working_dir: /opt/gopath/src/github.com/hyperledger/fabric
command: peer node start
volumes:
    - /var/run/:/host/var/run/
    - ./config:/etc/hyperledger/configtx
networks:
  - basic
```

정의한 "peer-base"를 바탕으로[42] 각 조직의 피어 컨테이너를 아래에 추가한다. 우선 Org1의 피어 컨테이너 정의를 만들고 그것을 복사해 Org2, Org3용 컨테이너 정의를 만드는 방법을 추천한다.

원래의 피어 컨테이너 정의(peer0.org1.example.com)에서 공통되는 부분을 "peer-base"로 옮긴 것이다(항목 3.6.11). 주의해야 할 점은 다음과 같다.

- 포트를 변경하지 않으면 피어 컨테이너의 포트들이 서로 충돌하기 때문에 '1705x:705x', '2705x:705x', '3705x:705x'처럼 바꾼다.
- TLS 암호화 통신을 위해 TLS 디렉터리를 volumes에 추가
- CouchDB(couchdb) 컨테이너를 의존 서비스 정의(depends_on)에서 제거

42 도커 컴포즈 버전 2의 extends 기능을 사용

항목 3.6.11 docker-compose.yml 편집: 피어 컨테이너 정의

```
peer0.org1.example.com:
   extends:
     service: peer-base
   container_name: peer0.org1.example.com
   environment:
     - CORE_PEER_ID=peer0.org1.example.com
     - CORE_PEER_LOCALMSPID=Org1MSP
     - CORE_PEER_MSPCONFIGPATH=/etc/hyperledger/msp/users/Admin@org1.example.com/msp
     - CORE_PEER_GOSSIP_EXTERNALENDPOINT=peer0.org1.example.com:7051
     - CORE_PEER_ADDRESS=peer0.example.com:7051
   ports:
     - 17051:7051
     - 17053:7053
   volumes:
       - ./crypto-config/peerOrganizations/org1.example.com/peers/peer0.org1.example.com/msp:/
etc/hyperledger/msp/peer
       - ./crypto-config/peerOrganizations/org1.example.com/peers/peer0.org1.example.com/tls:/
etc/hyperledger/fabric/tls
       - ./crypto-config/peerOrganizations/org1.example.com/users:/etc/hyperledger/msp/users
   depends_on:
     - orderer.example.com

  peer0.org2.example.com:
   extends:
     service: peer-base
   container_name: peer0.org2.example.com
   environment:
     - CORE_PEER_ID=peer0.org2.example.com
     - CORE_PEER_LOCALMSPID=Org2MSP
     - CORE_PEER_MSPCONFIGPATH=/etc/hyperledger/msp/users/Admin@org2.example.com/msp
     - CORE_PEER_GOSSIP_EXTERNALENDPOINT=peer0.org2.example.com:7051
     - CORE_PEER_ADDRESS=peer0.example.com:7051
   ports:
     - 27051:7051
     - 27053:7053
   volumes:
       - ./crypto-config/peerOrganizations/org2.example.com/peers/peer0.org2.example.com/msp:/
etc/hyperledger/msp/peer
```

```
        - ./crypto-config/peerOrganizations/org2.example.com/peers/peer0.org2.example.com/tls:/
etc/hyperledger/fabric/tls
        - ./crypto-config/peerOrganizations/org2.example.com/users:/etc/hyperledger/msp/users
    depends_on:
      - orderer.example.com

  peer0.org3.example.com:
    extends:
      service: peer-base
    container_name: peer0.org3.example.com
    environment:
      - CORE_PEER_ID=peer0.org3.example.com
      - CORE_PEER_LOCALMSPID=Org3MSP
      - CORE_PEER_MSPCONFIGPATH=/etc/hyperledger/msp/users/Admin@org3.example.com/msp
      - CORE_PEER_GOSSIP_EXTERNALENDPOINT=peer0.org3.example.com:7051
      - CORE_PEER_ADDRESS=peer0.example.com:7051
    ports:
      - 37051:7051
      - 37053:7053
    volumes:
        - ./crypto-config/peerOrganizations/org3.example.com/peers/peer0.org3.example.com/msp:/
etc/hyperledger/msp/peer
        - ./crypto-config/peerOrganizations/org3.example.com/peers/peer0.org3.example.com/tls:/
etc/hyperledger/fabric/tls
        - ./crypto-config/peerOrganizations/org3.example.com/users:/etc/hyperledger/msp/users
    depends_on:
      - orderer.example.com
```

● CLI 컨테이너 정의

마지막으로 지금까지 수정한 내용에 맞춰 CLI 컨테이너 정의를 수정한다(항목 3.6.12). 수정할 곳은 굵게 표시했다. TLS 암호화 통신 설정을 추가하는 것 외에도 편의를 위해 `working_dir`과 `volumes` 정의를 수정했다.

항목 3.6.12 `docker-compose.yml` 편집: CLI 컨테이너 정의

```
  cli:
    container_name: cli
```

```
  image: hyperledger/fabric-tools
  tty: true
  environment:
    - GOPATH=/opt/gopath
    - CORE_VM_ENDPOINT=unix:///host/var/run/docker.sock
    - CORE_LOGGING_LEVEL=DEBUG
    - CORE_PEER_ID=cli
    - CORE_PEER_ADDRESS=peer0.org1.example.com:7051
    - CORE_PEER_LOCALMSPID=Org1MSP
    - CORE_PEER_MSPCONFIGPATH=/opt/gopath/src/github.com/hyperledger/fabric/peer/crypto/
peerOrganizations/org1.example.com/users/Admin@org1.example.com/msp
    - CORE_CHAINCODE_KEEPALIVE=10
    # Enable TLS
    - CORE_PEER_TLS_ENABLED=true
    - CORE_PEER_TLS_CERT_FILE=/opt/gopath/src/github.com/hyperledger/fabric/peer/crypto/
peerOrganizations/org1.example.com/peers/peer0.org1.example.com/tls/server.crt
    - CORE_PEER_TLS_KEY_FILE=/opt/gopath/src/github.com/hyperledger/fabric/peer/crypto/
peerOrganizations/org1.example.com/peers/peer0.org1.example.com/tls/server.key
    - CORE_PEER_TLS_ROOTCERT_FILE=/opt/gopath/src/github.com/hyperledger/fabric/peer/crypto/
peerOrganizations/org1.example.com/peers/peer0.org1.example.com/tls/ca.crt
  working_dir: /etc/hyperledger/configtx
  command: /bin/bash
  volumes:
      - /var/run/:/host/var/run/
      - ./config/:/etc/hyperledger/configtx
      - ./crypto-config:/etc/hyperledger/crypto-config
      - ./crypto-config:/opt/gopath/src/github.com/hyperledger/fabric/peer/crypto/
  networks:
      - basic
```

이로써 설정 파일의 수정을 완료했다. 이후의 단계에서 에러가 나오는 경우 이번 절의 말미에 있는 전체 수정 항목 내용과 비교해서 잘못된 곳이 없는지 확인한다.

3.6.5 start.sh와 teardown.sh 편집

● start.sh 파일 편집

start.sh 스크립트 파일을 편집한다. 먼저 docker-compose up 처리를 항목 3.6.13과 같이 변경한다. CLI 컨테이너 및 수정한 Org1과 추가한 Org2, Org3의 피어와 대응하는 CA가 기동되게끔 변경한다. 그리고 CouchDB는 사용하지 않으므로 기동되지 않게 한다. 여기서도 수정할 부분은 굵게 표시한다.

항목 3.6.13 start.sh 편집 1

```
<수정 전>
docker-compose -f docker-compose.yml up -d ca.example.com orderer.example.com
peer0.org1.example.com couchdb

<수정 후>
docker-compose -f docker-compose.yml up -d cli orderer.example.com \
        ca.org1.example.com peer0.org1.example.com \
        ca.org2.example.com peer0.org2.example.com \
        ca.org3.example.com peer0.org3.example.com
```

다음으로 채널 생성 처리를 조금 변경한다(항목 3.6.14). CLI 명령인 peer channel create를 CLI 컨테이너(컨테이너 이름 "cli")를 통해 실행하도록 변경한다. 그리고 TLS 암호화 통신용 인수를 추가한다.

항목 3.6.14 start.sh 편집 2

```
# Create the channel
<수정 전>
docker exec -e "CORE_PEER_LOCALMSPID=Org1MSP" -e "CORE_PEER_MSPCONFIGPATH=/etc/hyperledger/
msp/users/Admin@org1.example.com/msp" peer0.org1.example.com peer channel create -o
orderer.example.com:7050 -c mychannel -f /etc/hyperledger/configtx/channel.tx

<수정 후>
docker exec cli peer channel create -o orderer.example.com:7050 -c mychannel -f /etc/hyperledger/
configtx/channel.tx --tls --cafile /etc/hyperledger/crypto-config/ordererOrganizations/
example.com/orderers/orderer.example.com/msp/tlscacerts/tlsca.example.com-cert.pem
```

마지막으로 Org1, Org2, Org3 피어를 생성한 채널에 참가시키는 내용을 추가한다(항목 3.6.15).

항목 3.6.15 start.sh 편집 3

```
<수정 전>
docker exec -e "CORE_PEER_LOCALMSPID=Org1MSP" -e "CORE_PEER_MSPCONFIGPATH=/etc/hyperledger/msp/
users/Admin@org1.example.com/msp" peer0.org1.example.com peer channel join -b mychannel.block

<수정 후>
docker exec peer0.org1.example.com peer channel join -b /etc/hyperledger/configtx/mychannel.block
docker exec peer0.org2.example.com peer channel join -b /etc/hyperledger/configtx/mychannel.block
docker exec peer0.org3.example.com peer channel join -b /etc/hyperledger/configtx/mychannel.block
```

● teardown.sh 파일 편집

teardown.sh 파일을 편집해 불필요한 도커 컨테이너가 남지 않게 해둔다(항목 3.6.16).

항목 3.6.16 teardown.sh 편집

```
<수정 전>
# remove chaincode docker images
docker rm $(docker ps -aq)

<수정 후>
# remove chaincode docker images
docker rm $(docker ps -aq -f 'name=dev-*') || true
```

3.6.6 실전 블록체인 네트워크 기동

start.sh 스크립트를 실행해 지금까지의 설정이 제대로 반영됐는지 확인해본다(항목 3.6.17).

항목 3.6.17 실전 블록체인 네트워크 기동

```
~/fabricbook$ ./start.sh

# don't rewrite paths for Windows Git Bash users
export MSYS_NO_PATHCONV=1

docker-compose -f docker-compose.yml down
Removing network net_basic
```

```
WARNING: Network net_basic not found.

docker-compose -f docker-compose.yml up -d cli orderer.example.com \
        ca.org1.example.com peer0.org1.example.com \
        ca.org2.example.com peer0.org2.example.com \
        ca.org3.example.com peer0.org3.example.com
Creating network "net_basic" with the default driver
Creating ca.org2.example.com
Creating ca.org3.example.com
Creating orderer.example.com
Creating cli
Creating ca.org1.example.com
Creating peer0.org3.example.com
Creating peer0.org1.example.com
Creating peer0.org2.example.com

# wait for Hyperledger Fabric to start
# incase of errors when running later commands, issue export FABRIC_START_TIMEOUT=<larger number>
export FABRIC_START_TIMEOUT=10
#echo ${FABRIC_START_TIMEOUT}
sleep ${FABRIC_START_TIMEOUT}

# Create the channel
docker exec cli peer channel create -o orderer.example.com:7050 -c mychannel -f /etc/hyperledger/
configtx/channel.tx --tls --cafile /etc/hyperledger/crypto-config/ordererOrganizations/
example.com/orderers/orderer.example.com/msp/tlscacerts/tlsca.example.com-cert.pem
2018-12-03 16:04:58.627 UTC [viperutil] getKeysRecursively -> DEBU 001 Found map[string]interface{}
value for peer.BCCSP
2018-12-03 16:04:58.628 UTC [viperutil] unmarshalJSON -> DEBU 002 Unmarshal JSON: value cannot be
unmarshalled: invalid character 'S' looking for beginning of value
2018-12-03 16:04:58.628 UTC [viperutil] getKeysRecursively -> DEBU 003 Found real value for
peer.BCCSP.Default setting to string SW

(생략)

# Join peer0.org1.example.com to the channel.
docker exec peer0.org1.example.com peer channel join -b /etc/hyperledger/configtx/mychannel.block
2018-12-03 16:04:59.057 UTC [channelCmd] InitCmdFactory -> INFO 001 Endorser and orderer
connections initialized
```

```
2018-12-03 16:04:59.078 UTC [channelCmd] executeJoin -> INFO 002 Successfully submitted proposal
to join channel
docker exec peer0.org2.example.com peer channel join -b /etc/hyperledger/configtx/mychannel.block
2018-12-03 16:04:59.295 UTC [channelCmd] InitCmdFactory -> INFO 001 Endorser and orderer
connections initialized
2018-12-03 16:04:59.313 UTC [channelCmd] executeJoin -> INFO 002 Successfully submitted proposal
to join channel
docker exec peer0.org3.example.com peer channel join -b /etc/hyperledger/configtx/mychannel.block
2018-12-03 16:04:59.550 UTC [channelCmd] InitCmdFactory -> INFO 001 Endorser and orderer
connections initialized
2018-12-03 16:04:59.572 UTC [channelCmd] executeJoin -> INFO 002 Successfully submitted proposal
to join channel
```

에러("Error")라는 문자열이 출력되지 않았다면 올바르게 설정된 것이다. CLI 컨테이너와 각 피어가 참가한 채널 목록을 출력해 확인해보자(항목 3.6.18).

항목 3.6.18 실전 블록체인 네트워크의 동작 확인

```
~/fabricbook$ docker exec cli peer channel list
(생략)
2018-12-03 16:50:46.299 UTC [msp/identity] Sign -> DEBU 040 Sign: digest:
2ED806F331A5317BEE7A29E251104E66EDF247854AD3A9A719BF0825DE73566A
Channels peers has joined:
mychannel
~/fabricbook$ docker exec peer0.org1.example.com peer channel list
2018-12-03 16:51:01.616 UTC [channelCmd] InitCmdFactory -> INFO 001 Endorser and orderer
connections initialized
Channels peers has joined:
mychannel
~/fabricbook$ docker exec peer0.org2.example.com peer channel list
2018-12-03 16:51:06.247 UTC [channelCmd] InitCmdFactory -> INFO 001 Endorser and orderer
connections initialized
Channels peers has joined:
mychannel
~/fabricbook$ docker exec peer0.org3.example.com peer channel list
2018-12-03 16:51:12.788 UTC [channelCmd] InitCmdFactory -> INFO 001 Endorser and orderer
connections initialized
Channels peers has joined:
mychannel
```

각 컨테이너가 참가한 채널을 질의하는 peer channel list 명령이 정상적으로 실행되고 모두 mychannel 에 참가(join)된 것을 확인할 수 있다.

3.6.7 실전 블록체인 네트워크의 중지와 삭제

마지막으로 블록체인 네트워크를 중지하는 방법과 삭제하는 방법을 설명한다. 설정을 변경하고 반영하기 위해 블록체인 네트워크를 중지하거나 새로 만들어야 할 때가 있다. 이 경우 stop.sh 스크립트를 실행한다(항목 3.6.19).

항목 3.6.19 실전 블록체인 네트워크 중지

```
~/fabricbook$ ./stop.sh

# Shut down the Docker containers that might be currently running.
docker-compose -f docker-compose.yml stop
Stopping peer0.org2.example.com ... done
Stopping peer0.org1.example.com ... done
Stopping peer0.org3.example.com ... done
Stopping ca.org3.example.com ... done
Stopping orderer.example.com ... done
Stopping cli ... done
Stopping ca.org2.example.com ... done
Stopping ca.org1.example.com ... done
```

중지한 블록체인 네트워크를 삭제하려면 teardown.sh 스크립트를 실행한다(항목 3.6.20).

항목 3.6.20 실전 블록체인 네트워크 삭제

```
~/fabricbook$ ./teardown.sh
Removing peer0.org2.example.com ... done
Removing peer0.org1.example.com ... done
Removing peer0.org3.example.com ... done
Removing ca.org3.example.com ... done
Removing orderer.example.com ... done
Removing cli ... done
Removing ca.org2.example.com ... done
Removing ca.org1.example.com ... done
Removing network net_basic
```

```
"docker rm" requires at least 1 argument.
See 'docker rm --help'.

Usage:  docker rm [OPTIONS] CONTAINER [CONTAINER...]

Remove one or more containers
"docker rmi" requires at least 1 argument.
See 'docker rmi --help'.

Usage:  docker rmi [OPTIONS] IMAGE [IMAGE...]

Remove one or more images
```

체인코드를 도입하기 전에 teardown.sh가 실행되면 docker rm/rmi 부분에서 에러가 표시되지만 정상적인 현상이다.

이로써 하이퍼레저 패브릭 구축에 대한 설명이 끝났다. 다음 장부터는 하이퍼레저 패브릭의 체인코드와 응용 프로그램 개발에 대해 설명한다.

3.6.8 실전 블록체인 네트워크에서 사용하는 docker-compose.yml 파일의 전체 내용

마지막으로 실전 블록체인 네트워크에서 사용하는 docker-compose.yml 파일의 전체 내용을 게재한다(항목 3.6.21). 만약 위의 단계에서 에러가 발생했다면 아래 내용을 확인해 잘못된 부분이 없는지 확인하자.

항목 3.6.21 실전 블록체인 네트워크 설정 파일(docker-compose.yml)의 전체 내용

```
version: '2'

networks:
  basic:

services:
  ca-base:
    image: hyperledger/fabric-ca
    environment:
      - FABRIC_CA_HOME=/etc/hyperledger/fabric-ca-server
      - FABRIC_CA_SERVER_TLS_ENABLED=true
    networks:
```

```
      - basic

  ca.org1.example.com:
    extends:
      service: ca-base
    container_name: ca.org1.example.com
    environment:
      - FABRIC_CA_SERVER_CA_NAME=ca.org1.example.com
      - FABRIC_CA_SERVER_TLS_CERTFILE=/etc/hyperledger/fabric-ca-server-config/ca.org1.example.com-
cert.pem
      - FABRIC_CA_SERVER_TLS_KEYFILE=/etc/hyperledger/fabric-ca-server-config/737a164f7e923d60e41d
bfb6b134a7ddc71f4e75875793d9f1e46d29e609f339_sk
    command: sh -c 'fabric-ca-server start --ca.certfile /etc/hyperledger/fabric-ca-server-config/
ca.org1.example.com-cert.pem --ca.keyfile /etc/hyperledger/fabric-ca-server-config/737a164f7e923d6
0e41dbfb6b134a7ddc71f4e75875793d9f1e46d29e609f339_sk -b admin:ry3XQB@Tk\& -d'
    ports:
      - "17054:7054"
    volumes:
      - ./crypto-config/peerOrganizations/org1.example.com/ca/:/etc/hyperledger/fabric-ca-server-
config

  ca.org2.example.com:
    extends:
      service: ca-base
    container_name: ca.org2.example.com
    environment:
      - FABRIC_CA_SERVER_CA_NAME=ca.org2.example.com
      - FABRIC_CA_SERVER_TLS_CERTFILE=/etc/hyperledger/fabric-ca-server-config/ca.org2.example.com-
cert.pem
      - FABRIC_CA_SERVER_TLS_KEYFILE=/etc/hyperledger/fabric-ca-server-config/6215f57594f9a8bfc92f
9a7b4984714a473a2b182f9a21a5bddcf25210e77161_sk
    command: sh -c 'fabric-ca-server start --ca.certfile /etc/hyperledger/fabric-ca-server-config/
ca.org2.example.com-cert.pem --ca.keyfile /etc/hyperledger/fabric-ca-server-config/6215f57594f9a8b
fc92f9a7b4984714a473a2b182f9a21a5bddcf25210e77161_sk -b admin:ry3XQB@Tk\& -d'
    ports:
      - "27054:7054"
    volumes:
      - ./crypto-config/peerOrganizations/org2.example.com/ca/:/etc/hyperledger/fabric-ca-server-
config
```

```
  ca.org3.example.com:
    extends:
      service: ca-base
    container_name: ca.org3.example.com
    environment:
      - FABRIC_CA_SERVER_CA_NAME=ca.org3.example.com
      - FABRIC_CA_SERVER_TLS_CERTFILE=/etc/hyperledger/fabric-ca-server-config/ca.org3.example.com-
cert.pem
      - FABRIC_CA_SERVER_TLS_KEYFILE=/etc/hyperledger/fabric-ca-server-config/a863268cc961e90179bf
992df7131961fc120dd30f36f2287564bac52e9019ef_sk
    command: sh -c 'fabric-ca-server start --ca.certfile /etc/hyperledger/fabric-ca-server-config/
ca.org3.example.com-cert.pem --ca.keyfile /etc/hyperledger/fabric-ca-server-config/a863268cc961e90
179bf992df7131961fc120dd30f36f2287564bac52e9019ef_sk -b admin:ry3XQB@Tk\& -d'
    ports:
      - "37054:7054"
    volumes:
      - ./crypto-config/peerOrganizations/org3.example.com/ca/:/etc/hyperledger/fabric-ca-server-
config

  orderer.example.com:
    container_name: orderer.example.com
    image: hyperledger/fabric-orderer
    environment:
      - ORDERER_GENERAL_LOGLEVEL=debug
      - ORDERER_GENERAL_LISTENADDRESS=0.0.0.0
      - ORDERER_GENERAL_GENESISMETHOD=file
      - ORDERER_GENERAL_GENESISFILE=/etc/hyperledger/configtx/genesis.block
      - ORDERER_GENERAL_LOCALMSPID=OrdererMSP
      - ORDERER_GENERAL_LOCALMSPDIR=/etc/hyperledger/msp/orderer/msp
# Enable TLS
      - ORDERER_GENERAL_TLS_ENABLED=true
      - ORDERER_GENERAL_TLS_PRIVATEKEY=/etc/hyperledger/msp/orderer/tls/server.key
      - ORDERER_GENERAL_TLS_CERTIFICATE=/etc/hyperledger/msp/orderer/tls/server.crt
      - ORDERER_GENERAL_TLS_ROOTCAS=[/etc/hyperledger/msp/orderer/tls/ca.crt]
    working_dir: /opt/gopath/src/github.com/hyperledger/fabric/orderer
    command: orderer
    ports:
      - 7050:7050
```

```
    volumes:
        - ./config/:/etc/hyperledger/configtx
        - ./crypto-config/ordererOrganizations/example.com/orderers/orderer.example.com/:/etc/
hyperledger/msp/orderer
        - ./crypto-config/peerOrganizations/org1.example.com/peers/peer0.org1.example.com/:/etc/
hyperledger/msp/peerOrg1
    networks:
      - basic

  peer-base:
    image: hyperledger/fabric-peer
    environment:
      - CORE_VM_ENDPOINT=unix:///host/var/run/docker.sock
      - CORE_LOGGING_PEER=debug
      - CORE_CHAINCODE_LOGGING_LEVEL=DEBUG
      - CORE_VM_DOCKER_HOSTCONFIG_NETWORKMODE=${COMPOSE_PROJECT_NAME}_basic
      - CORE_PEER_TLS_ENABLED=true
      - CORE_PEER_GOSSIP_USELEADERELECTION=true
      - CORE_PEER_GOSSIP_ORGLEADER=false
      - CORE_PEER_PROFILE_ENABLED=true
      - CORE_PEER_TLS_CERT_FILE=/etc/hyperledger/fabric/tls/server.crt
      - CORE_PEER_TLS_KEY_FILE=/etc/hyperledger/fabric/tls/server.key
      - CORE_PEER_TLS_ROOTCERT_FILE=/etc/hyperledger/fabric/tls/ca.crt
    working_dir: /opt/gopath/src/github.com/hyperledger/fabric
    command: peer node start
    volumes:
        - /var/run/:/host/var/run/
        - ./config:/etc/hyperledger/configtx
    networks:
      - basic

  peer0.org1.example.com:
    extends:
      service: peer-base
    container_name: peer0.org1.example.com
    environment:
      - CORE_PEER_ID=peer0.org1.example.com
      - CORE_PEER_LOCALMSPID=Org1MSP
      - CORE_PEER_MSPCONFIGPATH=/etc/hyperledger/msp/users/Admin@org1.example.com/msp
```

```
      - CORE_PEER_GOSSIP_EXTERNALENDPOINT=peer0.org1.example.com:7051
      - CORE_PEER_ADDRESS=peer0.org1.example.com:7051
    ports:
      - 17051:7051
      - 17053:7053
    volumes:
        - ./crypto-config/peerOrganizations/org1.example.com/peers/peer0.org1.example.com/msp:/
etc/hyperledger/msp/peer
        - ./crypto-config/peerOrganizations/org1.example.com/peers/peer0.org1.example.com/tls:/
etc/hyperledger/fabric/tls
        - ./crypto-config/peerOrganizations/org1.example.com/users:/etc/hyperledger/msp/users
    depends_on:
      - orderer.example.com

  peer0.org2.example.com:
    extends:
      service: peer-base
    container_name: peer0.org2.example.com
    environment:
      - CORE_PEER_ID=peer0.org2.example.com
      - CORE_PEER_LOCALMSPID=Org2MSP
      - CORE_PEER_MSPCONFIGPATH=/etc/hyperledger/msp/users/Admin@org2.example.com/msp
      - CORE_PEER_GOSSIP_EXTERNALENDPOINT=peer0.org2.example.com:7051
      - CORE_PEER_ADDRESS=peer0.org2.example.com:7051
    ports:
      - 27051:7051
      - 27053:7053
    volumes:
        - ./crypto-config/peerOrganizations/org2.example.com/peers/peer0.org2.example.com/msp:/
etc/hyperledger/msp/peer
        - ./crypto-config/peerOrganizations/org2.example.com/peers/peer0.org2.example.com/tls:/
etc/hyperledger/fabric/tls
        - ./crypto-config/peerOrganizations/org2.example.com/users:/etc/hyperledger/msp/users
    depends_on:
      - orderer.example.com

  peer0.org3.example.com:
    extends:
      service: peer-base
```

```
    container_name: peer0.org3.example.com
    environment:
      - CORE_PEER_ID=peer0.org3.example.com
      - CORE_PEER_LOCALMSPID=Org3MSP
      - CORE_PEER_MSPCONFIGPATH=/etc/hyperledger/msp/users/Admin@org3.example.com/msp
      - CORE_PEER_GOSSIP_EXTERNALENDPOINT=peer0.org3.example.com:7051
      - CORE_PEER_ADDRESS=peer0.org3.example.com:7051
    ports:
      - 37051:7051
      - 37053:7053
    volumes:
        - ./crypto-config/peerOrganizations/org3.example.com/peers/peer0.org3.example.com/msp:/
etc/hyperledger/msp/peer
        - ./crypto-config/peerOrganizations/org3.example.com/peers/peer0.org3.example.com/tls:/
etc/hyperledger/fabric/tls
        - ./crypto-config/peerOrganizations/org3.example.com/users:/etc/hyperledger/msp/users
    depends_on:
      - orderer.example.com

  couchdb:
    container_name: couchdb
    image: hyperledger/fabric-couchdb
    # Populate the COUCHDB_USER and COUCHDB_PASSWORD to set an admin user and password
    # for CouchDB.  This will prevent CouchDB from operating in an "Admin Party" mode.
    environment:
      - COUCHDB_USER=
      - COUCHDB_PASSWORD=
    ports:
      - 5984:5984
    networks:
      - basic

  cli:
    container_name: cli
    image: hyperledger/fabric-tools
    tty: true
    environment:
      - GOPATH=/opt/gopath
      - CORE_VM_ENDPOINT=unix:///host/var/run/docker.sock
```

```
        - CORE_LOGGING_LEVEL=DEBUG
        - CORE_PEER_ID=cli
        - CORE_PEER_ADDRESS=peer0.org1.example.com:7051
        - CORE_PEER_LOCALMSPID=Org1MSP
        - CORE_PEER_MSPCONFIGPATH=/opt/gopath/src/github.com/hyperledger/fabric/peer/crypto/
peerOrganizations/org1.example.com/users/Admin@org1.example.com/msp
        - CORE_CHAINCODE_KEEPALIVE=10
        # Enable TLS
        - CORE_PEER_TLS_ENABLED=true
        - CORE_PEER_TLS_CERT_FILE=/opt/gopath/src/github.com/hyperledger/fabric/peer/crypto/
peerOrganizations/org1.example.com/peers/peer0.org1.example.com/tls/server.crt
        - CORE_PEER_TLS_KEY_FILE=/opt/gopath/src/github.com/hyperledger/fabric/peer/crypto/
peerOrganizations/org1.example.com/peers/peer0.org1.example.com/tls/server.key
        - CORE_PEER_TLS_ROOTCERT_FILE=/opt/gopath/src/github.com/hyperledger/fabric/peer/crypto/
peerOrganizations/org1.example.com/peers/peer0.org1.example.com/tls/ca.crt
    working_dir: /etc/hyperledger/configtx
    command: /bin/bash
    volumes:
        - /var/run/:/host/var/run/
        - ./config/:/etc/hyperledger/configtx
        - ./crypto-config:/etc/hyperledger/crypto-config
        - ./crypto-config:/opt/gopath/src/github.com/hyperledger/fabric/peer/crypto/
    networks:
        - basic
```

04장

하이퍼레저 패브릭 응용 프로그램 개발

독자 여러분 중에도 업무용 응용 프로그램을 개발해온 분이 계실 것이다. 이번 장에서는 하이퍼레저 패브릭에서 실행되는 응용 프로그램을 개발하는 방법을 설명한다. 여기서는 간단한 예제를 통해 체인코드와 체인코드를 외부에서 접근하는 기능을 구현한다.

4.1 응용 프로그램 개발 개요

하이퍼레저 패브릭에서 실행되는 업무용 응용 프로그램은 체인코드로 작성해야 한다. 현재 개발 언어로는 Go 언어가 지원된다. 체인코드는 피어와는 별도의 도커 컨테이너에서 실행된다. 그렇기 때문에 피어에 접속해 상태 DB 안의 데이터를 취득하려면 하이퍼레저 패브릭 API를 사용해야 한다.

하이퍼레저 패브릭의 응용 프로그램은 기존 기술(웹과 SQL)과 비교해서 어떤 특징이 있는지 설명하겠다.

● 응용 프로그램은 별도 구축이 필요

하이퍼레저 패브릭은 디자인 패턴 중 트랜잭션 스크립트(Transaction Script) 패턴[1]이라고 할 수 있다. 즉 체인코드가 프로시저, 상태 DB가 작업 데이터 보관 장소(데이터베이스)가 된다.

다르게 표현하자면 체인코드는 '데이터(상태 DB)를 조작하는 온라인 처리(OLTP)를 구현한 것'이라고 할 수 있다. 데이터를 일괄 변경하는 배치 처리 모델에는 적용할 수 없다. 배치 처리가 필요한 경우 OLTP 처리를 외부에서 연속해서 호출할 수 있게 구현해야 한다.

웹 응용 프로그램의 일반적인 구현 방식인 MVC 모델[2]로 보자면 하이퍼레저 패브릭이 담당하는 부분은 주로 모델(Model)이다. 뷰(View)와 컨트롤러(Controller) 같은 사용자 인터페이스나 REST API처럼 입력을 받는 곳은 외부에 구축해야 한다.

예를 들어, 하이퍼레저 패브릭을 이용해 단순한 웹 응용 프로그램을 만드는 경우, 하이퍼레저 패브릭의 데이터 모델을 상태 DB로, 접근 방법을 체인코드로 구현한다.그리고 웹 UI는 Node.js나 자바 웹 서버를 사용해 응용 프로그램 서버에 구현하고, 서버에서 하이퍼레저 패브릭 클라이언트 SDK를 통해 하이퍼레저 패브릭에 접근한다. Node.js를 사용한 구축 예는 4.4절 'SDK for Node.js를 이용한 응용 프로그램 개발'에서 자세히 설명한다.

---

1 트랜잭션 스크립트 디자인 패턴(Martin Fowler). https://martinfowler.com/eaaCatalog/transactionScript.html

2 MVC(Model View Controller) 모델: 응용 프로그램의 디자인 패턴. 웹 응용 프로그램 등에서 널리 사용된다. 데이터에 접근하는 로직을 모아둔 'Model', 사용자 인터페이스와 그 제어를 수행하는 'View', View와 Model 사이에서 메시지 교환을 하거나 Model을 조작하는 'Controller'의 3가지 구성요소로 이뤄져 있다.

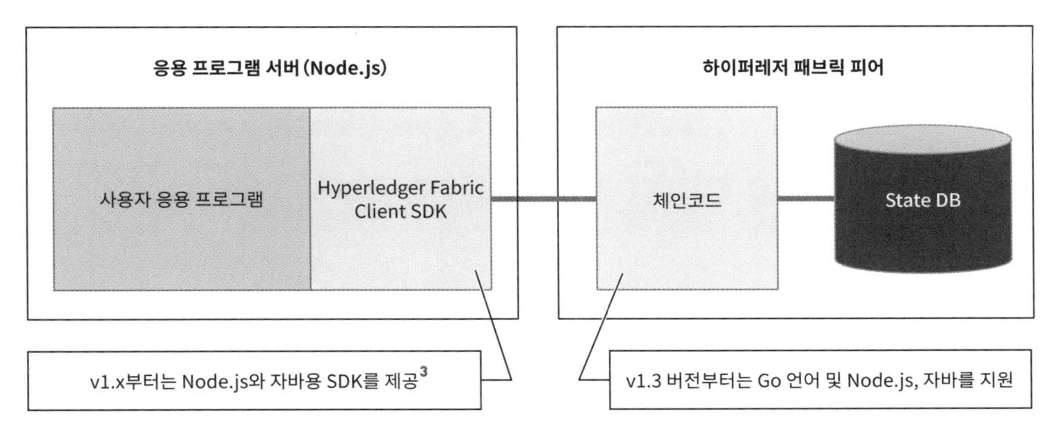

그림 4.1.1 응용 프로그램 구조

하이퍼레저 패브릭 클라이언트 SDK와 체인코드를 지원하는 개발 언어는 2.2.1절 '하이퍼레저 패브릭 v1.x의 구성 요소'를 참조하자.

● 상태 DB는 KVS형 데이터베이스

하이퍼레저 패브릭 v1.x에서는 상태 DB의 구현을 위해 LevelDB와 CouchDB 중 하나를 사용할 수 있다. 이 가운데 기본이 되는 LevelDB는 순수한 KVS(Key Value Store)다. 그리고 이번 장에서는 다루지 않지만 CouchDB를 선택하는 경우 KVS 기능에 질의 문자열(Querystring)을 사용한 Rich Query 기능을 사용할 수 있다. 컴포저(Composer)를 사용한 질의는 5장(5.3.5절 'Query' 참조)에서 다룬다.

KVS는 자바의 해시맵(HashMap)과 유사하다. 해시맵은 연상 배열을 이용해 데이터를 보존하고 참조할 수 있는 것이라고 이해하면 된다. 1개의 엔트리(Entry)를 특정하는 문자열을 키(Key)로 쓰고 값(Value)에는 해당 키에 대응하는 바이트열(JSON 문자열 등)을 저장한다(항목 4.1.1).

항목 4.1.1 키와 값 예

```
{"Id":"Object001","attribute_1":"foo","attribute_2":"foo bar"}
```

데이터는 모두 2차원적으로 저장된다. RDB(관계형 데이터베이스)처럼 자동차와 소유자 같이 엔티티(Entity)별로 테이블을 나누는 것은 불가능하다.

---

3 (옮긴이) 정식 버전은 아니지만 테스트 가능한 SDK로는 파이썬, Go, REST가 있다.

예를 들어, ID가 00001인 자동차가 있다면 '엔티티 타입: "CAR"'와 'ID: "00001"'을 복합 키로 취급할 수 있다. 하이퍼레저 패브릭은 복합 키를 만들기 위한 API를 제공한다. API를 사용하면 '"\u0000" + "CAR" + "\u0000" + "00001"'과 같이 복합 키가 만들어지므로 이를 이용해 상태 DB에 보존하고 참조한다.

자동차가 2대, 소유자가 2명인 경우를 나타내는 상태 DB의 내용은 항목 4.1.2와 같다. 이 배열의 키값은 알기 쉽도록 간략화돼 있다. 앞에서 설명한 복합 키를 만드는 API를 사용해 만든 값은 이 내용과 다르다.

항목 4.1.2 상태 DB의 예

```
{"Id":"CAR:00001","Name":"Wagon_X","OwnerId":"OWNER_00001","Timestamp":"2018-12-
04T05:25:56.162733363+09:00"}
{"Id":"CAR:00002","Name":"Sedan_Y","OwnerId":"OWNER_00002","Timestamp":"2018-01-
12T07:36:26.138161895+09:00"}
{"Id":"OWNER:00001","Name":"Alice"}
{"Id":"OWNER:00002","Name":"Bob"}
```

KVS이므로 데이터에 접근할 때는 기본적으로 키를 지정한다(항목 4.1.3).

항목 4.1.3 키를 지정해 데이터에 접근

```
carAsBytes, err := stub.GetState("CAR:00001")
```

임의 칼럼을 지정해 검색할 수는 없다. 예를 들면, 항목 4.1.2의 데이터에서 "Name"의 값을 지정해서 검색할 수는 없다. 특정 칼럼에서 검색해야 하는 경우 직접 인덱스를 구현해야 한다(CouchDB에서는 Rich Query를 사용하는 방법도 있다).

Car의 Name을 키로 지정해 차의 ID를 확인하는 경우 항목 4.1.4처럼 데이터를 구성해둔다. 이렇게 하면 해당하는 Car의 ID를 가져올 수 있다. 이 예에서는 "Wagon_X"라는 이름을 가진 Car는 "00001"과 "XXXXX"가 있다는 것을 알 수 있다.

항목 4.1.4 Name을 키로 사용해 자동차의 ID를 가져올 수 있는 구조

```
{"Id":"INDEX_CARNAME_Wagon_X",CAR_Id:["00001","XXXXX", …]}
{"Id":"INDEX_CARNAME_Sedan_Y",CAR_Id:["00002","YYYYY", …]}
```

추가로 Car ID를 가져오는 처리를 효율화하기 위해 키에 필요한 정보를 저장하는 방식도 많이 사용되는 방법이다.

항목 4.1.5 키에 필요한 정보를 저장

```
{"Id":"INDEX_CARNAME_Wagon_X_CAR_00001",description:"index"}
{"Id":"INDEX_CARNAME_Wagon_X_CAR_XXXXX",description:"index"}
{"Id":"INDEX_CARNAME_Sedan_Y_CAR_00002",description:"index"}
{"Id":"INDEX_CARNAME_Sedan_Y_CAR_YYYYY",description:"index"}
```

하이퍼레저 패브릭은 키 값의 범위를 지정해서 검색할 수 있는 API를 제공한다. 항목 4.1.5처럼 INDEX 데이터에 "INDEX_CARNAME_Wagon_X"라는 값을 가진 데이터를 범위 질의(Range Query)로 검색하면 해당 CAR에는 "00001"과 "XXXXX"가 있다는 것을 알 수 있다(항목 4.1.6).

항목 4.1.6 키 값을 범위로 삼아 검색하는 예

```
startKey := "INDEX_CARNAME_Wagon_X_CAR_"
endKey := "INDEX_CARNAME_Wagon_X_CAR_ZZZZZZ"
indexIterator, err := stub.GetStateByRange(startKey, endKey)
```

여기서 주의해야 할 점은 Car를 추가할 때마다 인덱스를 다시 만들어야 한다는 점이다. RDB처럼 자동으로 인덱스 유지 관리가 이뤄지는 것이 아니다. RDB에 익숙한 사람이라면 불편함을 느낄 수 있다.

상태 DB로 CouchDB를 사용하면 Rich Query 기능을 사용할 수 있기 때문에 조금은 편해진다. CouchDB는 값(Value)에 저장된 JSON의 칼럼 값을 지정해 검색할 수 있다. 하지만 역시 RDB만큼 편하지는 않다. JOIN 구문을 사용해 테이블을 결합하는 등의 조작은 할 수 없다.

이 같은 제약에 주의해서 응용 프로그램과 데이터를 설계해야 한다. RDB보다 불편한 점이 있을지도 모르지만 반대로 이런 제약을 장점으로 바꿔 단순하고 완전한 데이터 모델을 목표로 삼는 것도 하나의 개발 방법이 될 수 있다.

● 직접 갱신이 불가능한 상태 DB

작성한 체인코드를 테스트하려면 당연히 테스트 데이터가 필요하다. 하지만 그 테스트 데이터도 체인코드를 이용해 만들어야 한다. 상태 DB에 직접 접근해 데이터를 편집할 수는 없다. 따라서 구현한 기능이 많은 경우에는 테스트 자동화 도구를 활용하는 등 테스트 데이터를 효율적으로 만들 수 있게 하는 것이 좋다.

예를 들어, 여러 단계로 이뤄진 비즈니스 프로세스가 있다면 마지막 단계를 테스트하기 위해 전 단계의 모든 과정을 거쳐야 한다. 이러한 경우 셀레늄(Selenium)과 같은 테스트 자동화 도구를 활용하는 것이

좋다. 그리고 체인코드 단일 기능을 테스트하기 위해서는 4.3절 'Go 언어를 이용한 스마트 계약 개발'에서 소개할 목(MockStub)을 이용하면 편리하다.

● 체인코드 실행과 상태 DB 반영 타이밍

2장(2.2.2절 '트랜잭션 처리 흐름')에서도 설명했지만 하이퍼레저 패브릭에서 체인코드는 일반적으로 여러 보증인이 처리한 뒤 오더러, 커미터를 거쳐 확정된다. 그리고 한 블록에 여러 트랜잭션을 포함하는 경우 새로 지정한 수만큼의 트랜잭션이 입력(또는 일정 시간 경과)되지 않으면 반영되지 않는다. 즉, 클라이언트 쪽에서 볼 때 체인코드 실행이 완료된 후에는 아직 데이터가 반영되지 않았을 가능성이 있다. 데이터 반영 결과를 받아야 한다면 커밋할 때 자동적으로 발행되는 이벤트를 클라이언트에 전달하는 형태로 구축해야 한다.

마찬가지로 체인코드의 코드를 작성할 때도 주의해야 할 점이 있다. 데이터를 보존(`PutState` 메서드 발행)하는 단계에서는 아직 상태 DB에 반영되지 않았기 때문에 직후에 데이터를 취득(`GetState`)해도 새로운 데이터를 가져올 수 없다.

● 체인코드 실행 결과는 완전성을 가질 것

체인코드는 입력 데이터(사용자 입력 및 상태 DB에서 취득한 데이터 등)가 동일하다면 몇 번 실행해도 동일한 결과가 반환돼야 한다. 왜냐하면 트랜잭션을 접수한 후 그 요청을 바탕으로 여러 노드(Endorser)에서 체인코드가 실행되고, 그 결과가 모두 일치하는지 검증하기 때문이다. 실행 결과 중 하나라도 다른 경우 트랜잭션은 실패로 판단되고 결과는 상태 DB에 보존되지 않는다(자세한 내용은 4.3.10절 참조).

● 체인코드에서 외부 데이터를 참조하는 것과 외부 서비스를 호출하는 것은 피할 것

앞서와 같은 이유로 외부 데이터를 참조하거나 외부 서비스 결과에 따라 동작하게끔 만드는 것은 피해야 한다. 외부 테이블이나 서비스를 참조하는 경우 완전성에 문제가 발생할 수 있기 때문이다. 예를 들어, 마스터 데이터가 외부 데이터베이스에 존재하더라도 체인코드에서 그것을 참조하는 것은 바람직하지 않다. 여러 노드에서 체인코드를 실행하는 동안 외부 데이터가 변경되면 각 노드가 참조하는 데이터가 달라질 가능성이 있다. 마찬가지로 외부 API나 프로그램의 호출도 완전성이 보증되지 않는다면 사용하지 않는 것이 좋다.

4.2 예제 응용 프로그램 개요

이번 장에서 만들 응용 프로그램의 개요를 설명하겠다.

블록체인의 전형적인 사용 사례 중 하나로 어떤 자산의 소유자를 변경[4]하는 것이 있다. 여기서는 간단한 예로 자동차와 그 소유자를 표시하는 응용 프로그램인 'Car Transfer'를 만들어보겠다. 간단한 기능이지만 구현 과정에서 하이퍼레저 패브릭에서 응용 프로그램을 만들 때 자주 사용되는 요소와 방법을 배울 수 있다.

4.2.1 구현 방법

먼저 간단한 버전으로 응용 프로그램을 만들어 배포한다. 그 후 기능을 추가해 체인코드를 업그레이드한다.

① 간단한 버전

자동차를 등록하고 원래의 소유자로부터 다른 소유자에게 소유권을 이전하는 등의 기능을 가진 간단한 응용 프로그램을 만든다(그림 4.2.1).

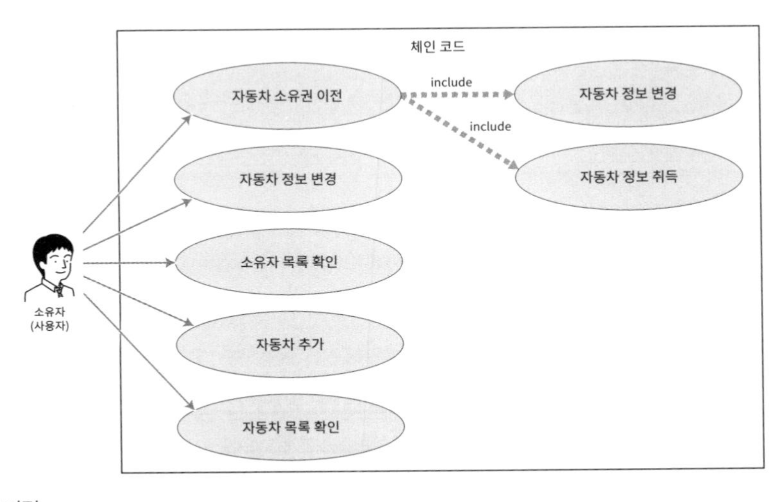

그림 4.2.1 간단 버전

4 비트코인은 '가상화폐'를 거래하는 응용 프로그램의 대표적 예다.

② 접근 제어 버전

단순 버전에 기능을 추가한다. 업무용 응용 프로그램을 만든다면 접근 제어 기능이 필요한 경우가 많다. 예를 들어 사원 관리 시스템 같은 경우 모든 사원이 모든 정보를 볼 수 있는 것이 아니라 인사부서만이 모든 권한을 가지고 일반 사원은 자신의 정보만 확인할 수 있게 하는 등의 제어를 한다. 원래 하이퍼레저 패브릭은 블록체인이므로 다수의 참여 기업, 기관이 분산해서 데이터를 관리하게 된다. 이런 형태에서는 특히 접근 제어 요건을 만족시키는 것이 중요하다.

그러면 앞의 단순한 버전에 접근 제어 기능을 추가해보자. '자동차는 소유자가 아니라면 접근할 수 없다'라는 규칙을 추가한다. 그림 4.2.2와 같이 각 기능에 접근 제어 요건을 추가한다.

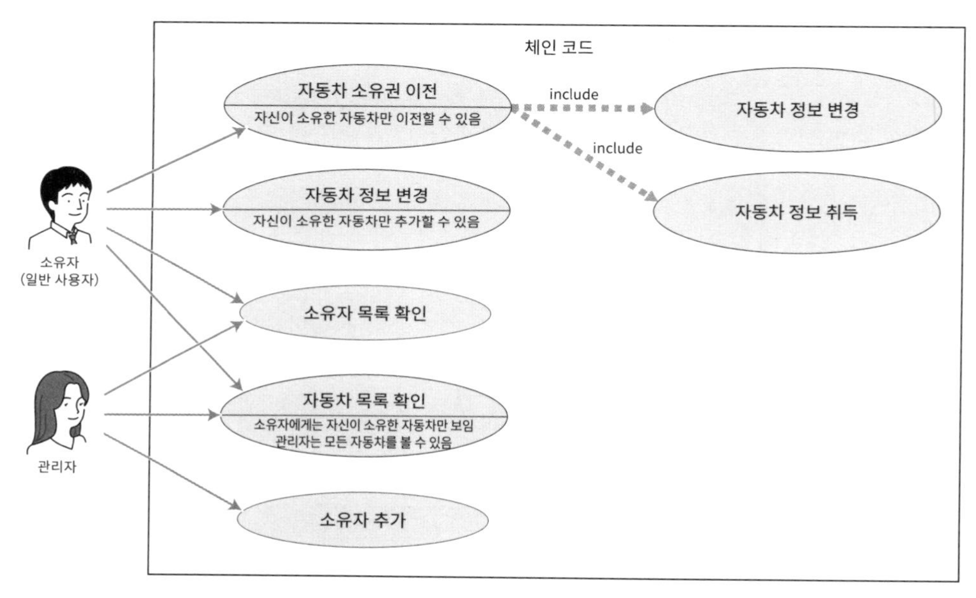

그림 4.2.2 접근 제어 추가

4.2.2 데이터 모델

그림 4.2.3처럼 '자동차'와 '소유자'를 데이터 모델로 표현한다. 이 ERD(Entity-Relationship Diagram - 개체-관계 다이어그램)는 다음과 같은 관계를 나타낸다.

① 임의의 자동차에 대해 그 소유자는 1명이다(즉, 소유자가 없는 자동차는 인정하지 않음).

② 임의의 소유자는 보유하고 있는 자동차가 0대 이상이다.

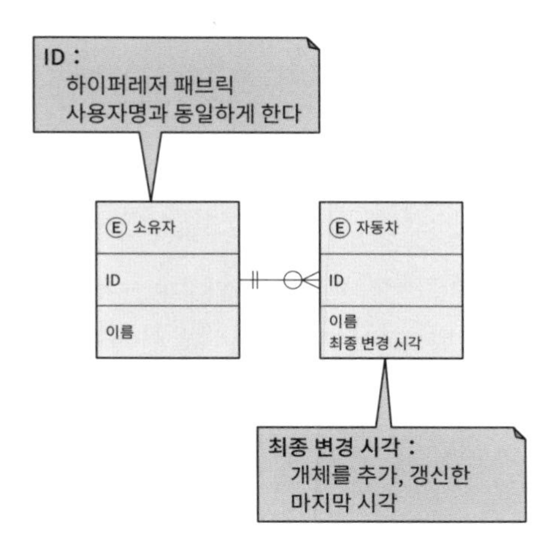

그림 4.2.3 데이터 모델

4.2.3 클래스(개체)

데이터 모델에 있는 2개의 개체(자동차, 소유자)를 각 클래스로 표현하고 필드도 정의한다. Go 언어에서는 필드(메서드) 이름이 대문자로 시작되면 public, 즉 그것이 정의된 패키지 외부에서 참조하거나 사용할 수 있다. 그리고 소문자로 시작하면 private으로 인식해 그것이 정의된 패키지 안에서만 사용할 수 있다.

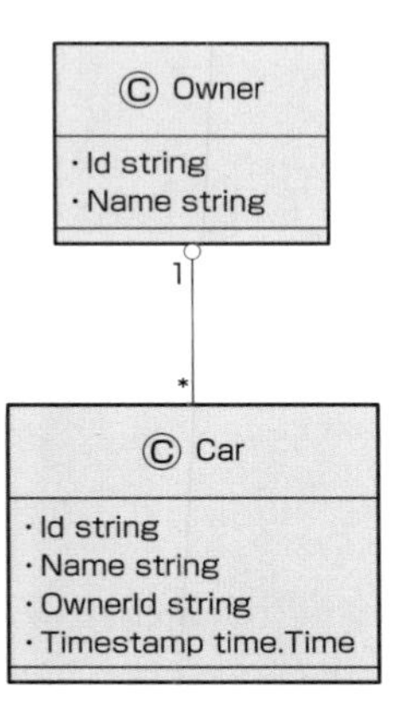

그림 4.2.4 클래스

여기까지 예제용 응용 프로그램의 개요를 간략히 설명했다. 다음 절부터는 실제 개발을 해본다.

4.3 Go 언어를 이용한 스마트 계약 개발

이번 절에서는 앞에서 설계한 내용대로 CarTransfer 스마트 계약을 개발한다.

하이퍼레저 패브릭에서는 스마트 계약 구현 코드를 '체인코드'라고 하므로 그에 맞춰 설명한다. 구현 언어로는 Go 언어를 사용한다. 독자 여러분이 기초적인 Go 언어 문법은 알고 있다고 가정하고 설명한다. 자바 등 다른 프로그래밍 언어를 다뤄본 적이 있는 독자를 위해 Go 언어 소스코드를 읽는 요령을 칼럼에서 설명한다.

4.3.1 체인코드 라이프 사이클

먼저 체인코드의 라이프사이클을 이해할 필요가 있다. 라이프사이클을 이해함으로써 문제가 발생하더라도 원인을 쉽게 파악할 수 있다. 라이프사이클은 다음과 같은 단계로 이뤄진다.

(1) 설치

개발된 체인코드는 `peer chaincode install` 명령 등을 통해 소스코드 형태로 각 피어 블록체인에 저장된다.

피어의 파일 시스템에 이미 존재하는 소스코드를 설치하는 것도 가능하며 원격으로 체인코드를 설치하는 것도 가능하다.

설치할 때는 '체인코드 ID'라는 문자열 및 체인코드의 버전 문자열을 지정한다.

(2) 인스턴스화

다음으로 체인코드는 `peer chaincode instantiate` 명령 등을 통해 각 피어에서 실행 파일로 빌드된다. 그리고 동시에 그 실행 파일을 포함한 도커 이미지가 만들어진다.

빌드와 이미지 생성이 완료되면 피어는 그 이미지를 바탕으로 하는 도커 컨테이너를 기동한다(이후 이 컨테이너를 '체인코드 컨테이너'라고 지칭하겠다). 기동된 체인코드 컨테이너에는 앞서 빌드한 실행 파일이 실행된다.

컨테이너가 정상적으로 기동된 후 피어는 체인코드의 `Init()` 메서드(4.3.4절 '체인코드 템플릿 만들기' 참조)를 호출하고 체인코드는 자신을 초기화한다.

(3) invoke

체인코드 초기화가 완료되면 트랜잭션을 받을 수 있다.

peer chaincode invoke/query 명령 또는 클라이언트 SDK를 통해 피어에 트랜잭션 시뮬레이션(2.2.2절 '트랜잭션 처리 흐름' 참조)을 요청한다. 그러면 피어는 체인코드의 Invoke() 메서드를 호출해 그 실행 결과인 Invoke() 메서드의 반환 값을 받아 RWSet(2.2.2절 '트랜잭션 처리 흐름' 참조)과 함께 호출한 곳에 반환한다.

(3.1) 상태 DB와 통신

체인코드를 실행할 때 GetState()나 SetState() 같은 메서드로부터 상태 DB에 접근해야 하는 경우 체인코드 컨테이너는 피어와 gRPC로 통신해서 피어에 저장된 상태 DB 값을 읽고 쓴다[5].

(4) 종료 및 재기동

체인 컨테이너를 명시적으로 종료하는 방법은 현재 없다. 피어를 종료해서 피어와의 통신이 되지 않는 체인코드 컨테이너는 에러를 발생시키고 종료된다.

그리고 피어가 재기동할 때는 인스턴스화된 체인코드 컨테이너는 기동하지 않는다. 해당 체인코드를 대상으로 하는 트랜잭션이 발생하면 체인코드 컨테이너가 시작된다. 그때 Init()은 호출되지 않는다. 그 후로는 (3)과 동일한 처리가 이뤄진다.

하이퍼레저 패브릭 1.4에서는 체인코드를 언인스톨하는 명령어와 API는 아직 없으며, 지원하는 명령은 다음과 같다.

- install
- instantiate
- invoke
- list
- package
- query
- signpackage
- upgrade

5 상태 DB를 읽고 쓸 때 약간의 통신 부하가 발생한다. 만약 상태 DB로 CouchDB를 사용하는 경우 피어는 CouchDB 컨테이너와 통신해야 하기 때문에 부하가 더 많이 걸린다.

(5) 업그레이드

하이퍼레저 패브릭에서는 체인코드를 '업그레이드'할 수 있다. 이것은 설치된 체인코드와 같은 ID를 가지지만 다른 버전인 체인코드를 설치하는 기능이다.

하이퍼레저 패브릭에서 상태 DB는 체인코드 ID별로 격리돼 있다. 즉, 다른 체인코드가 상태 DB에 보존한 데이터에는 접근할 수 없다.

하이퍼레저 패브릭 v0.6에서는 체인코드를 수정하면 새로운 체인코드 ID가 할당되기 때문에 수정 후의 체인코드는 수정 전 체인코드가 상태 DB에 보존한 데이터에 접근할 수 없다는 문제점이 있었다.

하지만 v1.x에서는 업그레이드된 체인코드가 이전 버전 상태 DB에 접근할 수 있게 됐다.

4.3.2 예제 체인코드 프로그래밍 모델

이번 절에서는 개발할 체인코드의 프로그래밍 모델을 설명한다. 특히 클라이언트 프로그램의 인수 및 반환 값을 어떤 형식으로 받아 반환하는지 살펴본다.

주의

하이퍼레저 패브릭 소스코드를 참조하며 설명하는 부분이 있다. 이때는 소스 파일을 github.com/hyperledger/fabric에서 상대 경로로 표기한다. 예를 들어, 소스 파일 core/chaincode/shim/interfaces.go는 github.com/hyperledger/fabric/core/chaincode/shim/interfaces.go를 의미한다.

브라우저에서는 https://github.com/hyperledger/fabric/blob/release-1.4/core/chaincode/shim/interfaces.go로 확인할 수 있다.

체인코드를 설계하기 위해 외부와 주고받을 데이터 형식과 상태 DB에 저장하는 방식을 정해야 한다. 체인코드는 트랜잭션의 인수를 바이트열(또는 문자열) 슬라이스[6]로 받아 바이트열로 결과를 반환해야 한다(상세 내용은 4.3.6절 'Init 및 Invoke 구현' 참조). 그리고 KVS인 상태 DB는 Value 값을 바이트열로 읽어들인다.

6 Go의 데이터 타입 중 하나로 가변 배열처럼 사용할 수 있다. 예를 들어, 슬라이스 s의 첫 요소는 s[0]으로, 마지막 요소는 s[len(s)-1]로 표시된다.

이번에 구현할 응용 프로그램은 웹 응용 프로그램이므로 클라이언트와 주고받는 데이터는 JSON 형식을 사용한다. 이 예제에서는 사용하지 않지만 상태 DB로 CouchDB를 사용하는 경우(6.4절 '상태 DB' 참조)를 고려해 이쪽도 JSON 바이트열[7]을 사용하게 한다. 즉 처리 흐름은 다음과 같다(그림 4.3.1).

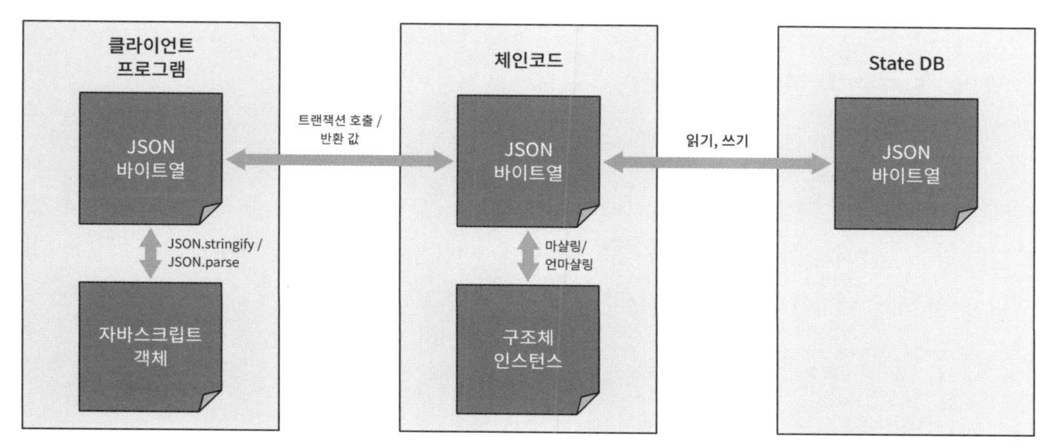

그림 4.3.1 데이터 형식 변환

① 클라이언트는 인수를 JSON 문자열로 마샬링(인코딩)해 트랜잭션을 송신한다.

② 트랜잭션을 처리하는 체인코드는 슬라이스로 받은 바이트열 인수를 Go 구조체로 언마샬링(디코딩)한다.

③ 상태 DB는 구조체 인스턴스를 JSON 바이트열로 마샬링해 저장한다. 읽어 들일 때도 마찬가지다.

④ 체인코드는 트랜잭션 실행 결과를 다시 JSON 바이트열로 클라이언트에게 반환한다.

이 방법은 불필요한 마샬링과 언마샬링이 발생하기도 하지만 체인코드를 단순하게 만들기 위한 최적화는 여기서 다루지 않는다.

4.3.3 초기 설정

이번 절에서는 개발을 진행하기 위한 준비를 한다. 3장(3.6절 '실전 블록체인 네트워크 준비' 참조)에서 구축한 블록체인 네트워크를 이용하므로 `vagrant ssh` 명령을 사용해 구축한 환경에 로그인한다.

7 JSON 문자열을 나타내는 UTF-8로 인코딩된 바이트열을 'JSON 바이트열'이라고 한다.

먼저 체인코드 개발용 디렉터리를 만든다. 이름은 자유롭게 붙여도 상관 없지만 여기서는 응용 프로그램명인 'car_transfer'라는 이름을 붙여서 디렉터리를 생성한다(항목 4.3.1). 이후 특별히 언급하지 않는 한 모든 작업은 car_transfer 디렉터리 안에서 수행한다.

항목 4.3.1 개발용 디렉터리 생성

```
~$ mkdir car_transfer && cd car_transfer
~/car_transfer$
```

다음으로 소스코드를 저장할 디렉터리(GOPATH 환경변수에 설정할 디렉터리)를 만든다('GOPATH 환경변수' 칼럼 참조). GOPATH에는 여러 디렉터리를 지정할 수 있다. 여기서는 이후 단계를 위해 다음과 같이 2개의 디렉터리로 나눠서 소스코드를 저장한다(항목 4.3.2).

- fabric: 하이퍼레저 패브릭 소스코드만 저장
- cc: 체인코드 본체 및 하이퍼레저 패브릭 외 의존성 패키지를 저장

이렇게 나누는 이유는 벤더링(4.3.9절 '설치 준비' 참조)이 제대로 이뤄졌는지 쉽게 확인할 수 있게 하기 위해서다. 체인코드를 피어에 설치하기 위해서는 체인코드의 vendor 디렉터리에 의존 패키지를 모두 저장해야 하는데 이를 벤더링이라 한다. 단 하이퍼레저 패브릭 소스코드는 피어 자신이 제공하므로 벤더링할 필요가 없다. 따라서 다음과 같이 개발을 진행하면 설치할 때 에러가 발생하지 않는다.

- **개발할 때**: GOPATH에 cc/, fabric/을 지정해 빌드 확인 및 테스트를 진행
- **벤더링**: cc/ 이하에 있는 의존성 패키지를 벤더링해 GOPATH에 cc의 메인 패키지만을 포함하는 디렉터리를 지정해 제대로 빌드되는지 확인한다.
- **설치할 때**: cc/ 아래의 메인 패키지를 지정해 설치한다

항목 4.3.2 GOPATH용 디렉터리 생성

```
~/car_transfer$ mkdir fabric cc
~/car_transfer$ ls
cc  fabric
```

디렉터리가 만들어졌으면 GOPATH를 설정한다(항목 4.3.3). 이때 cc 디렉터리가 GOPATH의 맨 앞에 오게 해야 한다.

항목 4.3.3 GOPATH 환경변수 설정

```
~/car_transfer$ export GOPATH=`pwd`/cc:`pwd`/fabric8
~/car_transfer$ printenv GOPATH
/home/vagrant/car_transfer/cc:/home/vagrant/car_transfer/fabric
```

다음으로 의존성 패키지를 설치한다. 하이퍼레저 패브릭 v1.4 소스코드를 깃허브 저장소에서 다운로드한다. 그리고 GOPATH에 지정된 디렉터리 아래에 src 디렉터리를 만들고 그 아래에 라이브러리를 넣어야 한다(항목 4.3.4). 이 부분은 'Go 디렉터리 구조' 칼럼을 참조하자.

항목 4.3.4 하이퍼레저 패브릭 소스코드 다운로드

```
~/car_transfer$ mkdir -p fabric/src/github.com/hyperledger
~/car_transfer$ pushd fabric/src/github.com/hyperledger/
~/car_transfer/fabric/src/github.com/hyperledger ~/car_transfer
~/car_transfer/fabric/src/github.com/hyperledger$ git clone -b v1.4.0 --depth=1 -c
advice.detachedHead=false https://github.com/hyperledger/fabric.git
Cloning into 'fabric'...
remote: Enumerating objects: 4968, done.
remote: Counting objects: 100% (4968/4968), done.
remote: Compressing objects: 100% (4173/4173), done.
remote: Total 4968 (delta 583), reused 2820 (delta 385), pack-reused 0
Receiving objects: 100% (4968/4968), 16.65 MiB | 6.71 MiB/s, done.
Resolving deltas: 100% (583/583), done.
Checking connectivity... done.
~/car_transfer/fabric/src/github.com/hyperledger$ popd
~/car_transfer
~/car_transfer$
```

기타 의존성 패키지는 go get으로 취득한다(항목 4.3.5). GOPATH가 여러 디렉터리로 설정된 경우 앞쪽 디렉터리에 패키지가 설치된다는 점에 주의해야 한다. 이번에는 테스트 지원용 패키지인 testify와 단어를 복수형으로 변환하는 inflection[9]을 설치한다.

---

8 (옮긴이) 작은따옴표(')가 아니라 그레이브 액센트(`)다.

9 이번 체인코드를 처리하는 데 반드시 필요한 것은 아니지만 이후에 설명할 벤더링에서 의존성 패키지 처리와 관련된 내용을 설명하는 데 사용한다.

항목 4.3.5 의존성 패키지 다운로드

```
~/car_transfer$ go get -u github.com/jinzhu/inflection
~/car_transfer$ go get -u github.com/stretchr/testify/assert
~/car_transfer$ ls cc/src/github.com/
jinzhu  stretchr
~/car_transfer$
```

라이브러리가 cc/src 아래에 다운로드된 것을 확인할 수 있다.

Column **GOPATH 환경변수**

Go 언어에는 각 디렉터리가 '패키지'로 관리된다. 빌드나 테스트를 할 때 지정한 패키지의 소스 디렉터리를 GOPATH 환경변수로 설정해야 한다.

이 GOPATH에는 여러 경로를 ':'(윈도우에서는 ';')로 구분해서 지정할 수 있다. 그리고 각 디렉터리는 절대 경로로 지정해야 한다. 또한 GOPATH는 go get 명령어로 의존성 패키지를 내려받는 경로가 되기도 한다.

Column **GO 디렉터리 구조**

Go 언어로 개발할 때는 정해진 디렉터리 구조를 따라야 한다. GOPATH에 지정한 각 디렉터리 아래에는 다음과 같은 디렉터리가 있다.

- src/: 소스 파일이 저장된 라이브러리
- pkg/: 패키지 소스를 빌드해서 생성된 라이브러리, 아카이브(ar이 취급하는 파일)
- bin/: 패키지 소스를 빌드해서 생성된 실행 파일

4.3.4 체인코드 템플릿 만들기

그럼 체인코드 코드를 작성해 보자. 환경설정이 올바르게 됐는지 확인하는 의미에서 아무것도 넣지 않은 체인코드 템플릿을 만들고 올바르게 빌드되는지 확인해보자.

먼저 체인코드의 패키지명 및 가져오기(import) 경로를 정해야 한다. Go 언어 제약[10]에 따라 패키지명을 `cartransfer`로 설정하고 가져올 경로도 마찬가지로 `cartransfer`[11]로 지정한다(항목 4.3.6).

항목 4.3.6 패키지 디렉터리 생성

```
~/car_transfer$ mkdir -p cc/src/cartransfer
```

생성한 디렉터리 안에 2개의 파일을 만든다. 하나는 체인코드 로직을 구현할 소스이고, 다른 하나는 컨테이너 안에 체인코드를 시작하기 위한 실행 파일의 소스다.

● 체인코드 로직 소스 파일

체인코드 로직은 `Chaincode` 인터페이스를 구현하는 구조체(`struct`)로 작성해야 한다. `Chaincode` 인터페이스는 하이퍼레저 패브릭 소스 파일 core/chaincode/shim/interfaces.go에 항목 4.3.7과 같이 정의돼 있다('Go 언어의 타입 선언' 칼럼 참조).

항목 4.3.7 `Chaincode` 인터페이스(발췌)

```
...
import (
    "github.com/golang/protobuf/ptypes/timestamp"

    "github.com/hyperledger/fabric/protos/ledger/queryresult"
    pb "github.com/hyperledger/fabric/protos/peer"
)

// Chaincode interface must be implemented by all chaincodes. The fabric runs
// the transactions by calling these functions as specified.
type Chaincode interface {
    // Init is called during Instantiate transaction after the chaincode container
    // has been established for the first time, allowing the chaincode to
    // initialize its internal data
    Init(stub ChaincodeStubInterface) pb.Response
```

10 'Effective Go'의 Package names 절(https://golang.org/doc/effective_go.html#package-names) 참조.

11 여기서는 읽기 쉽도록 짧은 경로명으로 지정했지만 작성된 코드를 깃허브에 저장할 때는 패키지 경로를 `github.com/<사용자 이름>/cartransfer` 등으로 한다.

```
    // Invoke is called to update or query the ledger in a proposal transaction.
    // Updated state variables are not committed to the ledger until the
    // transaction is committed.
    Invoke(stub ChaincodeStubInterface) pb.Response
}
...
```

Column **GO 언어의 타입 선언**

Go 언어에서는 변수나 함수의 타입을 선언할 때 후위 표기법을 따른다. 예를 들어, 자바에서는 int 타입의 변수 foo를 다음과 같이 선언한다.

```
int foo
```

하지만 Go 언어에서는 다음과 선언한다.

```
var foo int
```

그리고 함수 선언에서도 마찬가지다. 반환 값이 int 타입인 함수 bar는 다음과 같이 선언한다.

```
func bar() int { … }
```

여기에 익숙해질 때까지는 주의가 필요하다.

이 메서드는 4.3.1절에서 설명한 체인코드 라이프 사이클 내에서 호출된다. 항목 4.3.7의 주석 내용과 같이 Init은 체인코드 인스턴스화 도중 피어로부터 호출된다. 이 메서드에서 체인코드의 초기 설정이나 상태 DB에 데이터 쓰기 등을 수행할 수 있다.

Invoke는 트랜잭션이 invoke될 때 피어에서 호출되는 메서드다. 그중 트랜잭션 처리(=스마트 계약 실행)를 수행한다.

이 메서드는 처리의 성공이나 실패를 표시하는 pb.Response[12]를 반환한다. 성공하면 트랜잭션의 반환 값([]byte 타입)을, 에러가 발생하면 에러 메시지(string 타입)를 보존한다.

12 소스코드는 protos/peer/proposal_response.pb.go 참조

core/chaincode/shim/response.go에 pb.Response 타입의 인스턴스를 만드는 팩토리 메서드가 있으므로 '아무것도 하지 않는' 구현에서는 이를 사용해 성공을 의미하는 값을 반환한다.

Chaincode 인터페이스를 만족하는 최소한의 구현을 살펴보자. 인터페이스를 구현하는 타입을 CarTransferCC[13]라고 하면 항목 4.3.8과 같다(칼럼 'Go 언어의 구조체' 참조).

항목 4.3.8 ~/car_transfer/cc/src/cartransfer/chaincode/impl.go

```
package chaincode

import (
    "github.com/hyperledger/fabric/core/chaincode/shim"
    pb "github.com/hyperledger/fabric/protos/peer"
)

type CarTransferCC struct {
}

func (this *CarTransferCC) Init(stub shim.ChaincodeStubInterface) pb.Response {
    return shim.Success([]byte{})
}

func (this *CarTransferCC) Invoke(stub shim.ChaincodeStubInterface) pb.Response {
    return shim.Success([]byte{})
}
```

13 마지막 CC는 "ChainCode"를 의미하며 하이퍼레저 패브릭 소스코드에서 종종 사용된다.

Column GO 언어 구조체

Go 언어는 자바와 같은 클래스가 아니라 C 언어와 같은 구조체를 사용한다. 따라서 생성자도 존재하지 않는다.

Go 언어에서 구조체 인스턴스를 생성하면 필드 값은 모두 해당 형식의 제로 값(zero value)이라고 하는 값으로 초기화된다. 예를 들면, `bool` 타입이라면 `false`, `int` 타입이라면 0, `string` 타입이라면 `""`(빈 문자열)이 된다.

그리고 클래스가 없으므로 자바와 같은 메서드의 개념도 존재하지 않지만 그와 유사한 기능이 있다. 구조체에 대한 메서드 선언은 항목 4.3.8과 같이 구조체 정의 밖에서 이뤄진다.

```
func (this *CarTransferCC) Init(stub shim.ChaincodeStubInterface) pb.Response {
    return shim.Success([]byte{})
}
```

위 코드는 `CarTransferCC` 타입의 인스턴스를 '리시버(receiver)'로 하는 메서드를 초기화하는 선언이다. `CarTransferCC` 타입의 인스턴스를 `foo`라고 하면 `foo.init(...)`이라는 호출을 통해 `this`가 `foo`를 가리키는 상태로 초기화가 수행된다. 그리고 `this`라는 변수명은 무엇이건 상관이 없다.

● 체인코드 시작을 위한 소스 파일

다음으로 체인코드 컨테이너를 시작할 때 기동되는 실행 파일(4.3.1절 '체인코드 라이프 사이클' 참조)을 만들어보자.

이 실행 파일은 `main` 패키지로 만들어야 한다('Go 언어에서의 `main` 함수' 칼럼 참조). 소스코드에 기입해야 할 내용은 정해져 있으며, 일반적으로 항목 4.3.9와 같이 작성한다.

항목 4.3.9 ~/car_transfer/cc/src/cartransfer/main/main.go

```
package main

import (
    "cartransfer/chaincode"
    "fmt"
    "github.com/hyperledger/fabric/core/chaincode/shim"
)

func main() {
    err := shim.Start(new(chaincode.CarTransferCC))
```

```
    if err != nil {
        fmt.Printf("Error in chaincode process: %s", err)
    }
}
```

main 함수에서는 chaincode.CarTransferCC의 인스턴스를 만들어 shim.Start 함수에 전달한다.

그리고 피어와의 통신과 체인코드 로직 실행 등은 모두 이 Start 함수 안에서 이뤄진다. 예를 들어 피어와의 연결이 끊어지는 등의 이유로 실행 중 에러가 발생하면 Start 함수는 nil이 아닌 에러형 인스턴스를 반환한다. 하지만 여기서는 해당 에러가 표시되고 종료된다. 이 부분을 조금 변경해서 os.Exit() 함수로 다른 종료 상태를 지정해도 상관 없다. Start 함수가 종료되면 체인코드 컨테이너 자체도 종료된다.

Column GO 언어에서의 main 함수

Go 언어에서는 "package main"으로 선언한 main 패키지를 빌드하면 실행 파일이 만들어진다. 실행 파일을 기동하면 그 안의 main 함수가 호출된다.

그리고 Go 언어는 자바와는 달리 기본적으로 main 패키지와 그 의존성 패키지가 단일 실행 파일로 만들어진다.

● 빌드

앞에서 만든 2개의 파일을 빌드(=컴파일)해본다. 필요에 따라 go fmt 명령으로 코드의 서식을 정리한 뒤 go install 명령을 실행한다(항목 4.3.10).

항목 4.3.10 체인코드 빌드

```
~/car_transfer$ go fmt cartransfer/...
~/car_transfer$ go install cartransfer/main
~/car_transfer$ ls cc/bin
main
```

아무 에러 메시지가 표시되지 않고 cc/bin 디렉터리에 main이라는 실행 파일이 만들어졌다면 성공이다. 이 main이 체인코드 컨테이너가 기동될 때 실행된다.

4.3.5 엔티티와 API 정의

4.2절 '예제 응용 프로그램 개요'의 설계를 바탕으로 필요한 엔티티의 정의와 체인코드 API의 인터페이스를 정리해보자. 그림 4.3.2는 141쪽 그림 4.2.1을 구현하기 위해 상세하게 표현한 것이다.

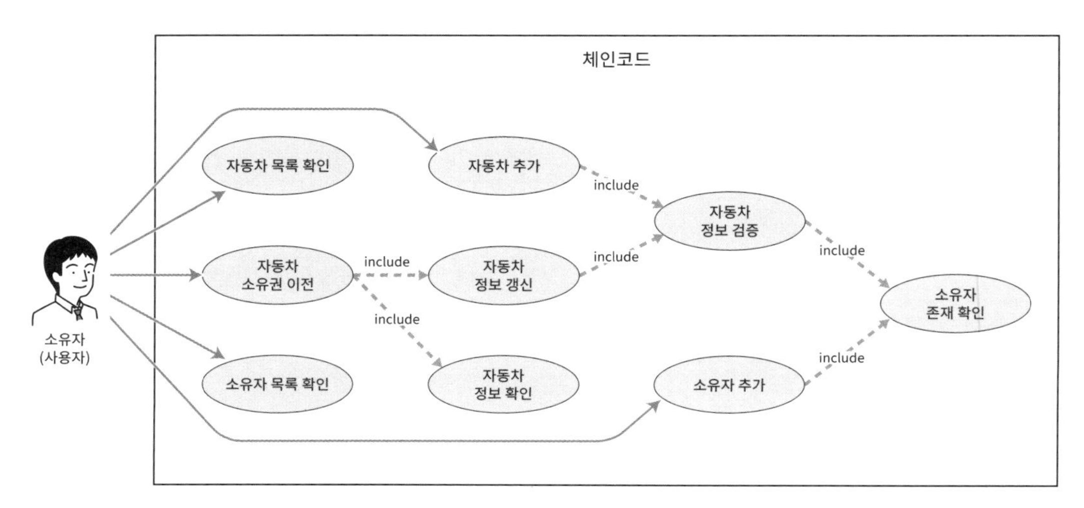

그림 4.3.2 구현 상세화

엔티티를 추가할 때는 지정된 ID를 가진 엔티티가 존재하지 않는다는 것을 확인해야 한다. 반대로 엔티티를 갱신할 때는 이미 존재하는 엔티티인지 확인해야 한다.

그리고 상태 DB에 데이터를 쓸 때 엔티티 내용이 적절한지 확인한다. 좀 더 구체적으로 설명하면 `Car` 엔티티에 대해 `OwnerID` 필드에 지정된 `Owner`가 존재하는지 확인한다.

이런 정의는 CarTransfer 응용 프로그램의 루트 패키지인 `cartransfer`의 바로 아래[14]에 둔다(항목 4.3.11).

항목 4.3.11 ~/car_transfer/cc/src/cartransfer/core.go

```
package cartransfer

import (
```

14 이 방법은 https://medium.com/@benbjohnson/standard-package-layout-7cdbc8391fc1을 참고한 것이다. 이처럼 루트 패키지에 공통 선언을 배치해두면 구현과 테스트를 쉽게 할 수 있다.

```
    "github.com/hyperledger/fabric/core/chaincode/shim"
    "time"
)

type Owner struct {
    Id    string
    Name    string
}

type Car struct {
    Id    string
    Name    string
    OwnerId    string
    Timestamp    time.Time
}

type CarTransfer interface {
    AddOwner(shim.ChaincodeStubInterface, *Owner) error
    CheckOwner(shim.ChaincodeStubInterface, string) (bool, error)
    ListOwners(shim.ChaincodeStubInterface) ([]*Owner, error)

    AddCar(shim.ChaincodeStubInterface, *Car) error
    CheckCar(shim.ChaincodeStubInterface, string) (bool, error)
    ValidateCar(shim.ChaincodeStubInterface, *Car) (bool, error)
    GetCar(shim.ChaincodeStubInterface, string) (*Car, error)
    UpdateCar(shim.ChaincodeStubInterface, *Car) error
    ListCars(shim.ChaincodeStubInterface) ([]*Car, error)

    TrancsferCar(stub shim.ChaincodeStubInterface, carId string, newOwnerId string) error
}
```

엔티티로는 Car 및 Owner 타입을 정의한다. 다음으로 트랜잭션 처리를 위해 CarTransferCC가 구현해야 할 API를 CarTransfer 인터페이스로 정의한다.

메서드 이름은 클라이언트가 트랜잭션을 보낼 때의 함수 이름에 대응한다. 메서드 이름이 Add로 시작하면 새 엔티티의 생성을 나타내고, Update로 시작하면 엔티티의 갱신을 나타낸다. 그리고 List로 시작하는 메서드는 엔티티 목록을 반환한다. Get으로 시작하는 메서드는 ID를 지정해 하나의 엔티티를 취득한다. Check로 시작하는 메서드는 엔티티가 모두 존재하는지 확인한다. 이때 Get과는 달리 상태 DB

에서 읽어온 결과의 언마샬링은 불필요하다. ValidateCar는 Car 엔티티의 내용이 적절한지 확인한다. TransferCar는 Car 소유자 이전을 위한 메서드다.

상태 DB를 참조하기 위해 각 메서드의 첫 번째 인수에는 ChaincodeStubInterface를 지정한다. 또한 이러한 메서드도 성공했을 때는 error 타입의 값으로 nil을 반환하며, 에러의 경우 nil이 아닌 값을 반환한다('여러 개의 반환 값' 칼럼 참조). 그리고 4.3.2절 '예제 체인코드 프로그래밍 모델'에서 설명한 데이터 변환은 Invoke 안에서 구현하는 것으로 한다.

Column 여러 개의 반환 값

Go에서는 함수 및 메서드를 여러 개 반환할 수 있다. 예를 들어, 다음과 같은 함수 정의에서는 반환 값이 int 타입과 error 타입의 두 가지가 있다고 선언한다.

```
func foo() (int, error) { … }
```

함수 안에서는 return 문에서 여러 반환 값을 지정한다.

```
return 1, nil
```

반환 값을 대입할 때도 여러 변수를 지정할 수 있다. 다음 예에서는 foo()의 첫 번째 반환 값을 변수 status로, 두 번째 반환 값을 err로 대입하고 있다.

```
status, err := foo()
```

인터페이스를 정의했다면 4.3.4절의 '체인코드 로직 소스 파일'에서 정의한 CarTransferCC가 CarTransfer 인터페이스를 구현하고 있는지를 명시적으로 확인하도록 소스를 변경해보자('Go 언어 인터페이스' 칼럼 참조). main.go의 main 함수를 항목 4.3.12와 같이 변경한다.

항목 4.3.12 ~/car_transfer/cc/src/cartransfer/main/main.go 내용의 일부

```
func main() {
	// interface checking
	var _ cartransfer.CarTransfer = (*chaincode.CarTransferCC)(nil)

	err := shim.Start(new(chaincode.CarTransferCC))
	if err != nil {
		fmt.Printf("Error in chaincode process: %s", err)
	}
}
```

형변환을 사용해 명시적으로 CarTransfer 인터페이스 타입의 변수에 대입해서 확인한다[15]. 소스를 변경한 뒤 go install 명령으로 다시 빌드해보자(항목 4.3.13).

항목 4.3.13 수정한 체인코드 빌드

```
~/car_transfer$ go install cartransfer/main
# cartransfer/main
cc/src/cartransfer/main/main.go:11:8: undefined: cartransfer
```

현재 필요한 메서드를 정의하지 않았기 때문에 위와 같이 빌드 에러가 발생한다. 에러가 나지 않도록 이후 메서드도 구현해야 한다.

Column Go 언어 인터페이스

Go 언어는 인터페이스를 구현하는 클래스를 정의할 때 자바와는 달리 명시적으로 인터페이스를 선언하지는 않는다. 그 대신 인터페이스에 선언된 메서드를 가진 임의의 형식은 자동으로 해당 인터페이스를 구현하는 것으로 간주된다. 이를 덕 타이핑(Duck Typing)이라 한다.

예를 들어 아래의 Stringer 인터페이스는 Go 언어에 표준으로 정의된 것이다.

```
type Stringer interface {
    String() string
}
```

즉, string 값을 반환하는 String 메서드를 구현한 형태는 모두 Stringer 인터페이스를 구현한 것으로 간주되어 Stringer 타입의 변수에 대입할 수 있다. 이를 확인하는 것은 빌드를 할 때 이뤄지는 것이 있고, 프로그램을 실행할 때 자동으로 이뤄지는 것이 있다.

따라서 빌드할 때 어떤 타입이 어떤 인터페이스를 구현하고 있는지 확인하려면 명시적으로 형변환을 해야 한다.

15 'Effective Go'의 "interface checks"(https://golang.org/doc/effective_go.html#blank_implements) 참조

4.3.6 Init 및 Invoke 구현

여기서부터는 실제 로직을 구현해 본다. 먼저 Init 메서드와 Invoke 메서드를 구현하고 응용 프로그램의 로직(= 4.2절 '예제 응용 프로그램 개요'의 CarTransfer 인터페이스)을 구현한다.

● Init 메서드 구현

Init 메서드는 체인코드가 기동한 뒤의 초기화 처리를 수행한다. CarTransfer 응용 프로그램에서는 특별히 로깅에 대해 신경 쓰지 않아도 되지만 여기서는 하이퍼레저 패브릭의 로깅에 대해 잠시 설명하겠다.

하이퍼레저 패브릭은 로깅에 go-logging 패키지(https://github.com/op/go-logging)를 사용한다. shim 패키지의 NewLogger 함수에서 shim.ChaincodeLogger 인터페이스를 호출할 수 있다[16]. 이것은 go-logging의 로거를 래핑한 것으로, go-logging과 같은 메서드를 사용해 로그를 출력할 수 있다.

impl.go를 항목 4.3.14와 같이 작성한다. Init 함수에 로거 호출과 로그 출력 부분을 추가한 것이다.

항목 4.3.14 ~/car_transfer/cc/src/cartransfer/chaincode/impl.go의 일부

```
func (this *CarTransferCC) Init(stub shim.ChaincodeStubInterface) pb.Response {
        logger := shim.NewLogger("cartransfer")
        logger.Info("chaincode initialized")
        return shim.Success([]byte{})
}
```

여기에 'CarTransferCC에 작성한 로거를 보관하는 필드를 만들어두면 Invoke 등에서 재사용할 수 있지 않을까'라고 생각할 수도 있다. 하지만 이렇게 하면 제대로 동작하지 않을 수 있다. 그 이유에 대해서는 4.3.10절 '응용 프로그램 개발에서 주의할 점'의 '체인코드 내부 변수'에서 설명한다.

● Invoke 구현

Invoke 메서드에서는 트랜잭션의 인수에 따라 상태 DB를 변경하는 처리를 수행한다.

16 소스는 core/chaincode/shim/chaincode.go 참조

Invoke 메서드는 인수로 ChaincodeStubInterface 형식의 값을 다룬다. ChaincodeStubInterface 형식은 트랜잭션의 ID와 인수 취득, 상태 DB 접근 등을 포함하는 피어와의 통신 등을 위한 API를 제공한다[17].

ChaincodeStubInterface에서는 트랜잭션 인수를 취득하는 방법으로 GetArgs(), GetStringArgs(), GetFunctionAndParameters(), GetArgsSlice()를 제공한다. 여기서는 인수를 함수명과 인수 문자열 슬라이스의 쌍으로 취득하는 GetFunctionAndParameters()를 사용한다.

항목 4.3.15처럼 impl.go의 Invoke 메서드를 수정한다. 구체적으로는 함수명과 인수 슬라이스를 취득하고 함수명을 바탕으로 switch 문으로 처리를 분기한다[18]. 여기서는 외부로부터 직접 호출되는 메서드에 대해서만 처리한다. 그리고 CarTransfer 인터페이스를 구현하기 위한 인터페이스를 정의한다. 여기서는 빈 상태로 두고 다음 절에서 코드를 작성하겠다.

4.3.5절 '엔티티와 API 정의'와 마찬가지로 go install 명령어로 정상적으로 빌드 명령이 완료될 것이다. 이것은 CarTransfer에 선언한 메서드가 모두 정의된 것을 보증한다.

항목 4.3.15 ~/car_transfer/cc/src/cartransfer/chaincode/impl.go

```
package chaincode

import (
    "cartransfer"
    "encoding/json"
    "errors"
    "fmt"
    "github.com/hyperledger/fabric/core/chaincode/shim"
    pb "github.com/hyperledger/fabric/protos/peer"
)

func checkLen(logger *shim.ChaincodeLogger, expected int, args []string) error {
    if len(args) < expected {
        mes := fmt.Sprintf(
            "not enough number of arguments: %d given, %d expected",
            len(args),
            expected,
        )
```

17 API는 core/chaincode/shim/interfaces.go 참조

18 이 책에서는 다루지 않으나 리플렉션을 사용하면 반복을 없애고 간결하게 쓸 수 있다. 그리고 go generate를 이용하면 코드 자동 생성도 가능하다.

```
        logger.Warning(mes)
        return errors.New(mes)
    }
    return nil
}

type CarTransferCC struct {
}

func (this *CarTransferCC) Init(stub shim.ChaincodeStubInterface) pb.Response {
    logger := shim.NewLogger("cartransfer")
    logger.Info("chaincode initialized")
    return shim.Success([]byte{})
}

func (this *CarTransferCC) Invoke(stub shim.ChaincodeStubInterface) pb.Response {
    logger := shim.NewLogger("cartransfer")

    //sample of API use: show tX timestamp
    timestamp, err := stub.GetTxTimestamp()
    if err != nil {
        return shim.Error(fmt.Sprintf("failed to get TX timestamp: %s", err))
    }
    logger.Infof(
        "Invoke called: Tx ID = %s, timestamp = %s",
        stub.GetTxID(),
        timestamp,
    )
    var (
        fcn string
        args []string
    )
    fcn, args = stub.GetFunctionAndParameters()
    logger.Infof("function name = %s", fcn)

    switch fcn {
    // adds a new Owner
    case "AddOwner":
        // checks arguments length
```

```
        if err := checkLen(logger, 1, args)l err != nil {
            return shim.Error(err.Error())
        }

        // unmarshal
        owner := new(cartransfer.Owner)
        err := json.Unmarshal([]byte(args[0]), owner)
        if err != nil {
            mes := fmt.Sprintf("failed to unmarshal Owner JSON: %s", err.Error())
            logger.Warning(mes)
            return shim.Error(mes)
        }

        err = this.AddOwner(stub, owner)
        if err != nil {
            returnsshim.Error(err.Error())
        }

        // returns a success value
        return shim.Success([]byte{})

    // lists Owners
    case "ListOwners":
        owners, err := this.ListOwners(stub)
        if err != nil {
            return shim.Error(err.Error())
        }

        // marshal
        b, err := json.Marshal(owners)
        if err != nil {
            mes := fmt.Sprintf("failed to marshal Owners: %s", err.Error())

            logger.Warning(mes)
            return shim.Error(mes)
        }
        // returns a success value
        return shim.Success(b)
```

```
// adds a new Car
case "AddCar":
    // checks arguments length
    if err := checkLen(logger, 1, args); err != nil {
        return shim.Error(err.Error())
    }

    // unmarshal
    car := new(cartransfer.Car)
    err := json.Unmarshal([]byte(args[0]), car)
    if err != nil {
        mes := fmt.Sprintf("failed to unmarshal Car JSON: %s", err.Error())
        logger.Warning(mes)
        return shim.Error(mes)
    }

    err = this.AddCar(stub, car)
    if err != nil {
        return shim.Error(err.Error())
    }

    // returns a success value
    return shim.Success([]byte{})

// lists Cars
case "ListCars":
    cars, err := this.ListCars(stub)
    if err != nil {
        return shim.Error(err.Error())
    }

    // marshal
    b, err := json.Marshal(cars)
    if err != nil {
        mes := fmt.Sprintf("failed to marshal Cars: %s", err.Error())
        logger.Warning(mes)
        return shim.Error(mes)
    }
```

```
        // returns a success value
        return shim.Success(b)

    // gets an existing Car
    case "GetCar":
        // checks arguments length
        if err := checkLen(logger, 1, args); err != nil {
            return shim.Error(err.Error())
        }

        // unmarshal
        var id string
        err := json.Unmarshal([]byte(args[0]), &id)
        if err != nil {
            mes := fmt.Sprintf("failed to unmarshal the 1st argument: %s", err.Error())
            logger.Warning(mes)
            return shim.Error(mes)
        }

        car, err := this.GetCar(stub, id)
        if err != nil {
            return shim.Error(err.Error())
        }

        // marshal
        b, err := json.Marshal(car)
        if err != nil {
            mes := fmt.Sprintf("failed to marshal Car: %s", err.Error())
            logger.Warning(mes)
            return shim.Error(mes)
        }

        // returns a success value
        return shim.Success(b)

    // updates an existing Car
    case "UpdateCar":
        // checks arguments length
        if err := checkLen(logger, 1, args); err != nil {
```

```
        return shim.Error(err.Error())
    }

    // unmarshal
    car := new(cartransfer.Car)
    err := json.Unmarshal([]byte(args[0]), car)
    if err != nil {
        mes := fmt.Sprintf("failed to unmarshal Car JSON: %s", err.Error())
        logger.Warning(mes)
        return shim.Error(mes)
    }

    err = this.UpdateCar(stub, car)
    if err != nil {
        return shim.Error(err.Error())
    }

    // returns a success value
    return shim.Success([]byte{})

// transfers an existing Car to an existing Owner
case "TransferCar":
    // checks arguments length
    if err := checkLen(logger, 2, args); err != nil {
        return shim.Error(err.Error())
    }

    // unmarshal
    var carId, newOwnerId string
    err := json.Unmarshal([]byte(args[0]), &carId)
    if err != nil {
        mes := fmt.Sprintf(
            "failed to unmarshal the 1st argument: %s",
            err.Error(),
        )
        logger.Warning(mes)
        return shim.Error(mes)
    }
```

```
        err = json.Unmarshal([]byte(args[1]), &newOwnerId)
        if err != nil {
            mes := fmt.Sprintf(
                "failed to unmarshal the 2nd argument: %s",
                err.Error(),
            )
            logger.Warning(mes)
            return shim.Error(mes)
        }

        err = this.TransferCar(stub, carId, newOwnerId)
        if err != nil {
            return shim.Error(err.Error())
        }

        // returns a success valuee
        return shim.Success([]byte{})
    }

    // if the function name is unknown
    mes := fmt.Sprintf("Unknown method: %s", fcn)
    logger.Warning(mes)
    return shim.Error(mes)
}

// methos implementing CarTransfer interface

// Adds a new Owner
func (this *CarTransferCC) AddOwner(stub shim.ChaincodeStubInterface,
    owner *cartransfer.Owner) error {
    return errors.New("not implemented yet")
}

// Checks existence of the specified Owner
func (this *CarTransferCC) CheckOwner(stub shim.ChaincodeStubInterface,
    id string) (bool, error) {
    return false, errors.New("not implemented yet")
}
```

```
// Lists Owners
func (this *CarTransferCC) ListOwners(stub shim.ChaincodeStubInterface) ([]*cartransfer.Owner,
    error) {
    return nil, errors.New("not implemented yet")
}

// Adds a new Car
func (this *CarTransferCC) AddCar(stub shim.ChaincodeStubInterface,
    car *cartransfer.Car) error {
    return errors.New("not implemented yet")
}

// Checks existence of the specified Car
func (this *CarTransferCC) CheckCar(stub shim.ChaincodeStubInterface, id string) (bool,
    error) {
    return false, errors.New("not implemented yet")
}

// Validates the content of the specified Car
func (this *CarTransferCC) ValidateCar(stub shim.ChaincodeStubInterface,
    car *cartransfer.Car) (bool, error) {
    return false, errors.New("not implemented yet")
}

// Gets the specified Car
func (this *CarTransferCC) GetCar(stub shim.ChaincodeStubInterface,
    id string) (*cartransfer.Car, error) {
    return nil, errors.New("not implemented yet")
}

// Updates the content of the specified Car
func (this *CarTransferCC) UpdateCar(stub shim.ChaincodeStubInterface,
    car *cartransfer.Car) error {
    return errors.New("not implemented yet")
}

// Lists Cars
func (this *CarTransferCC) ListCars(stub shim.ChaincodeStubInterface) ([]*cartransfer.Car,
    error) {
```

```
    return nil, errors.New("not implemented yet")
}

// Transfers the specified Car to the specified Owner
func (this *CarTransferCC) TransferCar(stub shim.ChaincodeStubInterface, carId string,
    newOwnerId string) error {
    return errors.New("not implemented yet")
}
```

4.3.7 응용 프로그램 로직 구현

이번 절에서는 구체적인 응용 프로그램 로직 구현에 대해 설명한다. 특히 상태 DB에 접근하는 방법을 중심으로 AddOwner, GetCar, ListCars, TransferCar라는 4개의 메서드에 대해 설명한다.

● AddOwner

상태 DB에 값을 저장하는 AddOwner 메서드의 구현은 항목 4.3.16과 같다.

항목 4.3.16 ~/car_transfer/cc/src/cartransfer/chaincode/impl.go 중 일부

```
// Adds a new Owner
func (this *CarTransferCC) AddOwner(stub shim.ChaincodeStubInterface,
    owner *cartransfer.Owner) error {
    logger := shim.NewLogger("cartransfer")
    logger.Infof("AddOwner: Id = %s", owner.Id)

    // checks if the specified Owner exists
    found, err := this.CheckOwner(stub, owner.Id)
    if err != nil {
        return err
    }
    if found {
        mes := fmt.Sprintf("an Owner with Id = %s alerady exists", owner.Id)
        logger.Warning(mes)
        return errors.New(mes)
    }
```

```
    // converts to JSON
    b, err := json.Marshal(owner)
    if err != nil {
        logger.Warning(err.Error())
        return err
    }

    // creates a composite key
    key, err := stub.CreateCompositeKey("Owner", []string{owner.Id})
    if err != nil {
        logger.Warning(err.Error())
        return err
    }

    // stores to the State DB
    err = stub.PutState(key, b)
    if err != nil {
        logger.Warning(err.Error())
        return err
    }

    // returns successfully
    return nil
}
```

우선 처음으로 로거를 만들어 새로 만들어지는 `Owner`의 `Id`를 출력한다.

다음으로 이 `Id`를 가지는 `Owner` 엔티티가 이미 존재하는지 `CheckOwner` 메서드로 확인한다. 반환된 값이 `true`라면 대응하는 엔티티가 이미 상태 DB에 있으므로 에러로 처리한다. `true`가 아니라면 데이터를 상태 DB에 저장한다.

추가된 `Owner` 인스턴스는 `json.Marshal` 메서드를 이용해 JSON으로 변환하고 그것을 `PutState()` 값에 지정해서 상태 DB에 저장한다. 이때 키에는 `stub.CreateCompositeKey` 메서드로 만든 '복합 키'를 지정한다. 이 메서드는 여러 엔티티 타입을 단일 KVS로 취급하기 때문에 4.1절 '응용 프로그램 개발 개요'에서 설명한 바와 같이 엔티티 타입을 맨 앞에 추가한 키 값을 반환한다.

● GetCar

한편 상태 DB에 저장한 값을 읽어올 때는 항목 4.3.17처럼 구현한다.

항목 4.3.17 ~/car_transfer/cc/src/cartransfer/chaincode/impl.go 중 일부

```
// Gets the specified Car
func (this *CarTransferCC) GetCar(stub shim.ChaincodeStubInterface,
    id string) (*cartransfer.Car, error) {
    logger := shim.NewLogger("cartransfer")
    logger.Infof("GetCar: Id = %s", id)

    // creates a composite key
    key, err := stub.CreateCompositeKey("Car", []string{id})
    if err != nil {
        logger.Warning(err.Error())
        return nil, err
    }

    // loads from the state DB
    jsonBytes, err := stub.GetState(key)
    if err != nil {
        logger.Warning(err.Error())
        return nil, err
    }
    if jsonBytes == nil {
        mes := fmt.Sprintf("Car with Id = %s was not found", id)
        logger.Warning(mes)
        return nil, errors.New(mes)
    }

    // unmarshal
    car := new(cartransfer.Car)
    err = json.Unmarshal(jsonBytes, car)
    if err != nil {
        logger.Warning(err.Error())
        return nil, err
    }
```

```
    // returns successfully
    return car, nil
}
```

AddOwner 메서드와 마찬가지로 복합 키를 만들고 그것을 지정해 stub.GetState()를 호출한다.

GetState()는 key 문자열을 지정해 그것에 대응하는 value를 바이트열로 취득한다. 에러가 발생하는 경우 error 타입으로서 nil 값이 반환된다. 하지만 key에 대응하는 value가 존재하지 않는 경우에는 에러가 발생하지 않고 결과로 (nil, nil)이 반환된다.

항목 4.3.17에서는 GetState의 반환 값이 nil, 즉 키가 존재하지 않는 경우에는 에러로 처리한다. key가 존재하는 경우 JSON 바이트열이 반환되므로 그것을 Car 타입 인스턴스에 언마샬링해 메서드의 반환값으로 사용한다.

● ListCars

ListCars는 상태 DB에 있는 모든 Car를 읽어오는 메서드다(항목 4.3.18).

항목 4.3.18 ~/car_transfer/cc/src/cartransfer/chaincode/impl.go 중 일부

```
// Lists Cars
func (this *CarTransferCC) ListCars(stub shim.ChaincodeStubInterface) ([]*cartransfer.Car,
    error) {
    logger := shim.NewLogger("cartransfer")
    logger.Info("ListCars")

    // executes a range query, which returns an iterator
    iter, err := stub.GetStateByPartialCompositeKey("Car", []string{})
    if err != nil {
        logger.Warning(err.Error())
        return nil, err
    }

    // will close the iterator when returned from this method
    defer iter.Close()

    // loops over the iterator
    cars := []*cartransfer.Car{}
```

```
    for iter.HasNext() {
        kv, err := iter.Next()
        if err != nil {
            logger.Warning(err.Error())
            return nil, err
        }
        car := new(cartransfer.Car)
        err = json.Unmarshal(kv.Value, car)
        if err != nil {
            logger.Warning(err.Error())
            return nil, err
        }
        cars = append(cars, car)
    }

    // returns successfully
    if len(cars) > 1 {
        logger.Infof("%d %s found", len(cars), inflection.Plural("Car"))
    } else {
        logger.Infof("%d %s found", len(cars), "Car")
    }
    return cars, nil
}
```

어떤 엔티티 타입을 가지는 엔트리의 목록을 가져오려면 GetStateByPartialCompositeKey() 메서드를 사용한다[19]. 엔티티 타입과 키의 일부를 지정하면 그에 해당하는 목록을 나타내는 반복자(Iterator)가 반환된다('하이퍼레저 패브릭의 API에서 복합 키 취급' 칼럼 참조). 키를 지정하지 않으면 엔티티 타입의 모든 목록이 반환된다.

이 ListCars에서는 엔티티 타입인 Car를 지정해 기본 키의 일부를 지정할 필요가 없으므로 빈 슬라이스로 설정한다.

그러면 메서드 반환 값은 StateQueryIteratorInterface 반복자가 된다. 이 반복자는 다음과 같은 메서드를 가진다.

19 복합 키를 사용하지 않을 경우 key 값이 특정 범위에 있는 엔트리 목록을 가져오려면 stub.GetStateByRange(startKey, endKey string)를 사용한다.

- HasNext() bool
- Close() error
- Next() (*queryresult.KV, error)

range 문의 반복 처리를 통해 엔티티를 순차적으로 취득할 수 있다. 그리고 마지막에 반드시 반복자를 끝내는 Close()를 호출해야 한다. ListCars에서는 defer 문을 사용해 이 메서드로 돌아오면 반드시 Close()가 호출되도록 구성돼 있다.

Next 메서드의 반환 형식인 queryresult.KV는 키-값 쌍을 나타내는 데이터 타입[20]으로 Key 및 Value 필드에 각기 key와 value 값을 넣는다. 이 Value 필드는 Car 엔티티를 마샬링한 JSON 문자열(의 바이트열)이므로 언마샬링해 Car 인스턴스에 복원한다.

마지막으로 취득한 건수를 로그로 표시하는 곳에서 복수형 표시 패키지인 inflection을 사용한다. 이 패키지를 이용할 경우 전체 획득 건수가 1건이라면 "1 Car found"로 표시되지만 2건이라면 "2 Cars found"로 복수형으로 출력해 준다.

Column 하이퍼레저 패브릭 API에서 복합 키 취급

CreateCompositeKey()와 GetStateByPartialCompositeKey()는 (RDB에서 말하는) 복합 기본 키를 처리할 수 있다.

기본 키가 복수 칼럼 A, B, C로 구성된 경우 CreateCompositeKey(objType, []string{ 칼럼 A 값, 칼럼 B 값, 칼럼 C 값 })으로 상태 DB용 키를 만들 수 있다.

이때 칼럼 A의 값이 foo, 칼럼 B 의 값이 bar인 엔트리 목록을 가져오고 싶은 경우 GetStateByPartialCompositeKey(objType, []string{"foo", "bar"})처럼 함수를 호출한다. 이 메서드는 GetStateByRange()를 이용해 구현된 메서드다.

20 protos/ledger/queryresult/kv_query_result.pb.go 참조.

● TransferCar

마지막으로 조금 복잡한 처리를 수행하는 TransferCar 메서드의 구현에 대해 알아본다. 이미 구현된 다른 CRUD[21] 메서드를 이용하면 쉽게 작성할 수 있다(항목 4.3.19).

항목 4.3.19 ~/car_transfer/cc/src/cartransfer/chaincode/impl.go 중 일부

```
// Transfers the specified Car to the specified Owner
func (this *CarTransferCC) TransferCar(stub shim.ChaincodeStubInterface, carId string,
    newOwnerId string) error {
    logger := shim.NewLogger("cartransfer")
    logger.Infof("TransferCar: Car Id = %s, new Owner Id = %s", carId, newOwnerId)

    // gets the specified Car (err returned if it does not exist)
    car, err := this.GetCar(stub, carId)
    if err != nil {
        logger.Warning(err.Error())
        return err
    }

    // updates OwnerId field
    car.OwnerId = newOwnerId

    // stores the updated Car back to the State DB
    err = this.UpdateCar(stub, car)
    if err != nil {
        logger.Warning(err.Error())
        return err
    }

    // returns successfully
    return nil
}
```

우선 지정된 Id를 갖는 Car 인스턴스를 상태 DB에서 가져온다. 다음으로 OwnerId 필드를 지정된 값으로 갱신한다. 그리고 갱신된 인스턴스를 this.UpdateCar 메서드를 이용해 상태 DB에 저장한다.

---

21 Create, Read, Update, Delete의 약자로서 데이터와 관련된 기본적인 조작을 의미한다.

갱신된 인스턴스 값이 적절한지(지정한 Owner가 존재하는지) 확인하는 절차는 UpdateCar 메서드 안에서 이뤄진다. 자세한 내용은 그림 4.3.2를 다시 참고하자. 완성한 impl.go는 항목 4.3.20과 같은 형태가 된다.

항목 4.3.20 ~/car_transfer/cc/src/cartransfer/chaincode/impl.go

```
package chaincode

import (
    "cartransfer"
    "encoding/json"
    "errors"
    "fmt"
    "github.com/hyperledger/fabric/core/chaincode/shim"
    pb "github.com/hyperledger/fabric/protos/peer"
    "github.com/jinzhu/inflection"
)

//
// Utilities
//

// Checks length of the argument
func checkLen(logger *shim.ChaincodeLogger, expected int, args []string) error {
    if len(args) < expected {
        mes := fmt.Sprintf(
            "not enough number of arguments: %d given, %d expected",
            len(args),
            expected,
        )
        logger.Warning(mes)
        return errors.New(mes)
    }
    return nil
}

//
// Chaincode interface implementation
//
```

```
type CarTransferCC struct {
}

func (this *CarTransferCC) Init(stub shim.ChaincodeStubInterface) pb.Response {
    logger := shim.NewLogger("cartransfer")
    logger.Info("chaincode initialized")
    return shim.Success([]byte{})
}

func (this *CarTransferCC) Invoke(stub shim.ChaincodeStubInterface) pb.Response {
    logger := shim.NewLogger("cartransfer")

    //sample of API use: show tX timestamp
    timestamp, err := stub.GetTxTimestamp()
    if err != nil {
        return shim.Error(fmt.Sprintf("failed to get TX timestamp: %s", err))
    }
    logger.Infof(
        "Invoke called: Tx ID = %s, timestamp = %s",
        stub.GetTxID(),
        timestamp,
    )

    var (
        fcn string
        args []string
    )
    fcn, args = stub.GetFunctionAndParameters()
    logger.Infof("function name = %s", fcn)

    switch fcn {
    // adds a new Owner
    case "AddOwner":
        // checks arguments length
        if err := checkLen(logger, 1, args); err != nil {
            return shim.Error(err.Error())
        }

        // unmarshal
```

```
        owner := new(cartransfer.Owner)
        err := json.Unmarshal([]byte(args[0]), owner)
        if err != nil {
            mes := fmt.Sprintf("failed to unmarshal Owner JSON: %s", err.Error())
            logger.Warning(mes)
            return shim.Error(mes)
        }

        err = this.AddOwner(stub, owner)
        if err != nil {
            return shim.Error(err.Error())
        }

        // returns a success value
        return shim.Success([]byte{})

    // lists Owners
    case "ListOwners":
        owners, err := this.ListOwners(stub)
        if err != nil {
            return shim.Error(err.Error())
        }

        // marshal
        b, err := json.Marshal(owners)
        if err != nil {
            mes := fmt.Sprintf("failed to marshal Owners: %s", err.Error())

            logger.Warning(mes)
            return shim.Error(mes)
        }

        // returns a success value
        return shim.Success(b)

    // adds a new Car
    case "AddCar":
        // checks arguments length
        if err := checkLen(logger, 1, args); err != nil {
```

```
        return shim.Error(err.Error())
    }

    // unmarshal
    car := new(cartransfer.Car)
    err := json.Unmarshal([]byte(args[0]), car)
    if err != nil {
        mes := fmt.Sprintf("failed to unmarshal Car JSON: %s", err.Error())
        logger.Warning(mes)
        return shim.Error(mes)
    }

    err = this.AddCar(stub, car)
    if err != nil {
        return shim.Error(err.Error())
    }

    // returns a success value
    return shim.Success([]byte{})

// lists Cars
case "ListCars":
    cars, err := this.ListCars(stub)
    if err != nil {
        return shim.Error(err.Error())
    }

    // marshal
    b, err := json.Marshal(cars)
    if err != nil {
        mes := fmt.Sprintf("failed to marshal Cars: %s", err.Error())
        logger.Warning(mes)
        return shim.Error(mes)
    }

    // returns a success value
    return shim.Success(b)

// gets an existing Car
```

```
case "GetCar":
    // checks arguments length
    if err := checkLen(logger, 1, args); err != nil {
        return shim.Error(err.Error())
    }

    // unmarshal
    var id string
    err := json.Unmarshal([]byte(args[0]), &id)
    if err != nil {
        mes := fmt.Sprintf("failed to unmarshal the 1st argument: %s", err.Error())
        logger.Warning(mes)
        return shim.Error(mes)
    }

    car, err := this.GetCar(stub, id)
    if err != nil {
        return shim.Error(err.Error())
    }

    // marshal
    b, err := json.Marshal(car)
    if err != nil {
        mes := fmt.Sprintf("failed to marshal Car: %s", err.Error())
        logger.Warning(mes)
        return shim.Error(mes)
    }

    // returns a success value
    return shim.Success(b)

// updates an existing Car
case "UpdateCar":
    // checks arguments length
    if err := checkLen(logger, 1, args); err != nil {
        return shim.Error(err.Error())
    }

    // unmarshal
```

```
        car := new(cartransfer.Car)
        err := json.Unmarshal([]byte(args[0]), car)
        if err != nil {
            mes := fmt.Sprintf("failed to unmarshal Car JSON: %s", err.Error())
            logger.Warning(mes)
            return shim.Error(mes)
        }

        err = this.UpdateCar(stub, car)
        if err != nil {
            return shim.Error(err.Error())
        }

        // returns a success value
        return shim.Success([]byte{})

    // transfers an existing Car to an existing Owner
    case "TransferCar":
        // checks arguments length
        if err := checkLen(logger, 2, args); err != nil {
            return shim.Error(err.Error())
        }

        // unmarshal
        var carId, newOwnerId string
        err := json.Unmarshal([]byte(args[0]), &carId)
        if err != nil {
            mes := fmt.Sprintf(
                "failed to unmarshal the 1st argument: %s",
                err.Error(),
            )
            logger.Warning(mes)
            return shim.Error(mes)
        }

        err = json.Unmarshal([]byte(args[1]), &newOwnerId)
        if err != nil {
            mes := fmt.Sprintf(
                "failed to unmarshal the 2nd argument: %s",
```

```
                err.Error(),
            )
            logger.Warning(mes)
            return shim.Error(mes)
        }

        err = this.TransferCar(stub, carId, newOwnerId)
        if err != nil {
            return shim.Error(err.Error())
        }

        // returns a success valuee
        return shim.Success([]byte{})
    }

    // if the function name is unknown
    mes := fmt.Sprintf("Unknown method: %s", fcn)
    logger.Warning(mes)
    return shim.Error(mes)
}

//
// methos implementing CarTransfer interface
//

// Adds a new Owner
func (this *CarTransferCC) AddOwner(stub shim.ChaincodeStubInterface,
    owner *cartransfer.Owner) error {
    logger := shim.NewLogger("cartransfer")
    logger.Infof("AddOwner: Id = %s", owner.Id)

    // checks if the specified Owner exists
    found, err := this.CheckOwner(stub, owner.Id)
    if err != nil {
        return err
    }
    if found {
        mes := fmt.Sprintf("an Owner with Id = %s alerady exists", owner.Id)
        logger.Warning(mes)
```

```
        return errors.New(mes)
    }

    // converts to JSON
    b, err := json.Marshal(owner)
    if err != nil {
        logger.Warning(err.Error())
        return err
    }

    // creates a composite key
    key, err := stub.CreateCompositeKey("Owner", []string{owner.Id})
    if err != nil {
        logger.Warning(err.Error())
        return err
    }

    // stores to the State DB
    err = stub.PutState(key, b)
    if err != nil {
        logger.Warning(err.Error())
        return err
    }

    // returns successfully
    return nil
}

// Checks existence of the specified Owner
func (this *CarTransferCC) CheckOwner(stub shim.ChaincodeStubInterface,
    id string) (bool, error) {
    logger := shim.NewLogger("cartransfer")
    logger.Infof("CheckOwner: Id = %s", id)

    // creates a composite key
    key, err := stub.CreateCompositeKey("Owner", []string{id})
    if err != nil {
        logger.Warning(err.Error())
        return false, err
```

```
    }

    // loads from the State DB
    jsonBytes, err := stub.GetState(key)
    if err != nil {
        logger.Warning(err.Error())
        return false, err
    }

    // returns successfully
    return jsonBytes != nil, nil
}

// Lists Owners
func (this *CarTransferCC) ListOwners(stub shim.ChaincodeStubInterface) ([]*cartransfer.Owner,
    error) {
    logger := shim.NewLogger("cartransfer")
    logger.Info("ListOwners")

    // executes a range query, which returns an iterator
    iter, err := stub.GetStateByPartialCompositeKey("Owner", []string{})
    if err != nil {
        logger.Warning(err.Error())
        return nil, err
    }

    // will close the iterator when returned from this method
    defer iter.Close()
    owners := []*cartransfer.Owner{}

    // loops over the iterator
    for iter.HasNext() {
        kv, err := iter.Next()
        if err != nil {
            logger.Warning(err.Error())
            return nil, err
        }
        owner := new(cartransfer.Owner)
        err = json.Unmarshal(kv.Value, owner)
```

```
        if err != nil {
            logger.Warning(err.Error())
            return nil, err
        }
        owners = append(owners, owner)
    }

    // returns successfully
    if len(owners) > 1 {
        logger.Infof("%d %s found", len(owners), inflection.Plural("Owner"))
    } else {
        logger.Infof("%d %s found", len(owners), "Owner")
    }
    return owners, nil
}

// Adds a new Car
func (this *CarTransferCC) AddCar(stub shim.ChaincodeStubInterface,
    car *cartransfer.Car) error {
    logger := shim.NewLogger("cartransfer")
    logger.Infof("AddCar: Id = %s", car.Id)

    // creates a composite key
    key, err := stub.CreateCompositeKey("Car", []string{car.Id})
    if err != nil {
        logger.Warning(err.Error())
        return err
    }

    // checks if the specified Car exists
    found, err := this.CheckCar(stub, car.Id)
    if err != nil {
        logger.Warning(err.Error())
        return err
    }
    if found {
        mes := fmt.Sprintf("Car with Id = %s already exists", car.Id)
        logger.Warning(mes)
        return errors.New(mes)
```

```
    }

    // validates the Car
    ok, err := this.ValidateCar(stub, car)
    if err != nil {
        logger.Warning(err.Error())
        return err
    }
    if !ok {
        mes := "Validation of the Car failed"
        logger.Warning(mes)
        return errors.New(mes)
    }

    // converts to JSON
    b, err := json.Marshal(car)
    if err != nil {
        logger.Warning(err.Error())
        return err
    }

    // stores to the State DB
    err = stub.PutState(key, b)
    if err != nil {
        logger.Warning(err.Error())
        return err
    }

    // returns successfully
    return nil
}

// Checks existence of the specified Car
func (this *CarTransferCC) CheckCar(stub shim.ChaincodeStubInterface, id string) (bool,
    error) {
    logger := shim.NewLogger("cartransfer")
    logger.Infof("CheckCar: Id = %s", id)

    // creates a composite key
```

```
    key, err := stub.CreateCompositeKey("Car", []string{id})
    if err != nil {
        logger.Warning(err.Error())
        return false, err
    }

    // loads from the State DB
    jsonBytes, err := stub.GetState(key)
    if err != nil {
        logger.Warning(err.Error())
        return false, err
    }

    // returns successfully
    return jsonBytes != nil, nil
}

// Validates the content of the specified Car
func (this *CarTransferCC) ValidateCar(stub shim.ChaincodeStubInterface,
    car *cartransfer.Car) (bool, error) {
    logger := shim.NewLogger("cartransfer")
    logger.Infof("ValidateCar: Id = %s", car.Id)

    // checks existence of the Owner with the OwnerId
    found, err := this.CheckOwner(stub, car.OwnerId)
    if err != nil {
        logger.Warning(err.Error())
        return false, err
    }

    // returns successfully
    return found, nil
}

// Gets the specified Car
func (this *CarTransferCC) GetCar(stub shim.ChaincodeStubInterface,
    id string) (*cartransfer.Car, error) {
    logger := shim.NewLogger("cartransfer")
    logger.Infof("GetCar: Id = %s", id)
```

```
    // creates a composite key
    key, err := stub.CreateCompositeKey("Car", []string{id})
    if err != nil {
        logger.Warning(err.Error())
        return nil, err
    }

    // loads from the state DB
    jsonBytes, err := stub.GetState(key)
    if err != nil {
        logger.Warning(err.Error())
        return nil, err
    }
    if jsonBytes == nil {
        mes := fmt.Sprintf("Car with Id = %s was not found", id)
        logger.Warning(mes)
        return nil, errors.New(mes)
    }

    // unmarshal
    car := new(cartransfer.Car)
    err = json.Unmarshal(jsonBytes, car)
    if err != nil {
        logger.Warning(err.Error())
        return nil, err
    }

    // returns successfully
    return car, nil
}

// Updates the content of the specified Car
func (this *CarTransferCC) UpdateCar(stub shim.ChaincodeStubInterface,
    car *cartransfer.Car) error {
    logger := shim.NewLogger("cartransfer")
    logger.Infof("UpdateCar: car = %+v", car)

    // checks existence of the specified Car
```

```
found, err := this.CheckCar(stub, car.Id)
if err != nil {
    logger.Warning(err.Error())
    return err
}
if !found {
    mes := fmt.Sprintf("Car with Id = %s does not exist", car.Id)
    logger.Warning(mes)
    return errors.New(mes)
}

// validates the Car
ok, err := this.ValidateCar(stub, car)
if err != nil {
    logger.Warning(err.Error())
    return err
}
if !ok {
    mes := "Validation of the Car failed"
    logger.Warning(mes)
    return errors.New(mes)
}

// creates a composite key
key, err := stub.CreateCompositeKey("Car", []string{car.Id})
if err != nil {
    logger.Warning(err.Error())
    return err
}

// converts to JSON
b, err := json.Marshal(car)
if err != nil {
    logger.Warning(err.Error())
    return err
}

// stores to the State DB
err = stub.PutState(key, b)
```

```
    if err != nil {
        logger.Warning(err.Error())
        return err
    }

    // returns successfully
    return nil
}

// Lists Cars
func (this *CarTransferCC) ListCars(stub shim.ChaincodeStubInterface) ([]*cartransfer.Car,
    error) {
    logger := shim.NewLogger("cartransfer")
    logger.Info("ListCars")

    // executes a range query, which returns an iterator
    iter, err := stub.GetStateByPartialCompositeKey("Car", []string{})
    if err != nil {
        logger.Warning(err.Error())
        return nil, err
    }

    // will close the iterator when returned from this method
    defer iter.Close()

    // loops over the iterator
    cars := []*cartransfer.Car{}
    for iter.HasNext() {
        kv, err := iter.Next()
        if err != nil {
            logger.Warning(err.Error())
            return nil, err
        }
        car := new(cartransfer.Car)
        err = json.Unmarshal(kv.Value, car)
        if err != nil {
            logger.Warning(err.Error())
            return nil, err
        }
```

```
        cars = append(cars, car)
    }

    // returns successfully
    if len(cars) > 1 {
        logger.Infof("%d %s found", len(cars), inflection.Plural("Car"))
    } else {
        logger.Infof("%d %s found", len(cars), "Car")
    }
    return cars, nil
}

// Transfers the specified Car to the specified Owner
func (this *CarTransferCC) TransferCar(stub shim.ChaincodeStubInterface, carId string,
    newOwnerId string) error {
    logger := shim.NewLogger("cartransfer")
    logger.Infof("TransferCar: Car Id = %s, new Owner Id = %s", carId, newOwnerId)

    // gets the specified Car (err returned if it does not exist)
    car, err := this.GetCar(stub, carId)
    if err != nil {
        logger.Warning(err.Error())
        return err
    }

    // updates OwnerId field
    car.OwnerId = newOwnerId

    // stores the updated Car back to the State DB
    err = this.UpdateCar(stub, car)
    if err != nil {
        logger.Warning(err.Error())
        return err
    }

    // returns successfully
    return nil
}
```

● 빌드

이로써 모든 처리를 구현했다. 지금까지와 마찬가지로 go install 명령으로 빌드해보자. 입력에 문제가 없었다면 에러가 발생하지 않고 빌드가 완료된다.

프로그램이 완성되면 처음에 기획했던대로 움직이는지 테스트를 수행한다. 하지만 하이퍼레저 패브릭에 체인코드를 설치해 동작을 확인하는 것은 꽤 힘들다.

하이퍼레저 패브릭에는 체인코드 단위 테스트를 수행하기 위한 기능이 준비돼 있다. 다음 절에서 이 기능에 대해 알아보자.

4.3.8 단위 테스트

하이퍼레저 패브릭에는 ChaincodeStubInterface를 구현한 모의 객체인 MockStub이 있다. 이를 이용해 단위 테스트를 수행할 수 있다. 여기서는 testify 라이브러리[22]의 assert 패키지를 사용해 테스트 조건을 판정한다.

Go 언어에서는 테스트하고 싶은 패키지 디렉터리 안에 파일명이 "_test.go"로 끝나는 테스트 파일을 넣는다. go test <패키지 경로>를 실행하면 지정된 패키지의 각 테스트 파일에 있는 "Test"로 시작하는 테스트 메서드가 실행된다. 이들 메서드는 인수로 *testing.T 형식의 값을 받아야 한다. 그리고 반환 값은 필요하지 않다.

이처럼 Go 언어에는 테스트 프레임워크가 내장돼 있지만 각 판정 조건을 위한 메서드, 예를 들어 어떤 값이 nil이 아닌 것을 테스트하는 메서드나 배열의 내용이 기대한 값과 일치하는지 판정하는 메서드는 제공하지 않는다. 이런 기능은 스스로 구현하거나 외부 라이브러리를 사용해야 한다.

go test 명령에 -v 옵션을 지정하면 테스트 중 표준 출력 내용을 포함한 상세한 메서드가 표시된다. 그리고 -cover 옵션을 지정하면 테스트 커버리지(구체적으로는 상태 커버리지 또는 명령 커버리지)가 백분율로 표시된다. -coverprofile 옵션을 이용하면 커버리지 프로파일을 파일로 출력해 그것을 go tool cover를 이용해 상태 단위의 커버리지를 브라우저로 표시할 수 있다. 일반적으로 다음과 같은 형식으로 사용한다.

```
go test -coverprofile=cover.out && go tool cover -html=cover.out
```

22 https://github.com/stretchr/testify

● MockStub

MockStub은 체인코드의 단위 테스트용 모의 객체다. 체인코드가 필요로 하는 ChaincodeStubInterface를 구현하고 있으며 GetState()/PutState() 등의 모의 기능을 제공한다. 단 다음 기능을 포함하는 일부 기능은 구현되지 않았다. 자세한 내용은 MockStub 소스 파일[23]을 참고하자.

- CouchDB 사용을 전제로 하는 GetQueryResult
- Key에 대한 Value의 변경 이력을 가져오는 GetHistoryForKey
- 인증서와 관계된 GetCreator와 GetSignedProposal 등
- 이벤트를 발생시키는 SetEvent
- 에러 처리 테스트를 위해 의도적으로 조작을 실패시키는 기능

간단한 테스트 파일을 만들어보면서 MockStub의 사용법을 알아보자(항목 4.3.21).

항목 4.3.21 ~/car_transfer/cc/src/cartransfer/chaincode/impl_test.go

```
package chaincode_test

import (
    "cartransfer/chaincode"
    "github.com/hyperledger/fabric/common/util"
    "github.com/hyperledger/fabric/core/chaincode/shim"
    "github.com/stretchr/testify/assert"
    "testing"
)

const (
    aliceJSON = `{"Id":"1", "Name":"Alice"}`

    // expected return value of the ListOwners method
    ownersJSON = "[" + aliceJSON + "]"
)

func TestInit(t *testing.T) {
```

23 core/chaincode/shim/mockstub.go

```
    stub := shim.NewMockStub("cartransfer", new(chaincode.CarTransferCC))
    if assert.NotNil(t, stub) {
        res := stub.MockInit(util.GenerateUUID(), nil)
        assert.True(t, res.Status < shim.ERRORTHRESHOLD)
    }
}

func TestInvoke(t *testing.T) {
    // instantiation check
    stub := shim.NewMockStub("cartransfer", new(chaincode.CarTransferCC))
    if !assert.NotNil(t, stub) {
        return
    }

    // Init() check
    if !assert.True(t, stub.MockInit(util.GenerateUUID(), nil).Status < shim.ERRORTHRESHOLD) {
        return
    }

    // Invoke() checks
    if !assert.True(
        t,
        stub.MockInvoke(
            util.GenerateUUID(),
            getBytes("AddOwner", aliceJSON),
        ).Status < shim.ERRORTHRESHOLD,
    ) {
        return
    }

    res := stub.MockInvoke(util.GenerateUUID(), getBytes("ListOwners"))
    _ = assert.True(t, res.Status < shim.ERRORTHRESHOLD) &&
    assert.JSONEq(t, ownersJSON, string(res.Payload))
}

// Converts function name and arguments into a byte format that MockStub accepts.
// This function is copied and slightly modified from that in mockstub.go.
func getBytes(function string, args ...string) [][]byte {
    bytes := make([][]byte, 0, len(args)+1)
```

```
    bytes = append(bytes, []byte(function))
    for _, s := range args {
        bytes = append(bytes, []byte(s))
    }
    return bytes
}
```

여기서는 테스트 파일의 패키지 이름을 chaincode_test로 지정했다. Go 언어는 현재 기본적으로 1개의 소스 디렉터리에 여러 패키지를 함께 넣을 수 없다. 하지만 "<패키지 이름>"과 "<패키지 이름>_test"는 함께 넣을 수 있다. 이로써 테스트 대상 패키지를 외부 패키지로부터 테스트할 수 있다.

TestInit 함수는 모의 객체 초기화를 확인한다. 먼저 MockStub 인스턴스를 shim.NewMockStub 함수에서 생성한다. 첫 번째 인수에는 임의의 문자열을, 두 번째 인수에는 체인코드 인스턴스를 지정한다.

다음으로 assert.NotNil 함수를 사용해 인스턴스가 올바르게 만들어졌는지 확인한다. 올바르게 만들어졌다면 인스턴스에 대해 MockInit 메서드를 호출한다. 첫 번째 인수에는 트랜잭션 ID를 지정한다. 임의의 문자열을 지정할 수 있으나 여기서는 하이퍼레저 패브릭의 유틸리티를 사용해 UUID를 생성한다. 그리고 두 번째 인수는 체인코드의 Init에 전달할 인수다. 여기서는 지정할 인수가 없으므로 nil을 전달한다.

마지막으로 MockInit의 반환 값(pb.Response 형식)이 정상 값인지(=status 필드 값이 에러를 나타내는 임곗값보다 작음) 검사한다.

다음으로 TestInvoke 함수다. 여기서는 Invoke 호출을 수행해 그 결과를 기대값과 비교한다. TestInit 함수와 마찬가지로 MockInit을 호출하고 그 후 MockInvoke 메서드를 통해 AddOwner 메서드를 호출한다. MockInvoke의 두 번째 인수는 문자열이 아니라 [][]byte 형 값이 된다. 그렇기 때문에 MockStub 소스코드에 있는 getBytes 함수를 조금 변형한 것을 사용한다.

AddOwner가 성공하면 그다음에는 ListOwners를 호출한다. 이 메서드는 JSON 바이트열을 반환하므로 문자열을 변환한 뒤 assert.JSONEq 함수를 사용해 기대값과 비교한다.

실제로 -cover 옵션을 지정해 테스트를 실행해보자(항목 4.3.22).

항목 4.3.22 테스트 실행

```
~/car_transfer$ go test -cover cartransfer/chaincode
ok      cartransfer/chaincode    0.027s    coverage: 20.1% of statements
```

패키지별로 테스트 결과("ok", "FAIL", "?" 중 하나)가 표시된다. 그리고 chaincode 패키지 내의 구문 중 20.1%가 테스트된 것을 알 수 있다. 100%에 가까울수록 더 많은 코드를 테스트했다고 할 수 있다.

한편 -v 옵션을 지정하면 항목 4.3.23과 같은 내용을 확인할 수 있다.

항목 4.3.23 로그를 표시하며 테스트 실행

```
~/car_transfer$ go test -cover -v cartransfer/chaincode
=== RUN   TestInit
2018-12-17 22:24:39.241 KST [cartransfer] Info -> INFO 001 chaincode initialized
--- PASS: TestInit (0.00s)
=== RUN   TestInvoke
2018-12-17 22:24:39.242 KST [cartransfer] Info -> INFO 002 chaincode initialized
2018-12-17 22:24:39.242 KST [cartransfer] Infof -> INFO 003 Invoke called: Tx ID = ecab46ca-9745-
4b44-bf13-9844c1f6edfd, timestamp = seconds:1545053079 nanos:242328362
2018-12-17 22:24:39.242 KST [cartransfer] Infof -> INFO 004 function name = AddOwner
2018-12-17 22:24:39.242 KST [cartransfer] Infof -> INFO 005 AddOwner: Id = 1
2018-12-17 22:24:39.242 KST [cartransfer] Infof -> INFO 006 CheckOwner: Id = 1
2018-12-17 22:24:39.242 KST [cartransfer] Infof -> INFO 007 Invoke called: Tx ID = e3f4a8b7-d4c4-
4853-9270-5f15ec60181b, timestamp = seconds:1545053079 nanos:242516435
2018-12-17 22:24:39.242 KST [cartransfer] Infof -> INFO 008 function name = ListOwners
2018-12-17 22:24:39.242 KST [cartransfer] Info -> INFO 009 ListOwners
2018-12-17 22:24:39.242 KST [mock] HasNext -> ERRO 00a HasNext() couldn't get Current
2018-12-17 22:24:39.242 KST [cartransfer] Infof -> INFO 00b 1 Owner found
--- PASS: TestInvoke (0.00s)
PASS
coverage: 20.1% of statements
ok      cartransfer/chaincode    0.033s    coverage: 20.1% of statements
```

테스트한 메서드의 상세 내용과 체인코드 내의 로그 메시지가 출력되는 것을 볼 수 있다[24]. 이 코드를 기반으로 impl_test.go를 완성한 내용이 항목 4.3.24다[25].

여기서는 블랙박스 테스트를 진행한다. 즉, 내부 구성에 신경 쓰지 않고 체인코드를 외부에서 호출했을 때 설계한대로 동작하는지 테스트한다.

---

24 [mock]이라는 출력을 포함하는 행에 에러가 표시되나 이것은 MockStub의 사양일 뿐 잘못된 것이 아니다.

25 항목 4.3.21의 일부를 리팩터링했다.

항목 4.3.24 ~/car_transfer/cc/src/cartransfer/chaincode/impl_test.go

```
package chaincode_test

import (
    "cartransfer/chaincode"
    "github.com/hyperledger/fabric/common/util"
    "github.com/hyperledger/fabric/core/chaincode/shim"
    pb "github.com/hyperledger/fabric/protos/peer"
    "github.com/stretchr/testify/assert"
    "testing"
)

const (
    alice = `{"Id":"1", "Name":"Alice"}`
    bob   = `{"Id":"2", "Name":"Bob"}`

    emptyOwners = "[]"
    oneOwners   = "[" + alice + "]"
    twoOwners   = "[" + alice + "," + bob + "]"

    timestamp = `"2018-01-01T12:34:56Z"`

    car1  = `{"Id":"1", "Name":"E-AE86", "OwnerId":"1", "Timestamp":` + timestamp + `}`
    car1b = `{"Id":"1", "Name":"E-AE86", "OwnerId":"2", "Timestamp":` + timestamp + `}`
    car2  = `{"Id":"2", "Name":"GF-FD3S", "OwnerId":"1", "Timestamp":` + timestamp + `}`

    oneCars = "[" + car1 + "]"
    twoCars = "[" + car1 + "," + car2 + "]"

    one = `"1"`
    two = `"2"`
)

//
// test utilities
//

// custom assertion that checks if the response is OK.
```

```
func responseOK(res pb.Response) func() bool {
    return func() bool { return res.Status < shim.ERRORTHRESHOLD }
}

// custom assertion that checks if the response is FAIL.
func responseFail(res pb.Response) func() bool {
    return func() bool { return res.Status >= shim.ERRORTHRESHOLD }
}

// converts function name and arguments into the format that MockStub accepts.
// This function was copied and slightly modified from mockstub.go.
func getBytes(function string, args ...string) [][]byte {
    bytes := make([][]byte, 0, len(args)+1)
    bytes = append(bytes, []byte(function))
    for _, s := range args {
        bytes = append(bytes, []byte(s))
    }
    return bytes
}

//
// Testcases
//

// OK1: normal Init()
func TestInit_OK1(t *testing.T) {
    stub := shim.NewMockStub("cartransfer", new(chaincode.CarTransferCC))
    if assert.NotNil(t, stub) {
        res := stub.MockInit(util.GenerateUUID(), nil)
        assert.Condition(t, responseOK(res))
    }
}

// NG1: unknown method Invoke()
func TestInvoke_NG1(t *testing.T) {
    stub := shim.NewMockStub("cartransfer", new(chaincode.CarTransferCC))
    if assert.NotNil(t, stub) &&
        assert.Condition(t, responseOK(stub.MockInit(util.GenerateUUID(), nil))) {
        res := stub.MockInvoke(util.GenerateUUID(), getBytes("BadMethod"))
```

```
        assert.Condition(t, responseFail(res))
    }
}

// OK1: success
func TestAddOwner_OK(t *testing.T) {
    stub := shim.NewMockStub("cartransfer", new(chaincode.CarTransferCC))
    if assert.NotNil(t, stub) &&
        assert.Condition(t, responseOK(stub.MockInit(util.GenerateUUID(), nil))) {
        res := stub.MockInvoke(util.GenerateUUID(), getBytes("ListOwners", one))
        assert.Condition(t, responseOK(res))
        assert.JSONEq(t, emptyOwners, string(res.Payload))

        res = stub.MockInvoke(util.GenerateUUID(), getBytes("AddOwner", alice))
        assert.Condition(t, responseOK(res))

        res = stub.MockInvoke(util.GenerateUUID(), getBytes("ListOwners", one))
        assert.Condition(t, responseOK(res))
        assert.JSONEq(t, oneOwners, string(res.Payload))
    }
}

// NG1: less arguments
func TestAddOwner_NG1(t *testing.T) {
    stub := shim.NewMockStub("cartransfer", new(chaincode.CarTransferCC))
    if assert.NotNil(t, stub) &&
        assert.Condition(t, responseOK(stub.MockInit(util.GenerateUUID(), nil))) {
        res := stub.MockInvoke(util.GenerateUUID(), getBytes("AddOwner"))
        assert.Condition(t, responseFail(res))
    }
}

// NG2: illegal JSON argument
func TestAddOwner_NG2(t *testing.T) {
    stub := shim.NewMockStub("cartransfer", new(chaincode.CarTransferCC))
    if assert.NotNil(t, stub) &&
        assert.Condition(t, responseOK(stub.MockInit(util.GenerateUUID(), nil))) {
        res := stub.MockInvoke(util.GenerateUUID(), getBytes("AddOwner", "bad"))
        assert.Condition(t, responseFail(res))
```

```
    }
}

// OK1: 1 Owner
func TestListOwners_OK1(t *testing.T) {
    stub := shim.NewMockStub("cartransfer", new(chaincode.CarTransferCC))
    if assert.NotNil(t, stub) &&
        assert.Condition(t, responseOK(stub.MockInit(util.GenerateUUID(), nil))) {
        res := stub.MockInvoke(util.GenerateUUID(), getBytes("AddOwner", alice))
        assert.Condition(t, responseOK(res))

        res = stub.MockInvoke(util.GenerateUUID(), getBytes("ListOwners"))
        assert.Condition(t, responseOK(res))
        t.Logf("%s", res.Payload)
        assert.JSONEq(t, oneOwners, string(res.Payload))
    }
}

// OK2: 2 Owners
func TestListOwners_OK2(t *testing.T) {
    stub := shim.NewMockStub("cartransfer", new(chaincode.CarTransferCC))
    if assert.NotNil(t, stub) &&
        assert.Condition(t, responseOK(stub.MockInit(util.GenerateUUID(), nil))) {
        res := stub.MockInvoke(util.GenerateUUID(), getBytes("AddOwner", alice))
        assert.Condition(t, responseOK(res))

        res = stub.MockInvoke(util.GenerateUUID(), getBytes("AddOwner", bob))
        assert.Condition(t, responseOK(res))

        res = stub.MockInvoke(util.GenerateUUID(), getBytes("ListOwners"))
        assert.Condition(t, responseOK(res))
        assert.JSONEq(t, twoOwners, string(res.Payload))
    }
}

// OK1: a single Car
func TestAddCar_OK1(t *testing.T) {
    stub := shim.NewMockStub("cartransfer", new(chaincode.CarTransferCC))
    if assert.NotNil(t, stub) &&
```

```
        assert.Condition(t, responseOK(stub.MockInit(util.GenerateUUID(), nil))) {
        res := stub.MockInvoke(util.GenerateUUID(), getBytes("GetCar", one))
        assert.Condition(t, responseFail(res))

        res = stub.MockInvoke(util.GenerateUUID(), getBytes("AddOwner", alice))
        assert.Condition(t, responseOK(res))
        res = stub.MockInvoke(util.GenerateUUID(), getBytes("AddCar", car1))
        assert.Condition(t, responseOK(res))

        res = stub.MockInvoke(util.GenerateUUID(), getBytes("ListCars", one))
        if assert.Condition(t, responseOK(res)) {
            assert.JSONEq(t, oneCars, string(res.Payload))
        }
    }
}

// OK2: two Cars
func TestListCars_OK2(t *testing.T) {
    stub := shim.NewMockStub("cartransfer", new(chaincode.CarTransferCC))
    if assert.NotNil(t, stub) &&
        assert.Condition(t, responseOK(stub.MockInit(util.GenerateUUID(), nil))) {
        res := stub.MockInvoke(util.GenerateUUID(), getBytes("AddOwner", alice))
        assert.Condition(t, responseOK(res))

        res = stub.MockInvoke(util.GenerateUUID(), getBytes("AddCar", car1))
        assert.Condition(t, responseOK(res))

        res = stub.MockInvoke(util.GenerateUUID(), getBytes("AddCar", car2))
        assert.Condition(t, responseOK(res))

        res = stub.MockInvoke(util.GenerateUUID(), getBytes("ListCars"))
        assert.Condition(t, responseOK(res))
        assert.JSONEq(t, twoCars, string(res.Payload))
    }
}

// OK1: change owner from Alice to Bob
func TestUpdateCar_OK1(t *testing.T) {
    stub := shim.NewMockStub("cartransfer", new(chaincode.CarTransferCC))
```

```
    if assert.NotNil(t, stub) &&
        assert.Condition(t, responseOK(stub.MockInit(util.GenerateUUID(), nil))) {
        res := stub.MockInvoke(util.GenerateUUID(), getBytes("AddOwner", alice))
        assert.Condition(t, responseOK(res))
        res = stub.MockInvoke(util.GenerateUUID(), getBytes("AddOwner", bob))
        assert.Condition(t, responseOK(res))
        res = stub.MockInvoke(util.GenerateUUID(), getBytes("AddCar", car1))
        assert.Condition(t, responseOK(res))
        res = stub.MockInvoke(util.GenerateUUID(), getBytes("UpdateCar", car1b))
        assert.Condition(t, responseOK(res))

        res = stub.MockInvoke(util.GenerateUUID(), getBytes("GetCar", one))
        if assert.Condition(t, responseOK(res)) {
            assert.JSONEq(t, car1b, string(res.Payload))
        }
    }
}

// NG1: specified car does not exist
func TestUpdateCar_NG1(t *testing.T) {
    stub := shim.NewMockStub("cartransfer", new(chaincode.CarTransferCC))
    if assert.NotNil(t, stub) &&
        assert.Condition(t, responseOK(stub.MockInit(util.GenerateUUID(), nil))) {
        res := stub.MockInvoke(util.GenerateUUID(), getBytes("UpdateCar", car1b))
        assert.Condition(t, responseFail(res))
    }
}

// OK2: transfer from Alice to Bob
func TestTransferCar_OK1(t *testing.T) {
    stub := shim.NewMockStub("cartransfer", new(chaincode.CarTransferCC))
    if assert.NotNil(t, stub) &&
        assert.Condition(t, responseOK(stub.MockInit(util.GenerateUUID(), nil))) {
        res := stub.MockInvoke(util.GenerateUUID(), getBytes("AddOwner", alice))
        assert.Condition(t, responseOK(res))
        res = stub.MockInvoke(util.GenerateUUID(), getBytes("AddOwner", bob))
        assert.Condition(t, responseOK(res))

        res = stub.MockInvoke(util.GenerateUUID(), getBytes("AddCar", car1))
```

```
        assert.Condition(t, responseOK(res))
        res = stub.MockInvoke(util.GenerateUUID(), getBytes("TransferCar", one, two))
        assert.Condition(t, responseOK(res))

        res = stub.MockInvoke(util.GenerateUUID(), getBytes("GetCar", one))
        if assert.Condition(t, responseOK(res)) {
            assert.JSONEq(t, car1b, string(res.Payload))
        }
    }
}

// NG1: specified Car does not exist
func TestTransferCar_NG1(t *testing.T) {
    stub := shim.NewMockStub("cartransfer", new(chaincode.CarTransferCC))
    if assert.NotNil(t, stub) &&
        assert.Condition(t, responseOK(stub.MockInit(util.GenerateUUID(), nil))) {
        res := stub.MockInvoke(util.GenerateUUID(), getBytes("AddOwner", alice))
        res = stub.MockInvoke(util.GenerateUUID(), getBytes("TransferCar", one, two))
        assert.Condition(t, responseFail(res))
    }
}

// NG2: new Owner not found
func TestTransferCar_NG2(t *testing.T) {
    stub := shim.NewMockStub("cartransfer", new(chaincode.CarTransferCC))
    if assert.NotNil(t, stub) &&
        assert.Condition(t, responseOK(stub.MockInit(util.GenerateUUID(), nil))) {
        res := stub.MockInvoke(util.GenerateUUID(), getBytes("AddOwner", alice))
        res = stub.MockInvoke(util.GenerateUUID(), getBytes("AddCar", car1))

        res = stub.MockInvoke(util.GenerateUUID(), getBytes("TransferCar", one, two))
        assert.Condition(t, responseFail(res))
    }
}

// NG3: less arguments
func TestTransferCar_NG3(t *testing.T) {
    stub := shim.NewMockStub("cartransfer", new(chaincode.CarTransferCC))
    if assert.NotNil(t, stub) &&
```

```
        assert.Condition(t, responseOK(stub.MockInit(util.GenerateUUID(), nil))) {
            res := stub.MockInvoke(util.GenerateUUID(), getBytes("AddOwner", alice))
            res = stub.MockInvoke(util.GenerateUUID(), getBytes("TransferCar", one))
            assert.Condition(t, responseFail(res))
        }
    }
```

MockStub에는 조작 실패를 시뮬레이트하는 기능이 없고 위의 코드는 모든 테스트 항목을 구현한 것이 아니기 때문에 테스트 커버리지는 67.9%로 표시될 것이다. 남은 테스트는 직접 구현해보기 바란다.

이상으로 구현 및 테스트를 완료했다. 마지막으로 체인코드 설치를 위한 준비를 해보자.

4.3.9 설치 준비

완성한 소스코드를 네트워크에 설치해 인스턴스화하기 위해 의존성 패키지를 체인코드 본체에 모으는 작업을 해야 한다.

● 벤더링

Go 언어의 일반적인 구조 중 벤더링(vendoring)이라는 것이 있다. Go 언어에서 프로그램을 빌드하면 표준 이외의 패키지는 GOPATH 환경변수에 지정된 디렉터리에서 찾는다. 하지만 실제로는 그 전에 현재 빌드하고자 하는 패키지의 바로 아래의 vendor 디렉터리를 먼저 찾는다.

예를 들어, car_transfer/cc/src/cartransfer에 있는 패키지를 빌드한다면 Go 컴파일러는 먼저 car_transfer/cc/src/cartransfer/vendor에 패키지가 존재하는지 찾는다. vendor 디렉터리에 의존성 패키지를 저장하는 것을 벤더링이라고 한다.

체인코드를 피어에 설치할 때는 벤더링을 통해 체인코드의 메인 패키지만으로 의존성을 해결할 수 있게 한다. 단, 하이퍼레저 패브릭 관련 소스코드를 벤더링할 필요는 없다.

● 벤더링 작업 수행

벤더링을 수작업으로 진행하면 실수할 가능성이 있으므로 도구를 사용하는 것을 권장한다. 여기서는 govendor(https://github.com/kardianos/govendor)를 사용한다.

먼저 govendor를 설치한다(항목 4.3.25).

항목 4.3.25 govendor 설치

```
~/car_transfer$ go get -u github.com/kardianos/govendor
~/car_transfer$ ls cc/bin
govendor  main
```

govendor가 설치된 것을 확인했다면 작업 디렉터리에 소스 트리를 복사한다. 이것은 vendor 디렉터리가 남아있는 경우 개발, 테스트를 할 때 예기치 않은 빌드 결과가 발생하는 것을 피하기 위해서다. 그렇기 때문에 복사한 디렉터리에 GOPATH 환경변수 및 PATH 환경변수를 재설정한다(항목 4.3.26).

항목 4.3.26 소스 트리 복사 및 환경변수 재설정

```
~/car_transfer$ cp -r cc work
~/car_transfer$ export GOPATH=`pwd`/work:`pwd`/fabric
~/car_transfer$ printenv GOPATH
/home/vagrant/car_transfer/work:/home/vagrant/car_transfer/fabric
~/car_transfer$ export PATH=`pwd`/work/bin:$PATH
~/car_transfer$ printenv PATH
/home/vagrant/car_transfer/work/bin:/home/vagrant/bin:(생략)
```

다음으로 main 함수를 가진 cartransfer/main 패키지 아래에 초기화를 수행한다(항목 4.3.27).

항목 4.3.27 govendor 초기화

```
~/car_transfer$ pushd work/src/cartransfer/main
~/car_transfer/work/src/cartransfer/main ~/car_transfer
~/car_transfer/work/src/cartransfer/main$ govendor init
~/car_transfer/work/src/cartransfer/main$ ls
main.go  vendor
```

이로써 main.go가 있는 디렉터리에 vendor 디렉터리가 만들어졌다. govendor list 명령으로 각 의존성 패키지의 상태를 확인할 수 있다. cartransfer/main 외에는 앞에 "e"라는 플래그[26]가 붙어있는데 이것은 패키지가 벤더링되지 않은 것을 의미한다.

26 cartransfer/main에는 "pl" 플래그가 붙는다. "p"는 main 함수를 가진 main 패키지라는 것을 의미하며 "l"은 이 패키지가 '현재(Current) 패키지'라는 것을 의미한다.

다음으로 main 패키지 외 cartransfer 관련 패키지와 cc 디렉터리 아래에 있는 의존성 라이브러리를 추가한다('Go 언어의 패키지' 칼럼 참조). 하지만 테스트용 testify와 govendor는 추가하지 않아도 된다. 그리고 하이퍼레저 패브릭의 패키지 모음도 벤더링할 필요가 없다.

따라서 항목 4.3.28과 같이 3개의 패키지를 govendor add 명령으로 벤더링한다. 벤더링된 패키지에는 "v" 플래그가 붙는다.

항목 4.3.28 의존 관계 벤더링

```
~/car_transfer/work/src/cartransfer/main$ govendor add cartransfer
~/car_transfer/work/src/cartransfer/main$ govendor add cartransfer/chaincode
~/car_transfer/work/src/cartransfer/main$ govendor add github.com/jinzhu/inflection
~/car_transfer/work/src/cartransfer/main$ govendor list
 v  cartransfer
 v  cartransfer/chaincode
 v  github.com/jinzhu/inflection
(생략)
pl  cartransfer/main
~/car_transfer/work/src/cartransfer/main$ popd
~/car_transfer
~/car_transfer$ mkdir -p dist && cd work && cp -r --parents src/cartransfer/main ../dist && cd ..
~/car_transfer$
```

이로써 3개의 패키지가 벤더링됐다. 메인 패키지를 산출물 디렉터리인 dist에 복사해둔다.

그리고 벤더링이 성공했는지 실제 빌드를 통해 확인해보자. 4.3.3절 '초기 설정'에서 설명한 바와 같이 앞에서 벤더링한 체인코드의 메인 패키지와 하이퍼레저 패브릭의 소스코드를 GOPATH에 지정해서 빌드를 수행해본다(항목 4.3.29).

항목 4.3.29 벤더링이 올바르게 됐는지 빌드를 통해 확인

```
~/car_transfer$ GOPATH=`pwd`/dist:`pwd`/fabric go install cartransfer/main
```

에러가 표시되지 않으면 성공이다. 설치할 때는 car_transfer/dist/src/cartransfer/main을 경로로 지정해야 한다. 이로써 초기 버전의 체인코드를 설치하기까지의 대략적인 흐름을 알아봤다.

Column Go 언어의 패키지

자바와 Go 언어 패키지의 큰 차이점 중 하나는 하위 패키지 사용이다.

이 책에서 개발한 응용 프로그램에는 3개의 패키지(`cartransfer`, `cartransfer/main`, `cartransfer/chaincode`)가 있다. 자바에서는 이 패키지들이 `cartransfer` 또는 그 하위 패키지로 정리되고 빌드할 때 동시에 처리된다. 하지만 Go 언어에서는 패키지끼리 관계성 없이 별개의 패키지로 취급된다. 따라서 `cartransfer/main` 패키지는 `cartransfer` 및 `cartransfer/chaincode` 패키지에 의존하기 때문에 빌드를 위해서는 이 두 패키지를 벤더링해야 한다.

4.3.10 응용 프로그램을 개발할 때 주의할 점

마지막으로 하이퍼레저 패브릭에서 체인코드를 개발할 때 주의해야 할 점을 설명한다. 실제 개발에 들어가기 전에 꼭 읽어둘 것을 권장한다.

● 체인코드의 결정성

각 피어가 체인코드를 시뮬레이션한 실행 결과는 클라이언트를 통해 수집되고 오더러를 통해 각 피어에게 배부된다. 그리고 그 결과가 일치하는지를 검증한다. 검증에서 문제가 발견되지 않으면 상태 DB에 보존되어 유효한 값이 된다. 그렇기 때문에 체인코드의 시뮬레이션 결과는 모든 피어가 동일해야 한다. 이런 체인코드의 성질을 결정성이라고 한다.

구체적으로 말하자면 상태 DB의 값 및 트랜잭션의 인수가 동일한 체인코드의 가실행 결과(`Invoke`의 반환값 및 RWSet)는 언제나 동일해야 한다. 가령 체인코드 내부에서 생성한 난수 값을 사용한다면 결괏값이 달라지기 때문에 결정성에 문제가 생긴다. UUID의 자동 생성 같은 기능도 결정성에 문제를 일으킨다.

마찬가지로 외부 데이터를 참조하거나 호출하는 것도 지양해야 한다. 외부 데이터를 불러오는 시점에 따라 참조 값이 달라질 가능성이 있기 때문이다. 또한 각 피어가 웹 서비스를 호출하는 시점에 해당 웹 서비스가 서비스를 반드시 제공한다는 보장도 없다.

또 하나 주의해야 할 점은 Go 언어에 의존하는 비결정성이다. Go 언어는 Map의 내용을 for 문에서 반복할 때의 순서가 비결정적이다(항목 4.3.30). 이 부분은 언어 자체의 사양으로서 의도적으로 구현된 기능이다.

항목 4.3.30 반복 순서가 비결정적인 구문

```
var aMap = map[string]string{"key1":"value1", "key2":"value2", …}

for k, v := range aMap {
        … // k 값의 순서가 "key1", "key2"가 된다는 보장이 없음
}
```

따라서 결정성을 보증하고 싶다면 키를 정렬한 뒤 for 문을 사용해야 한다. 그리고 이 비결정성을 확인하기 위해서는 동일한 테스트를 여러 번 반복해야 효과적이다. go test에는 동일한 테스트를 반복하는 -count 옵션이 있으므로 이를 활용하자. 그리고 json.Marshal 메서드는 결과인 JSON 문자열이 결정성을 가지므로 그대로 사용할 수 있다.

● Read Your Write

체인코드 시뮬레이션 결과 중 write set은 피어가 커밋할 때까지 상태 DB에 반영되지 않는다. 따라서 어떤 체인코드 안에서 PutState를 사용해 값을 쓴다 해도 바로 GetState로 그 값을 불러올 수 없다.

항목 4.3.31의 예제 코드를 보면 updated는 "1"이 아니라 current 값, 즉 "0"인 상태다. 이를 "Read-Your-Write 일관성이 성립하지 않는다"라고 한다.

항목 4.3.31 체인코드는 Read-Your-Write 일관성이 성립하지 않음

```
var current := string(stub.GetState("key1"))  // key1의 값이 "0"이라고 가정한다
stub.PutState("key1", []byte("1"))  // key1의 값을 "1"로 변경
var updated := string(stub.GetState("key1"))  // GetState로 불러온 key1의 값은 "0"이다
```

PutState로 불러온 값을 동일 트랜잭션 내에서 이용하고 싶다면 값을 캐시해서 사용하는 기능을 직접 구현해야 한다. 그리고 테스트할 때 주의해야 할 점이 있다. MockStub v1.0.6에서는 'Read-Your-Write 일관성이 성립한다'라는 것이다. 따라서 테스트와 실제 동작이 달라질 수 있기 때문에 테스트 결과를 잘 검토해야 한다.

● 체인코드 내부 변수

체인코드는 피어의 라이프 사이클에 따라 의도하지 않은 시점에 종료하거나 재기동한다. 그리고 복수의 트랜잭션은 병렬로 시뮬레이트된다.

따라서 체인코드의 구조체(이 책에서는 `CarTransferCC`)는 필드를 사용하지 않는 것을 권장한다. 필드를 사용하면 의도하지 않은 시점에 값이 변경되거나 삭제되기 때문이다. 이 책의 예에서는 체인코드의 로거를 필드에 저장하는 것을 피하고 매번 새로 생성한다. 보존해둔 데이터가 있다면 상태 DB에 저장하고 읽어오는 것이 기본이다.

4.4 SDK for Node.js를 이용한 응용 프로그램 개발

이번 절에서는 하이퍼레저 패브릭과 체인코드, MSP에 요청하는 클라이언트 응용 프로그램 개발에 대해 설명한다.

하이퍼레저 패브릭은 클라이언트용 SDK를 자바 등 몇 개의 언어를 통해 제공한다. 여기서는 가장 널리 이용되는 Node.js용 SDK(fabric-client 및 fabric-ca-client)를 대상으로 한다. 번역 시점의 최신 버전인 1.4를 바탕으로 한다. SDK 도입 방법과 기초 정보에 대해서는 3장 및 공식 문서[27]를 참고하자.

이번 장에서 다루는 소스코드는 기본적으로 모두 예제용 응용 프로그램으로서 제공되는 것이다. 필요에 따라 소스코드를 다운로드하고 동작을 확인하면서 이번 장을 읽어나가기를 권장한다.

4.4.1 SDK for Node.js 개요

하이퍼레저 패브릭 SDK for Node.js는 두 개의 모듈로 구성된다.

- fabric-client: 하이퍼레저 패브릭 클라이언트용 API를 제공한다. 체인코드에서 제공되는 함수 호출이나 이벤트 처리 등의 런타임에서 이용하는 API가 포함된다. 또한 체인코드의 설치, 인스턴스화, 업그레이드 등 운영과 관련된 API와 블록체인 상태를 참조하기 위한 API도 포함된다. 각 API는 gRPC 프로토콜로 통신한다.
- fabric-ca-client: MSP 클라이언트용 API를 제공한다. 사용자의 등록(register)과 인증 오브젝트를 취득하는 등록(enroll)과 같은 API가 있다. 이 API는 HTTP(REST)로 통신한다.

제공되는 각 API의 자세한 내용과 최신 정보는 아래 API 문서를 참조하자.

https://fabric-sdk-node.github.io

4.4.2 프로그래밍 모델

여기서는 SDK for Node.js를 이용한 프로그래밍 개요 및 중요한 개념에 대해 설명한다.

27 https://fabric-sdk-node.github.io/

● 처리 흐름

SDK for Node.js를 이용해 체인코드를 호출하는 프로그램의 흐름은 그림 4.4.1과 같다.

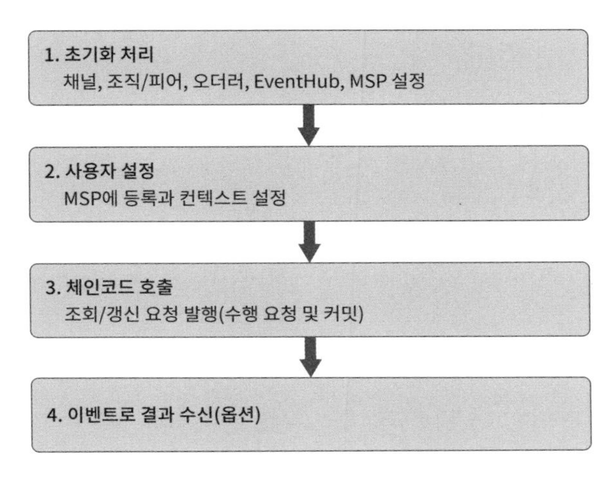

그림 4.4.1 SDK for Node.js를 이용한 프로그램의 흐름

맨 처음 초기화 처리를 수행한다. 2장에서 설명한 채널 및 조직, 피어, 오더러, MSP 등 하이퍼레저 패브릭의 구성요소에 대해 접속을 설정한다.

초기화 처리가 완료되면 사용자를 등록(enroll)하고 컨텍스트를 설정한다. 하이퍼레저 패브릭은 참가 허가제 블록체인이기 때문에 어떤 요청을 수행하는 것은 인증된 사용자 뿐이다. 사용자를 관리하는 MSP에게 등록 사용자의 등록을 요청하고 인증 오브젝트를 받는다.

사용자 설정이 완료되면 체인코드에 요청을 발행한다. 이 요청에는 조회와 갱신의 2가지 유형이 있다.

갱신의 경우 2장에서 설명한 바와 같이 블록체인을 갱신하기 위한 합의 처리가 필요하다. 합의 처리에는 Endorser(보증인)에게 의뢰한 수행 요청 결과를 '보증 정책'이라는 규칙에 따라 확인한 뒤 커밋한다.

조회는 동기적으로 실행되고 반환 값으로 조회 결과를 돌려준다. 한편 갱신은 합의 처리가 들어가기 때문에 비동기적으로 실행된다. 갱신 결과를 받기 위해서는 이벤트 구조를 이용한다.

이처럼 하이퍼레저 페브릭에 갱신 요청을 하는 것은 일반적인 웹 응용 프로그램의 API와는 다르다. 블록체인을 안전하게 갱신하기 위해서 특징적인 흐름이 필요하다.

● 보증 정책

체인코드를 인스턴스화할 때는 2장에서 설명한 보증 정책(갱신 요청을 확인할 때 이용하는 규칙)을 설정한다. 클라이언트가 갱신과 관련된 요청 커밋을 의뢰하면 하이퍼레저 패브릭은 체인코드 인스턴스의 보증 정책에 따라 Proposal(제안)을 확인한다. 그리고 조건을 만족하는 경우에만 블록체인에 커밋을 허가한다.

Node.js SDK에는 아래의 API 문서에 담긴 예제처럼 보증 정책을 지정한다. 보증 정책은 커밋을 전제로 조직 단위에서 사용할 수 있는 수행 결과의 합의 수를 정의한다.

https://fabric-sdk-node.github.io/global.html#ChaincodeInstantiateUpgradeRequest

앞에서 설명한 것처럼 갱신 요청에는 클라이언트도 포함한 합의 처리가 이뤄진다. 현재 클라이언트의 API로는 체인코드를 인스턴스화할 때만 보증 정책을 지정한다.

● 이벤트 구조

체인코드에 대한 갱신 요청은 비동기로 처리된다. 결과가 필요하다면 하이퍼레저 패브릭이 제공하는 이벤트 시스템에서 수신할 수 있다. 이벤트의 publish/subscribe 기능은 'EventHub'라는 구성 요소가 제공한다. 클라이언트 쪽에서는 초기 설정을 할 때 조직별로 EventHub가 연결할 곳을 등록하고 이벤트 종류별로 처리를 subscribe한다.

EventHub를 통해 이용할 수 있는 이벤트는 다음과 같은 종류가 있다.

- Block Event: 블록체인의 블록이 추가될 때 발생하는 이벤트
- Transaction Event: 트랜잭션이 커밋되면 발생하는 이벤트. 트랜직션별로 유일한 트랜잭션 ID를 이용해 처리를 수행
- Custom Event: 체인코드에서 임의로 publish할 수 있는 이벤트

이들 이벤트는 반드시 사용해야 하는 것은 아니지만 잘 사용하면 실시간성이 높은 사용자 경험(UX)을 실현할 수 있다.

4.4.3 예제 응용 프로그램 설명

여기서부터는 실제로 예제 응용 프로그램의 소스코드를 통해 각 처리가 어떻게 이뤄지는지 설명한다.

클라이언트 예제 응용 프로그램은 devapp-client-master 디렉터리에 있다. 예제 코드는 https://github.com/wikibook/hyperledger-fabric에서 내려받을 수 있다. 디렉터리 안의 server/common/blockchain-service.js에 하이퍼레저 패브릭과의 상호 작용을 위한 기능이 들어있다. 그리고 가상 하이퍼레저 네트워크에 접속할 수 있게 하는 내용은 server/common/bc/blockchain-service-1.4.js에 있다.

예제 안의 CONFIG 상수는 node의 config 모듈에서 얻은 설정 파일을 가리킨다(config/default.json).

클라이언트 예제 응용 프로그램의 자세한 내용은 4.4.4절 '클라이언트 예제 응용 프로그램 개요'를 참조하자.

● 초기화 처리

하이퍼레저 패브릭 네트워크에서 체인코드 인스턴스를 호출하려면 사전에 하이퍼레저 패브릭의 구성에 맞게 채널, 조직, 피어, 오더러, MSP 등과의 접속을 설정해둬야 한다. server/common/helper.js의 initObject 함수에서 이 설정을 할 수 있다. blockchain-service-1.4.js의 각 API는 helper.initObject 함수를 호출해 초기화 처리를 수행한다.

그럼 순서대로 초기화 처리 내용을 알아보자(항목 4.4.1).

항목 4.4.1 초기화 처리

```
let appUtil = require('../util/util.js');
let Client = require('fabric-client');
let utils = require('fabric-client/lib/utils.js');
let User = require('fabric-client/lib/User.js');

let copService = require('fabric-ca-client/lib/FabricCAServices');

// 생략

let cryptoSuite = Client.newCryptoSuite();
cryptoSuite.setCryptoKeyStore(Client.newCryptoKeyStore({path: CONFIG['keyValueStore']}));

//생략
```

```
module.exports.initObject = function(enrollId, peerAdminOrg){

    let ehs = [];
    // ① Client 인스턴스 생성
    let client = new Client();
    let channel = {};
    let targets = [];
    //user info for set up
    const USER = CONFIG.users[enrollId];
    const USER_ORG = CONFIG.users[enrollId].org;
    //admin user name for set up
    let member = new User(enrollId);
    let targetOrg = peerAdminOrg ? peerAdminOrg : USER_ORG;

    client.setCryptoSuite(cryptoSuite);
    member.setCryptoSuite(cryptoSuite);

    //set peer form config
    // ② 클라이언트용 KeyValueStore 설정
    return Client.newDefaultKeyValueStore({path: CONFIG['keyValueStore']})
        .then((store) => {
                logger.info('Setting client keyValueStore to: ' + JSON.stringify(store));
                client.setStateStore(store);
                logger.info('Initialize the KeyValueStore');

        // ③ 실행 사용자 등록 및 실행 컨텍스트에 사용자 설정
        return module.exports.getSubmitter(client,getAdmin, peerAdminOrg, enrollId);

        })

// 생략
```

하이퍼레저 패브릭과의 통신에는 fabric-client의 `Client` 클래스를 사용한다. ①에서 인스턴스를 생성하고 이후의 코드에서 하이퍼레저 패브릭과의 통신을 위한 설정을 한다[28].

---

28 하이퍼레저 패브릭 v1.x는 클라이언트 인스턴스의 정보가 상태 기반(stateful)으로 유지되는 설계를 사용하기 때문에 동일한 클라이언트 인스턴스를 병렬로 `userContext`에서 전환해가며 이용할 수 없다는 문제가 있다. 그렇기 때문에 예제 응용 프로그램에서는 사용자별로 클라이언트를 생성한다. 이 문제에 대해서는 이후 버전에서 해결할 예정이다. 자세한 내용은 API 문서의 클라이언트 안티 패턴에 대한 부분을 참조한다. https://fabric-sdk-node.github.io/Client.html, https://jira.hyperledger.org/browse/FAB-4563

②에서는 클라이언트 KeyValueStore를 설정한다. 앞에서 설명한 것처럼 하이퍼레저 패브릭에 접근하기 위해서는 MSP 등록이 완료된 사용자의 ID로 등록하고 여기서 취득한 인증 오브젝트로 요청에 서명해야 한다. KeyValueStore는 사용자별 인증 오브젝트(키와 ECert)를 저장해두는 장소다. KeyValueStore는 기본 파일 시스템 또는 Cloudant를 선택할 수 있는 것 외에도 규정된 인터페이스에 따라 자기만의 저장소를 구현할 수도 있다. 소스코드의 cryptoSuite는 저장소 구현과 암호화 방식 등을 유연하게 전환할 수 있게 하기 위한 기능이다.

여기서는 파일 시스템의 KeyValueStore를 선택했기 때문에 Client.newDefaultKeyValueStore로 저장소 경로를 지정해 저장소를 생성한다.

인증 오브젝트가 있으면 대상 사용자가 하이퍼레저 패브릭에 접근할 수 있기 때문에 KeyValueStore로의 접근은 엄중하게 관리돼야 한다. 특히 Cloudant와 같이 원격에서 접근할 수 있는 저장소를 선택할 때 주의해야 한다.

인증 오브젝트를 관리하는 CA의 설정을 통해 등록 횟수에 제한을 걸 수 있다. 인증 오브젝트가 무제한으로 생성되는 것을 피하고 싶다면 필요한 클라이언트 수만큼만 등록할 수 있도록 제한해야 한다.

③에서 사용자 등록과 컨텍스트 설정을 수행한다. 사용자 등록 처리를 위해서는 MSP에 접속해야 하므로 fabric-ca-client 모듈을 사용한다.

enroll 함수의 인수로는 등록(register)된 사용자의 enrollment ID 및 secret(패스워드)을 지정한다. 등록에 성공하면 앞의 KeyValueStore에 등록 오브젝트가 저장된다. 이후 하이퍼레저 패브릭에 사용자가 요청할 때는 이 오브젝트로 서명한다.

등록 후 fabric-client의 사용자 컨텍스트에 사용자를 설정한다.

그 후 초기화 처리로서 하이퍼레저 패브릭을 구성하는 각 구성요소의 연결을 설정한다(항목 4.4.2).

항목 4.4.2 초기화 처리 2

```
        .then((user) => {
            // ① 채널 구성
            channel = client.newChannel(CONFIG.channel.name);

            let data = fs.readFileSync(path.join(CONFIG['cert_dir'],CONFIG.orderer['tls_cacerts']));
            let caroots = Buffer.from(data).toString();
            // make sure the cert is OK
            caroots = Client.normalizeX509(caroots);
```

```
        // ② 오더러 추가
        channel.addOrderer(
            client.newOrderer(
                CONFIG.orderer.url,
                {
                    'pem': caroots,
                    'ssl-target-name-override': CONFIG.orderer['server-hostname']
                }
            )
        );

        for(let key in CONFIG){
            // it depend on org name ..
            matchOrg = matchOrg ? matchOrg : peerAdminOrg;
            if(CONFIG.hasOwnProperty(key) && key.indexOf(matchOrg) === 0){
                for(let pr in CONFIG[key]) {
                    // add all peer in ORG
                    // ③ 채널에 각 조직의 피어를 추가
                    if(CONFIG[key].hasOwnProperty(pr) && pr.indexOf('peer') === 0){
                        // ④ TLS 접속용 인증서 불러오기
                        let data = fs.readFileSync(path.join(CONFIG['cert_dir'],
CONFIG[key][pr]['tls_cacerts']));
                        let peer = client.newPeer(
                            CONFIG[key][pr].requests,
                            {
                                pem:Buffer.from(data).toString(),
                                'ssl-target-name-override' : CONFIG[key][pr]['server-hostname']
                            }
                        );
                        channel.addPeer(peer);
                        targets.push(peer);
                        //⑤ EventHub 추가
                        const eh = channel.newChannelEventHub(peer);
                        ehs.push(eh);
                    }
                }
            }
        }

    }
```

①에서는 채널을 만든다. ②~⑤에서 채널에 오더러 피어, EventHub의 연결 설정을 추가한다. TLS로 접속하는 경우 3장에서 소개한 cryptogen 도구 등으로 생성한 인증서를 불러와 설정한다. cryptogen에 대해서는 6.2.1절 '인증서 생성(cryptogen)'을 참고하자.

채널 클래스 API의 자세한 내용은 아래 URL에서 확인할 수 있다.

https://fabric-sdk-node.github.io/Channel.html

● 사용자 등록

앞에서 설명한 대로 하이퍼레저 패브릭 블록체인에 요청을 보내려면 사용자를 등록해 인증 오브젝트(암호 키와 ECert)를 KeyValueStore에 저장하고 암호 키를 사용해 요청에 서명해야 한다. 초기화 처리에서도 언급했듯이 예제 응용 프로그램에서는 server/common/helper.js의 initObject 함수 내에서 이를 처리한다(항목 4.4.3).

항목 4.4.3 사용자 등록

```
function getMember(username, password, client, userOrg) {
    const caUrl = CONFIG[userOrg].ca.url;

    return client.getUserContext(username, true)
        .then((user) => {
            return new Promise((resolve, reject) => {
                if (user && user.isEnrolled()) {
                    return resolve(user);
                }

                const member = new User(username);
                let cryptoSuite = client.getCryptoSuite();
                if (!cryptoSuite) {
                    cryptoSuite = Client.newCryptoSuite();
                    if (userOrg) {
                        cryptoSuite.setCryptoKeyStore(Client.newCryptoKeyStore({path:
module.exports.keyValueStore(CONFIG[userOrg].name)}));
                        client.setCryptoSuite(cryptoSuite);
                    }
                }
                member.setCryptoSuite(cryptoSuite);
```

```
                // ① fabric-ca-client/lib/FabricCAServices 생성
                const cop = new FabricCAServices(caUrl, tlsOptions, CONFIG[userOrg].ca.name,
cryptoSuite);
                // ② 사용자 등록
                return cop.enroll({
                    enrollmentID: username,
                    enrollmentSecret: password
                }).then((enrollment) => {
                    // ③ 인증 오브젝트(암호키와 ECert 세트)
                    return member.setEnrollment(enrollment.key, enrollment.certificate,
CONFIG[userOrg].mspid);
                }).then(() => {
                    let skipPersistence = false;
                    if (!client.getStateStore()) {
                        skipPersistence = true;
                    }
                    // ④ 클라이언트에 사용자 컨텍스트를 설정
                    return client.setUserContext(member, skipPersistence);
                }).then(() => {
                    return resolve(member);
                }).catch((err) => {
                    logger.error(err.message);
                });
            });
        });
}
```

중요한 부분이므로 소스코드를 자세히 살펴보자.

사용자 등록에는 fabric-ca-client 모듈을 이용한다. ①에서 접속할 곳과 TLS 인증서 등을 인수로 사용해 인스턴스를 생성한다. fabric-ca-client는 여기서 지정한 MSP에 HTTP(REST)를 이용해 요청을 전달한다. MSP와의 통신에는 인증에 관한 중요한 정보가 포함되므로 TLS 연결을 사용하는 것을 권장한다.

②에서는 MSP에 대해 fabric-ca-client의 `enroll` 함수를 호출한다. 이때 인수로 MSP에 등록(register)된 enrollment ID와 secret(패스워드)을 전달한다. 인증에 성공하면 인증 오브젝트가 반환된다. `enroll` 함수의 자세한 내용은 아래 URL에서 API 문서를 참조하자.

https://fabric-sdk-node.github.io/FabricCAServices.html#enroll__anchor

③에서는 이후 컨텍스트로 설정하기 위해 생성한 User 인스턴스에 key(암호 키)와 certificate(ECert)를 인증 오브젝트로서 설정한다.

마지막으로 ④에서 인증 오브젝트를 설정한 사용자를 클라이언트 인스턴스에 setUserContext 함수로 설정한다. 이로써 클라이언트의 사용자 설정이 완료됐고 하이퍼레저 패브릭에 요청을 전달할 수 있는 상태가 됐다.

● register

사용자 등록에 앞서 MSP에 사용자를 등록해 둬야 한다. 등록 기능은 운영 관리용 API로 준비돼 있다. SDK for Node.js의 fabric-ca-client에서는 register 함수로 이 기능을 제공한다.

예제 응용 프로그램에서는 server/common/helper.js의 register 함수에서 fabric-ca-client의 register 함수를 호출한다(항목 4.4.4).

항목 4.4.4 register

```
module.exports.register = function(username, secret) {

    let fabric_client = new Client();
    //admin user info for set up
    const ADMIN_USER = CONFIG['adminUser'];
    const ADMIN_USER_ORG = CONFIG.users[username].org;
    const store_path =module.exports.keyValueStore();
    let member;
    let ca_client;

    const tlsOptions = {
        trustedRoots: [],
        verify: false
    };

    return Client.newDefaultKeyValueStore({ path: store_path
    }).then((state_store) => {

        fabric_client.setStateStore(state_store);
        let crypto_suite = Client.newCryptoSuite();
```

```
        let crypto_store = Client.newCryptoKeyStore({path: store_path});
        crypto_suite.setCryptoKeyStore(crypto_store);
        fabric_client.setCryptoSuite(crypto_suite);
        ca_client = new copService(CONFIG[ADMIN_USER_ORG].ca.url, tlsOptions,
CONFIG[ADMIN_USER_ORG].ca.name);

            // ① 등록(register)을 위해서는 관리자로 사용자 등록(enroll)을 해야 한다.
            return ca_client.enroll({
                enrollmentID: ADMIN_USER, enrollmentSecret: CONFIG.users[ADMIN_USER].secret
            }).then((enrollment) => {
                member = new User(ADMIN_USER);
                return member.setEnrollment(enrollment.key, enrollment.certificate, ADMIN_USER_ORG);
            }).then(() => {
                // ② 등록을 담당할 관리 사용자를 지정하고 새로운 사용자를 등록
                // secret 지정은 옵션
                return ca_client.register({
                    enrollmentID: username,
                    enrollmentSecret: secret,
                    affiliation: CONFIG.users[username].org,
                    attrs: []
                }, member);
            }).then((secret) => {
                // ③ 성공적으로 등록되면 등록한 사용자의 secret이 반환된다.
                console.log('Successfully registered ' + username + ' - secret:' + secret);
                return ca_client.enroll({enrollmentID: username, enrollmentSecret: secret});
            });
    });
};
```

MSP에 등록하려면 MSP 관리 사용자의 `User` 인스턴스를 등록 담당자(registrar)로 지정해야 한다[29]. 좀 더 구체적으로 설명하면 ①에서 관리 사용자를 등록(enroll)하고 `User` 인스턴스에 인증 오브젝트를 설정한다.

29 6.2.1절 '인증서 생성(`cryptogen`)'에 기재된 `cryptogen` 명령 등으로 생성된 PeerOrg의 Admin 사용자.

다음은 ②에서 fabric-ca-client의 `register` 함수를 호출한다. 이때 인수로 enrollment ID와 secret, affiliation, attrs의 속성으로 구성된 오브젝트와 앞에서의 등록 담당자(registrar)를 지정한다. secret은 필수 항목은 아니다. secret을 지정하지 않으면 자동으로 생성된 패스워드가 설정돼 ③에서 등록에 성공했을 때 응답 값으로 반환된다. affiliation에는 등록 사용자가 소속한 조직을 지정한다. attrs에는 인증서 속성을 지정할 수 있다.

자세한 내용은 아래 URL의 API 문서를 참조하자. 여기서는 설명을 생략하지만 fabric-ca-client는 등록 사용자를 비활성화하기 위한 `revoke` 같은 API도 제공한다. `revoke`의 실행 흐름도 `register`와 동일하다.

https://fabric-sdk-node.github.io/FabricCAServices.html#register__anchor

● invoke

등록된 사용자 컨텍스트가 설정되면 체인코드에 요청하기 위한 준비가 완료된 것이다.

여기서는 체인코드에 갱신 요청을 하는 방법을 설명한다(항목 4.4.5~4.4.6). 갱신 요청이 받아들여지면 보증 정책에 따라 검증되고 결과에 문제가 없다면 블록체인에 블록이 추가된다. 예제 응용 프로그램에서는 `server/common/bc/blockchain-service-1.4.js`의 `invoke` 함수가 이 기능을 구현한다.

항목 4.4.5 invoke

```
}).then(() => {
            // ① 유일한 트랜잭션 ID를 생성하고, 호출할 체인코드의 함수명 및 인수와 함께 요청을 생성
            tx_id   = client.newTransactionID();
            let request = {
                chaincodeId : CONFIG.chaincode.id,
                fcn: fnc,
                args: args,
                txId: tx_id,
                targets: targets
            };

            // ② 보증인에게 임시 실행을 요청
            return channel.sendTransactionProposal(request);

        }, (err) => {
```

```
            logger.error('Failed to enroll user. ' + err);
            throw new Error('Failed to enroll user. ' + err);

  }).then((results) => {
    logger.info('Success sendTransactionProposal');
    let proposalResponses = results[0];
    let proposal = results[1];
    let header   = results[2];

    var errMsg = [];
    // ③ 임시 실행 결과(Proposal)의 취득과 체크 - validateProposal 함수 참조
    if (validateProposal(proposalResponses, targets.length, errMsg)) {
      logger.info('Successfully sent Proposal and received ProposalResponse:
Status - %s, message - "%s", metadata - "%s"', proposalResponses[0].response.status,
proposalResponses[0].response.message, proposalResponses[0].response.payload);

      let request = {
        proposalResponses: proposalResponses,
        proposal: proposal,
        header: header
      };

      // set the transaction listener and set a timeout of 30sec for each eventhub
      // Fail if the transaction did not get committed within the timeout period.
      let transactionID = tx_id.getTransactionID();
      let eventPromises = [];
      // ④ 클라이언트 측 검증이 올바르다면 Proposal 결과 커밋을 요청
      let sendPromise = channel.sendTransaction(request);

      eventhubs.forEach((eh) => {
        eh.connect();
        let txPromise = new Promise((resolve, reject) => {
          let handle = setTimeout(reject, 30000);
          // ⑤ 이벤트 시스템(EventHub)을 이용해 트랜잭션 ID 결과를 확인
          eh.registerTxEvent(transactionID.toString(), (tx, code) => {
            clearTimeout(handle);
            eh.unregisterTxEvent(transactionID.toString());
            // ⑥ 하이퍼레저 패브릭 측에서 검증 결과를 확인
            if (code !== 'VALID') {
```

```
            logger.info('Transaction was invalid, code = ' + code);
            eventhubs.forEach((eh) => {eh.disconnect()});
            reject({
              errorcode: code,
              request : request
            });
          } else {
            logger.info('Transaction has been committed on peer '+ eh.getPeerAddr());
            resolve();
          }
        });
      });
      eventPromises.push(txPromise);
    });
    // 모든 비동기 요청 결과를 기다린 뒤 확인
    return Promise.all([sendPromise].concat(eventPromises))
    .then((results) => {
        logger.info('Event promise all complete.');
        return results[0];

      }).catch((err) => {
        if(!err){
          logger.info("Detected undefined error.");
        }else{
          // ⑦ 병렬 읽기 에러가 발생한 경우 클라이언트 코드와 사용자에 의한 재시도 요청
          if(err.errorcode && (err.errorcode == 'MVCC_READ_CONFLICT')){
            //user can retry if he/she wants with this errcode.
            logger.info("--------------MVCC_READ_CONFLICT-------------------");
            throw err;
          }else{
            eventhubs.forEach((eh) => {eh.disconnect()});
            throw err;
          }
        }
      });

    } else {
      let emsg = 'Could NOT confirm all proposal response as endorsement policy. Msg : ' +
errMsg[0];
```

```
        logger.error(emsg);
        throw new Error(emsg);
      }

  }, (err) => {
    let emsg = 'Failed to send proposal due to error: ' + err.stack ? err.stack : err;
    logger.error(emsg);
    throw new Error(emsg);
  }).then((response) => {
    // ⑧ EventHub와의 접속을 끊고 응답을 반환
    eventhubs.forEach((eh) => {eh.disconnect()});
    if(!response){
      logger.info("Detected undefined response from eventhub.");
      resolve({"result":true});
    }else if (response.status && response.status === 'SUCCESS') {
      logger.info('Successfully sent transaction to the orderer.');
      logger.info('******************************************************************');
      logger.info('THIS_TX_IS is : ',tx_id);
      logger.info('******************************************************************');
      resolve({"result":true});
    } else {
      let emsg = 'Failed to order the transaction. Error code: ' + response.status
      logger.info(emsg);
      throw new Error(emsg);
    }
  }).catch((err)=>{
    eventhubs.forEach((eh) => {eh.disconnect()});
    err.message +=  "[Error in func : " + fnc + "] " + " [txid is : " + tx_id +  "] " ;
    reject(err);
  });
});
```

항목 4.4.6 validateProposal

```
let validateProposal = (proposalResponses, minCount, errMsg) => {
  if(!proposalResponses && !proposalResponses.length){
    logger.error('transaction proposal was null');
    return false;
  }
```

```
  // ⑨ 보증인에 의한 임시 실행 결과(Proposal)가 보증 정책에 정해진 규정 수 이상 성공하는 경우에만
검증 성공으로 판단
  //check as endorsement-policy
  var count = 0;
  for(let i in proposalResponses) {
    if (proposalResponses[i].response && proposalResponses[i].response.status == 200) {
      logger.info('transaction proposal : No. %s was good', i);
      count++;
    } else {
      logger.info('transaction proposal : No. %s was bad' , i);
      errMsg.push(proposalResponses[i]);
    }
  }

  return count >= minCount;
};
```

갱신 처리인 invoke 함수는 2.2.2절 '트랜잭션 처리 흐름'에 따라 구현해야 한다.

체인코드는 SDK의 API를 사용해 gRPC 프로토콜로 호출한다. gRPC 인터페이스는 프로토콜 버퍼에 규정돼 있지만 SDK를 통한 호출은 은폐돼 있다. ①에서 알 수 있듯이 요청은 다음과 같은 속성으로 구성돼 있다.

- 체인코드 ID
- 함수 이름
- 인수(문자열 배열)
- 유일한 트랜잭션 ID(SDK의 API로 생성)
- 대상 조직의 보증인

②의 `channel.sendTransactionProposal(request)`에서 보증인에게 체인코드의 임시 실행 결과를 요청한다. 그 결과 일련의 RWSet을 포함하는 임시 실행 결과(Proposal)가 반환된다. `sendTransactionProposal`을 호출한 시점에 보증인이 체인코드의 로직을 처리하지만 결과는 블록체인에 커밋되지 않고 임시 실행 결과로 클라이언트에 반환된다.

③의 임시 실행 결과를 확인하는 부분으로 이동한다. 예제 응용 프로그램에서는 항목 4.4.6에 있는 validateProposal 함수가 호출된다.

validateProposal 함수는 ⑨에서 각 보증인이 서명하고 반환한 임시 실행 결과의 상태 속성을 체크한다. 이때 보증 정책에 지정된 수만큼 성공한 것을 확인하면 이후 커밋 요청으로 이동한다. 단 클라이언트 쪽에서는 체인코드 배포 시점에 설정된 보증 정책 정보는 가지고 있지 않으며 API를 사용해도 보증 정책 정보를 가져올 수 없다. 그렇기 때문에 Proposal을 확인하는 로직을 직접 구현해야 한다.

validateProposal 함수 안에서 구현한 검증 기능은 필수적인 것은 아니고 이후 하이퍼레저 패브릭에서 검증할 수 있으나 이 단계에서 최소한의 확인을 해두면 이후 처리 부하를 줄일 수 있다.

Proposal 커밋은 ④의 channel.sendTransaction(request)에서 요청한다. 요청은 모든 보증인의 서명이 반영된 Proposal을 포함한다. 모든 커밋 요청은 오더러에서 시간순으로 정렬된 뒤 커미터가가 되는 피어에게 전달된다. 이때 VSCC는 보증 정책을 만족하는지 확인하고 MVCC는 병렬 실행에 의한 충돌이 일어나는지 확인한다. 커밋할 때 확인하는 내용은 2.2.2절 '트랜잭션 처리 흐름'을 참조하자.

커밋 요청은 비동기로 실행되므로 커밋 결과는 이벤트 시스템을 이용해 확인해야 한다. 하이퍼레저 패브릭이 제공하는 이벤트 시스템은 EventHub의 API를 이용한다.

⑤ registerTxEvent에서는 처음에 생성한 트랜잭션 ID를 키로 사용해 콜백 함수를 등록한다. EventHub는 해당하는 트랜잭션 ID의 트랜잭션 처리가 완료되면 registerTxEvent에 등록된 함수에 결과를 전달한다. 예제 응용 프로그램의 콜백 함수 내에서는 응답 코드(code) 값을 확인해 커밋 전에 보증 정책 검증 및 MVCC 검증이 성공했는지를 확인해 문제가 없다면 Promise를 반환한다.

최종적으로 모든 sendTransaction 처리와 EventHub 결과 확인이 완료되면 ⑧에서 갱신 처리에 성공했다는 응답을 반환한다.

여기서 한 가지 기억해둘 점이 있다. 앞에서 설명한 병렬 처리를 수행할 때 충돌이 발생하는 경우 MVCC에서의 확인 결과는 ⑦과 같이 'MVCC_READ_CONFLICT'라는 코드가 반환된다. 이 경우에도 재실행에 의해 처리가 성공할 가능성이 있다. 클라이언트 코드 또는 사용자 조작을 통해 재실행되도록 만들어 에러 발생에 따른 처리 정지를 방지하고 효율적으로 처리할 수 있게 구현할 수 있다.

여기서 설명한 Channel 클래스와 EventHub 클래스 API는 아래 URL에서 자세한 내용을 확인할 수 있다.

https://fabric-sdk-node.github.io/Channel.html

https://fabric-sdk-node.github.io/EventHub.html

● query

체인코드의 요청이 갱신 처리가 아니라 상태 DB의 데이터 참조인 경우는 보증인에 의한 실행 결과를 참조하거나 이용할 뿐이므로 실행 흐름은 좀 더 단순하다.

예제 응용 프로그램에서는 server/common/bc/blockchain-service-1.4.js의 query 함수에서 이 기능을 구현한다(항목 4.4.7).

항목 4.4.7 query

```
vm.query = function(enrollId, fnc, args) {
        let client;
        let channel;
        let targets;
        let tx_id;
        let org = CONFIG.users[enrollId].org;

        return new Promise(function(resolve, reject){
            helper.initObject(enrollId, org,false).then((clientObj)=>{
                client     = clientObj.client;
                channel     = clientObj.channel;
                targets = clientObj.targets;
                // ① 유일한 트랜잭션 ID를 생성하고, 호출할 체인코드의 함수명 및 인수와 함께 요청을 생성
                tx_id   = client.newTransactionID();
                return client.getUserContext(enrollId);
            }).then((submitter)=>{
                if(submitter){
                    let req = {
                        chaincodeId : CONFIG.chaincode.id,
                        txId : tx_id,
                        fcn: fnc,
                        args : args,
                        targets: targets
                    };
                    // ② 보증인에게 실행을 요청
                    return channel.queryByChaincode(req);

                }else{
                    let emsg = "[blockchainService] query ERROR :" + fnc + " :enrollID :" + enrollId
+ " ***err :" + "User need enroll at first";
```

```
                logger.error(emsg);
                throw new Error(emsg);
            }

        }).then((payloads)=>{
            if(payloads){
                // logger.info('Successfully query chaincode on the channel ,
                // payload : %s' ,payloads);
                //we need only one result from payloads which are originated from several peers
                // ③ 응답에 포함된 바이트 배열을 문자열로 변환해 반환
                let result = Array.isArray(payloads) ? payloads[0] : payloads;
                let buffer = new Buffer(result,'hex');
                resolve({"result":buffer.toString('utf8')});


            }else{
                let emsg = "[blockchainService] query ERROR :" + fnc +
                    " :enrollID :" + enrollId + " ***err :" + "response is null";
                logger.error(emsg);
                throw new Error(emsg);
            }
        }).catch((err)=>{
            err.message +=  "[" + fnc + "[args : " + args[0] + "] + [txid is : " + tx_id +  "] " ;
            reject(err);
        });
    });
};
```

참조하는 체인코드 함수의 실행을 요청하려면 ②와 같이 channel.queryByChaincode(req)를 호출한다. 요청할 때의 target은 invoke할 때와 마찬가지로 대상 조직의 보증인이 된다. 그 밖의 요청을 할 때의 속성도 invoke를 할 때와 마찬가지로 다음과 같은 내용을 포함한다.

- 체인코드 ID
- 함수 이름
- 인수(문자열 배열)
- 유일한 트랜잭션 ID(SDK의 API로 생성)
- 대상 조직의 보증인

queryByChaincode가 올바르게 실행되면 응답 데이터가 각 보증인으로부터 바이트 배열로 반환된다. ③에서는 이를 UTF-8 문자열로 변환해 반환한다.

예제 응용 프로그램에서는 보증인의 응답을 그대로 문자열로 변환해 반환하나 피어에 장애가 발행하는 등 데이터 동기화가 정상적으로 이뤄지지 않는 경우도 고려해야 한다. 반드시 최신 상태의 데이터를 반환해야 하는 경우에는 여러 보증인의 응답 데이터를 비교해 보증 정책과 최소한의 데이터 동기화가 이뤄진 경우에만 반환하는 방법을 고려할 수 있다.

예제 응용 프로그램에서는 참조 시스템의 응답 데이터를 JSON 문자열로 반환하게 돼 있다. 이것은 blockchain-service-1.4.js의 query 함수로부터 문자열 데이터를 받은 뒤 자바스크립트에서 취급하기 쉽게 JSON으로 마샬링(문자열을 JSON으로 변환)했기 때문이다.

여기서 설명한 Channel 클래스의 API는 아래 URL에서 자세한 내용을 살펴볼 수 있다.

https://fabric-sdk-node.github.io/Channel.html#queryByChaincode_anchor

● deploy/upgrade

SDK는 운영 및 관리 기능으로 체인코드를 하이퍼레저 패브릭 네트워크 피어에 배포하거나 배포된 체인코드를 업그레이드하는 API도 제공한다[30].

체인코드를 하이퍼레저 패브릭 네트워크의 채널에 배포하려면 다음과 같은 순서로 API를 호출한다.

① 보증인(피어)에게 설치(코드를 패키징해 배포)

② 채널 범위로 인스턴스화 또는 업그레이드(배포한 패키지 설치)

예제 응용 프로그램에서는 server/common/bc/blockchain-service-1.0.js의 install 함수와 instantiate 함수에서 이 내용을 구현한다(항목 4.4.8~4.4.9). 그리고 deploy의 내부에서 호출되는 getAdmin은 server/common/helper.js에 구현돼 있다(항목 4.4.10).

30 앞에서 설명한 register, invoke, query를 포함해 SDK의 API에서 제공하는 기능의 일부는 CLI에서도 제공한다. 설치, 인스턴스화와 관련된 CLI 명령에 대해서는 https://hyperledger-fabric.readthedocs.io/en/release-1.0/install_instantiate.html?highlight=cli에서 확인할 수 있다.

항목 4.4.8 install

```
/**
 * 체인코드 설치
 * @param {string} org - 대상 조직 이름
 * @param {string} chaincode_id - 인스턴스별 체인코드 ID
 * @param {string} chaincode_path - 체인코드 소스코드 경로
 * @param {string} version - 버전
 * @param {string} language - 체인코드 언어
 * @param {boolean} get_admin - admin 여부
 */
 vm.install = function(org,chaincode_id, chaincode_path, version, language, get_admin) {
     let client;
     let targets;

     return new Promise(function(resolve, reject){
         helper.initObject(ADMIN_USER, org,true).then((clientObj)=>{
             client     = clientObj.client;
             targets = clientObj.targets;
             // ① PeerAdmin 사용자 가져오기. getAdmin 참조
             let username = 'peer'+org+'Admin';
             return client.getUserContext(username);
         }).then((submitter)=>{
             if(submitter){
                 // ② chaincode 소스코드의 경로와 ID를 지정해 설치
                 const request = {
                     targets: targets,
                     chaincodePath: chaincode_path,
                     chaincodeId: chaincode_id,
                     chaincodeType: language,
                     chaincodeVersion: version
                 };
                 // ③ 보증인에게 설치 요청
                 return client.installChaincode(request);
             }else{
                 let emsg = "install ERROR : ***err : Admin need enroll at first.";
                 logger.error(emsg);
                 throw new Error(emsg);
             }
```

```
        }, (err) => {
            logger.error('Failed to enroll admin. ' + err);
            throw new Error('Failed to enroll admin. ' + err);
        }).then((results) => {
            logger.info('Success installChaincode');
            let proposalResponses = results[0];
            var errMsg = [];
            // ④ 결과 검증
            if (validateProposal(proposalResponses, targets.length, errMsg)) {
                logger.info('Successfully sent Proposal and received ProposalResponse: Status -
%s, message - "%s", metadata - "%s"',
                    proposalResponses[0].response.status, proposalResponses[0].response.message,
proposalResponses[0].response.payload);
                resolve({"result":true});
            } else {
                let emsg = 'Could NOT confirm all proposal response as endorsement policy. Msg :
' + errMsg[0];
                logger.error(emsg);
                throw new Error(emsg);
            }

        }, (err) => {
            let emsg = 'Failed to install due to error: ' + err.stack ? err.stack : err;
            logger.error(emsg);
            reject(err);
        })
    });

};
```

항목 4.4.9 instantiate/upgrade

```
/**
  * 체인코드 인스턴스화
  * @param {string} org - 실행 사용자의 조직명
  * @param {boolean} upgrade - 신규 설치가 아니라 업그레이드라면 true
  * @param {string} chaincodeId - 인스턴스별 체인코드 ID
  * @param {string} chaincodeVersion - 설치 버전
  * @param {string} initfnc - 인스턴스화할 때의 초기화 함수
```

```
   * @param {Array<string>} args - 초기화 함수에 전달할 인수 배열
   * @param {boolean} get_admin - admin 여부
   */
    vm.instantiate = function(org, upgrade, chaincodeId, chaincodeVersion, initfnc, args,
get_admin) {
        let client;
        let channel;
        let targets;
        let eventhubs;
        let tx_id;

        return new Promise(function(resolve, reject){

            helper.initObject(ADMIN_USER, org,true,'org').then((clientObj)=>{
                client     = clientObj.client;
                channel     = clientObj.channel;
                targets = clientObj.targets;
                eventhubs = clientObj.eventhubs;
                // ① PeerAdmin 사용자 가져오기. getAdmin 참조
                let username = 'peer'+org+'Admin';
                return client.getUserContext(username);
            }).then((submitter)=>{
                if(submitter){
                    return channel.initialize();
                }else{
                    let emsg = "install ERROR : ***err : Admin need enroll at first.";
                    logger.error(emsg);
                    throw new Error(emsg);
                }

            }, (err) => {
                logger.error('Failed to enroll admin. ' + err);
                throw new Error('Failed to enroll admin. ' + err);
            }).then(() => {
                // ⑤ 체인코드 ID를 지정해 인스턴스화/업그레이드
                // 보증 정책 지정
                tx_id = client.newTransactionID();
                let instantiateRequest = {
                    chaincodeId: chaincodeId,
```

```
                chaincodeVersion: chaincodeVersion,
                fcn: initfnc,
                args: args,
                txId: tx_id,
                'endorsement-policy': CONFIG.chaincode.endorsement
            };
            // ⑥ 동일한 체인코드 ID가 존재하면 업그레이드
            if(upgrade){
                logger.info('** update Chaincode');
                return channel.sendUpgradeProposal(instantiateRequest, 120000)
            }else{
                logger.info('** instantiate Chaincode');
                return channel.sendInstantiateProposal(instantiateRequest, 120000);
            }
        })
            .then((instResults) => {
                logger.info('Success instantiate/update Chaincode Proposal');
                let proposalResponses = instResults[0];

                let errMsg = [];
                // ⑦ invoke와 마찬가지로 Proposal 결과를 확인
                if (validateProposal(proposalResponses, targets.length, errMsg)) {
                    logger.info('Successfully sent Proposal and received ProposalResponse:
Status - %s, message - "%s", metadata - "%s"',
                        proposalResponses[0].response.status,
proposalResponses[0].response.message, proposalResponses[0].response.payload);
                    //success
                    let request = {
                        proposalResponses: proposalResponses,
                        proposal: instResults[1]
                    };
                    let transactionID = tx_id.getTransactionID();
                    let eventPromises = [];
                    let sendPromise = channel.sendTransaction(request);
                    // ⑧ invoke와 마찬가지로 이벤트 시스템을 통해 트랜잭션 결과를 확인
                    eventhubs.forEach((eh) => {
                        eh.connect();
                        let txPromise = new Promise((resolve, reject) => {
                            let handle = setTimeout(reject, 30000);
```

```
                    eh.registerTxEvent(transactionID.toString(), (tx, code) => {
                        clearTimeout(handle);
                        eh.unregisterTxEvent(transactionID.toString());

                        if (code !== 'VALID') {
                            logger.info('Transaction was invalid, code = ' + code);
                            eventhubs.forEach((eh) => {eh.disconnect()});
                            reject({
                                errorcode: code,
                                request : request
                            });
                        } else {
                            resolve();
                        }
                    });
                });
                eventPromises.push(txPromise);
            });

            return Promise.all([sendPromise].concat(eventPromises))
                .then((results) => {
                    logger.info('Event promise all complete.');
                    return results[0];

                }).catch((err) => {
                    eventhubs.forEach((eh) => {eh.disconnect()});
                    throw err;
                });
        } else {
            var emsg = 'Could NOT confirm all proposal response as endorsement policy.
Msg : ' + errMsg[0];
            logger.error(emsg);
            throw new Error(emsg);
        }
    }).then((response) => {
    // ⑨ EventHub와의 접속을 해제하고 응답을 반환
    eventhubs.forEach((eh) => {eh.disconnect()});
    if(!response){
        logger.info("Detected undefined response from eventhub.");
```

```
                resolve({"result":true});
            }else if (response.status && response.status === 'SUCCESS') {
                logger.info('Successfully sent transaction to the orderer.');
                logger.info('****************************************************************');
                logger.info('THIS_TX_IS is : ',tx_id);
                logger.info('****************************************************************');
                resolve({"result":true});
            } else {
                let emsg = 'Failed to order the transaction. Error code: ' + response.status
                logger.info(emsg);
                throw new Error(emsg);
            }
        }).catch((err)=>{
            eventhubs.forEach((eh) => {eh.disconnect()});
            err.message +=  "[Error in instantiate/update] " + " [txid is : " + tx_id +  "] " ;
            reject(err);
        });
    });

};
```

항목 4.4.10 getAdmin

```
function getAdmin(client, userOrg) {
    const keyPath = path.join(__dirname, util.format('../../fabric/crypto-config/
peerOrganizations/%s.example.com/users/Admin@%s.example.com/msp/keystore', userOrg, userOrg));
    const keyPEM = Buffer.from(readAllFiles(keyPath)[0]).toString();
    const certPath = path.join(__dirname, util.format('../../fabric/crypto-config/
peerOrganizations/%s.example.com/users/Admin@%s.example.com/msp/signcerts', userOrg, userOrg));
    const certPEM = readAllFiles(certPath)[0];
    const cryptoSuite = Client.newCryptoSuite();
    if (userOrg) {
        cryptoSuite.setCryptoKeyStore(Client.newCryptoKeyStore({path:
module.exports.keyValueStore()}));
        client.setCryptoSuite(cryptoSuite);
    }
    let username = 'peer'+userOrg+'Admin';
    return client.getUserContext(username, true)
        .then((user) => {
```

```
            if (user && user.isEnrolled()) {
                return Promise.resolve(user);
            }else{
                return Promise.resolve(client.createUser({
                        username: 'peer'+userOrg+'Admin',
                        mspid: CONFIG[userOrg].mspid,
                        cryptoContent: {
                            privateKeyPEM: keyPEM.toString(),
                            signedCertPEM: certPEM.toString()
                        }
                    })
                );
            }
        });
}
```

체인코드는 특정 보증인(피어)에게 설치되고 특정 채널에 인스턴스화(또는 업그레이드)를 지정한다. 배포된 체인코드는 설치할 때 지정된 고유 ID로 관리된다. ID가 동일한 체인코드를 중복해서 설치하려고 하면 업그레이드용 API가 호출된다.

설치와 인스턴스화는 각 조직의 PeerAdmin이 실행해야 한다. ①에서 호출된 `getAdmin` 함수는 `cryptogen`으로 생성한 Admin 사용자의 키와 인증서를 가져오는 형태로 PeerAdmin 사용자를 생성한다. `cryptogen`에 대해서는 6.2.1절 '인증서 생성(`cryptogen`)'을 참조하자.

②~③에서 보증인에게 설치를 요청한다. 요청 안에는 앞에서 설명한 체인코드 ID에 추가로 다음의 속성을 포함한다.

- 체인코드 ID(체인코드의 식별 단위가 되는 고유 ID)
- 설치할 체인코드 버전
- 파일 시스템에 존재하는 체인코드 소스코드의 경로[31] 또는 패키징된 체인코드의 바이너리 이미지
- 설치 대상(보증인)

---

31 경로는 4.3.9절을 참조해 벤더링된 `main` 패키지를 지정한다. SDK는 `GOPATH`를 여러 개 지정하는 것을 지원하지 않기 때문에 체인코드가 포함된 `` `pwd`/dist ``만 지정한다.

③의 `client.installChaincode`는 보증인별로 설치하므로 합의 프로세스는 불필요하다. 그렇기 때문에 ④에서 설치한 결과를 확인하고 그 결과를 그대로 반환한다.

설치가 정상적으로 완료되면 인스턴스화 또는 업그레이드 처리를 수행할 수 있다. ⑤~⑥에서 설치한 체인코드의 ID와 버전을 지정하고 채널에 대해 인스턴스화를 지시한다. 체인코드 ID가 동일하다면 `channel.sendUpgradeProposal`을 호출해 업그레이드를 수행하고, 그렇지 않다면 신규 설치를 위해 `channel.sendInstantiateProposal`을 호출한다. 인스턴스화는 시간을 필요로 하는 처리이므로 2번째 인수인 타임아웃(Timeout) 시간은 충분히 길게 설정하는 것이 좋다.

인스턴스화 및 업그레이드는 앞에서 설명한 `invoke`와 마찬가지로 갱신과 관련된 처리를 하므로 합의 프로세스를 통과해야 한다. ⑦에서는 `invoke`와 마찬가지로 보증 정책을 통해 보증인이 반환한 Proposal을 검증한다. 그리고 ⑧에서는 EventHub에 등록한 트랜잭션 ID를 키로 사용해 인스턴스화/업그레이드한 결과를 받는다. 그리고 ⑨에서 이 결과를 호출자에게 반환한다.

여기서 설명한 설치와 인스턴스화, 업그레이드 관련 API는 아래 URL에서 자세한 내용을 살펴볼 수 있다.

https://fabric-sdk-node.github.io/Client.html#installChaincode__anchor

https://fabric-sdk-node.github.io/Channel.html#sendInstantiateProposal__anchor

https://fabric-sdk-node.github.io/Channel.html#sendUpgradeProposal__anchor

4.4.4 클라이언트 예제 응용 프로그램에 대해

여기서는 예제 응용 프로그램의 설정에 대해 보충 설명을 한다. 최신 정보는 응용 프로그램 안의 README를, 각종 의존 모듈과 그 버전에 대해서는 `package.json`을 참고하자. 그리고 SDK for Node.js의 가동 조건에 대해서는 아래 URL을 참고하자.

https://github.com/hyperledger/fabric-sdk-node#build-and-test

● 예제 응용 프로그램 설정

응용 프로그램의 루트 디렉터리에서 `npm install`을 실행한다. 이때 에러가 발생하지 않았는지 확인한다.

● 설정 파일

연결할 하이퍼레저 패브릭 환경에 맞춰 config/default.json을 설정한다(항목 4.4.11)[32]. 웹 응용 프로그램에서는 패스워드 은닉을 고려하지 않으므로 실제로 사용할 때는 주의해야 한다.

항목 4.4.11 config/default.json

```
{
    // ver 값을 '1.4' 대신 'stub'으로 지정해 하이퍼레저 패브릭 환경에 접속하지 않고 결과를
    // 시뮬레이트하도록 전환할 수 있다.
    "ver":"1.4",
    "waitTime":"30000",
    "asset": {
    // 다음 users 중에서 설치 등의 운영 관리 API에서 이용할 관리자 이름을 지정
    "adminUser":"admin",
    "users":{
        // 이용 가능한 모든 MSP 사용자 정보를 Enrollment id 키에 정의
      "admin":{
        "secret":"ry3XQB@Tk&",
        "org":"org1"
      }
    },
    // 클라이언트가 이용할 KeyValueStore의 파일 시스템 경로를 지정
    "keyValueStore":"./fabric-client-kvs",
    // 오더러와 피어 설정에서 지정한 TLS 인증서의 절대 경로
    "cert_dir": "/home/vagrant/git/fabric-samples/first-network/",
        // 채널 설정
        "channel":{
            "name": "mychannel"
        },
    // 체인코드 설정
    "chaincode":{
      "id" : "cartransfer",
      "path" : "github.com/hyperledger/fabric/examples/chaincode/go/cartransfer/main",
      "endorsement" : {
        "identities": [
          { "role": { "name": "member", "mspId": "Org1MSP" }},
```

32 항목 4.4.11에서는 설명용 주석을 추가했으나 실제로는 JSON 파일이므로 주석을 넣을 수 없다는 점에 주의하자.

```
          { "role": { "name": "member", "mspId": "Org2MSP" }}
        ],
        "policy": {
          "2-of": [{ "signed-by": 0 }, { "signed-by": 1 }]
        }
      }
    },
        // 오더러가 접속할 네트워크 설정
        "orderer": {
            "url": "grpcs://localhost:7050",
            "server-hostname": "orderer.example.com",
            "tls_cacerts": "crypto-config/ordererOrganizations/example.com/orderers/
orderer.example.com/msp/tlscacerts/tlsca.example.com-cert.pem"
    },
        // 조직 및 포함된 피어, MSP 설정
        "org1": {
            "name": "Org1",
            "mspid": "Org1MSP",
            "ca": {
        "url": "https://localhost:17054",
                "name": "ca.org1.example.com"
            },
            "peer1": {
                "events": "grpcs://localhost:17053",
                "requests": "grpcs://localhost:17051",
                "server-hostname": "peer0.org1.example.com",
                "tls_cacerts": "crypto-config/peerOrganizations/org1.example.com/peers/
peer0.org1.example.com/msp/tlscacerts/tlsca.org1.example.com-cert.pem"
            }
        },
        // 대상 환경 조직 및 피어에 맞게 추가 기입
    },

    "request-timeout" : 60000,

  // 웹 응용 프로그램의 로그인용 사용자 ID와 enrollment ID 매핑
  "users":{
    "admin":{
      "enrollId": "admin",
```

```
      "name": "ADMIN"
    },
    "alice":{
      "enrollId": "admin",
      "name": "Alice"
    },
    "bob":{
      "enrollId": "admin",
      "name": "Bob"
    },
    "charlie":{
      "enrollId": "admin",
      "name": "Charlie"
    }
  },
  // 웹 응용 프로그램 측의 기본 인증 패스워드
  "password":"fabric"
}
```

● 빌드

응용 프로그램의 루트 디렉터리에서 `npm run build`를 실행한다. 이때 에러가 발생하는지 확인해야 한다.

```
~/devapp-client-master$ npm run build

> car-transfer-client@0.0.1 build /home/vagrant/devapp-client-master
> ng build

Date: 2018-12-24T06:26:10.184Z
Hash: 255621385e266fd942f8
Time: 13066ms
chunk {car.module} car.module.chunk.js, car.module.chunk.js.map () 54.8 kB  [rendered]
chunk {inline} inline.bundle.js, inline.bundle.js.map (inline) 5.83 kB [entry] [rendered]
chunk {main} main.bundle.js, main.bundle.js.map (main) 101 kB [initial] [rendered]
chunk {polyfills} polyfills.bundle.js, polyfills.bundle.js.map (polyfills) 349 kB [initial]
[rendered]
```

```
chunk {styles} styles.bundle.js, styles.bundle.js.map (styles) 337 kB [initial] [rendered]
chunk {vendor} vendor.bundle.js, vendor.bundle.js.map (vendor) 7.09 MB [initial] [rendered]
```

● 하이퍼레저 패브릭 환경 운영 관리용 스크립트

script 디렉터리에는 node 명령으로 실행할 수 있는 세 가지 종류의 운영 관리용 스크립트가 있다.

예제 응용 프로그램의 운영을 위해서는 MSP에 사용자 등록을 하고 AddOwner를 사용해 소유자 등록을 해야 한다. script 디렉터리에 대해서는 README.md 파일도 참조하자. 그리고 4.3절에서 체인코드 설치를 설치하지 않았다면 deploy.js를 사용할 수 있다.

- registerUser.js: MSP에 default.json 파일의 users 변수에 지정된 사용자를 등록한다(자세한 내용은 4.4.3절의 'register' 참조)
- deploy.js: default.json 파일의 chaincode 변수에 지정된 체인코드의 설치 및 인스턴스화를 수행한다(자세한 내용은 4.4.3절의 'deploy/upgrade' 참조)
- addOwners.js: cartransfer 체인코드의 AddOwner 함수를 호출해 Owner를 새로 생성한다(자세한 내용은 4.3.7절의 'AddOwner' 참조)

● 응용 프로그램의 기동과 브라우저를 이용한 접속

응용 프로그램의 루트 디렉터리에서 npm start를 실행한다(항목 4.4.12). 기본 설정으로는 브라우저에서 http://127.0.0.1:3000을 입력해 접속할 수 있다.

```
~/devapp-client-master$ npm start

> car-transfer-client@0.0.1 start /home/vagrant/devapp-client-master
> node app.js

Server starting on http://0.0.0.0:3000
```

웹 응용 프로그램은 기본 인증을 통해 보호하고 있다. 설정 파일에 들어있는 웹 응용 프로그램 측 ID와 패스워드로 로그인할 수 있다. 기본 설정은 다음과 같다.

- ID: alice, bob, charlie 중 하나
- **패스워드**: fabric

하이퍼레저 패브릭 측에서는 `config/default.json`에 매핑된 enrollment ID에 요청한다(그림 4.4.2).

127.0.0.1:3000
127.0.0.1:3000
로그인
http://127.0.0.1:3000
사용자이름
비밀번호
취소
로그인

그림 4.4.2 웹 응용 프로그램의 기본 인증

● 웹 응용 프로그램 조작

그림 4.4.3이 로그인 후의 메인 화면이다. 메뉴 헤더의 오른쪽에 로그인한 사용자의 이름이 표시된다.

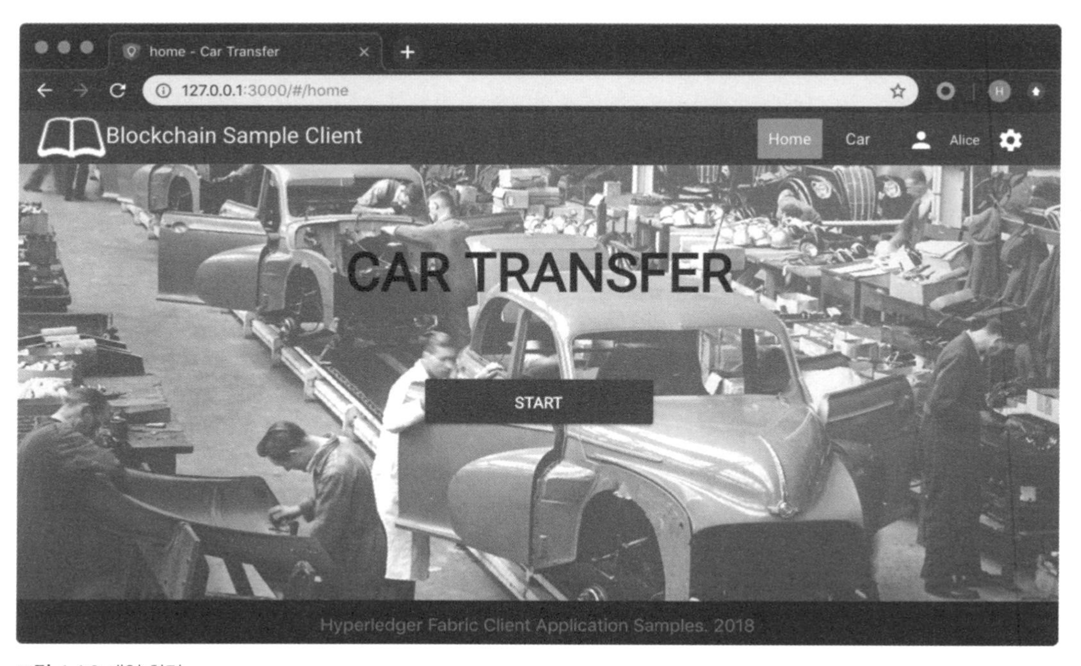

그림 4.4.3 메인 화면

메뉴 헤더에서 'Car'를 선택하면 목록 화면으로 이동한다. 그림 4.4.4는 query 함수를 이용한 체인코드의 목록용 함수를 통해 자동차 목록 정보를 가져와 표시한 것이다.

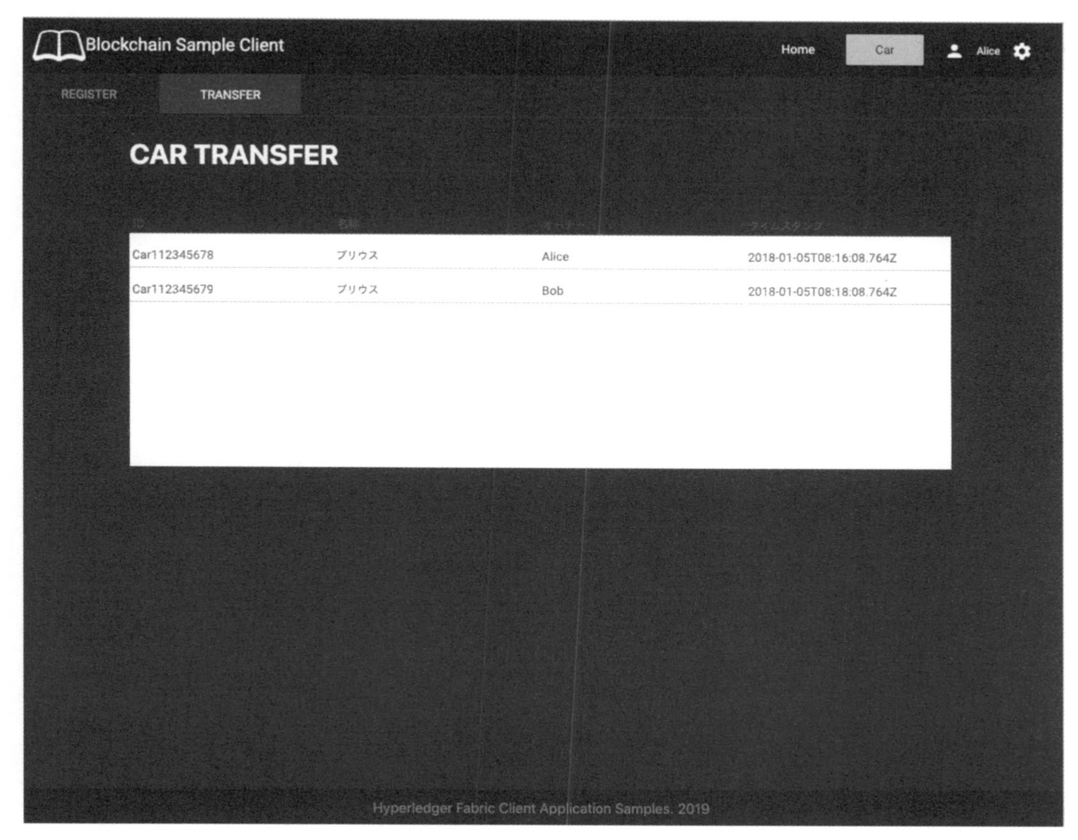

그림 4.4.4 car 목록 정보

패브릭 네트워크 설정은 ~/devapp-client-master/fabric에 있다. 이곳에 있는 start.sh 파일을 실행하면 블록체인 네트워크가 구동된다.

인증서 정보는 ~/devapp-client-master/config/default.json 파일에 '~/devapp-client-master.fabric.crypto-config' 경로로 지정한다.

go 체인코드와의 연결은 ~/devapp-client-master/scripts/devapp-client-master/scripts/deploy.js에 포함돼 있으며, 체인코드 설정은 ~/devapp-client.master/config/default.json 파일에서 지정한다.

항목 4.4.11 체인코드 설정

```
"chaincode":{
      "id" : "cartransfer",
      "path" : "github.com/hyperledger/fabric/examples/chaincode/go/cartransfer/main",
      "endorsement" : {
        "identities": [
          { "role": { "name": "member", "mspId": "Org1MSP" }},
          { "role": { "name": "member", "mspId": "Org2MSP" }}
        ],
        "policy": {
          "2-of": [{ "signed-by": 0 }, { "signed-by": 1 }]
        }
      }
    },
```

05장

컴포저를 활용한 응용 프로그램 개발

하이퍼레저 컴포저(Hyperledger Composer)를 활용해 다양한 응용 프로그램을 개발할 수 있다. 이번 장에서는 하이퍼레저 컴포저를 이용한 개발 방법을 설명한다.

5.1 하이퍼레저 컴포저란?

4장에서 하이퍼레저 패브릭 응용 프로그램 개발에 대해 체인코드에는 Go 언어, 클라이언트로는 Node.js를 사용한 예를 중심으로 설명했다.

응용 프로그램 개발의 세계에서는 코딩이 어느 정도 패턴화되면 개발 툴과 프레임워크가 나오기 시작한다. 자바에서는 이클립스와 스프링, Node.js에서는 Express와 Loopback 등이 유명하다.

하이퍼레저 패브릭에서도 개발을 지원하는 프레임워크로 하이퍼레저 컴포저가 있다. 하이퍼레저 컴포저는 하이퍼레저 패브릭과 마찬가지로 리눅스 재단의 "하이퍼레저" 산하 프로젝트이며 오픈소스로 제공된다. 이번 장에서는 하이퍼레저 컴포저를 이용한 응용 프로그램 개발을 설명한다.

5.1.1 하이퍼레저 컴포저에서 모델의 개념

하이퍼레저 컴포저는 하이퍼레저 패브릭 환경에 대응해 자바스크립트 기반 프레임워크를 통해 응용 프로그램을 만들 수 있다.

하이퍼레저 컴포저는 실제 비즈니스를 상정한 간단한 모델을 구성할 수 있는 것이 특징이다. 모델은 'Participants(참가자)', 'Assets(자산)', 'Transactions(거래)'로 구성된다.

- Participants(**참가자**): 거래를 수행하는 참가자. 예) 거래처, 판매처 등
- Assets(**자산**): 거래 대상 상품. 예) 자산, 소유권 등
- Transactions(**거래**): 참가자 간에 일어나는 자산의 거래. 예) 자금 이동, 소유권 이동 등

하이퍼레저 컴포저를 사용해 개발할 때는 이 모델을 염두에 두고 개발을 진행한다. 모델은 참가자가 주어, 거래가 동사, 자산이 목적어와 같이 영어 문법의 SVO(주어, 동사, 목적어) 구문처럼 파악할 수 있다. 즉, 그림 5.1.1과 같이 '참가자가 거래를 통해 자산을 변경한다'라는 처리를 모델화할 수 있다.

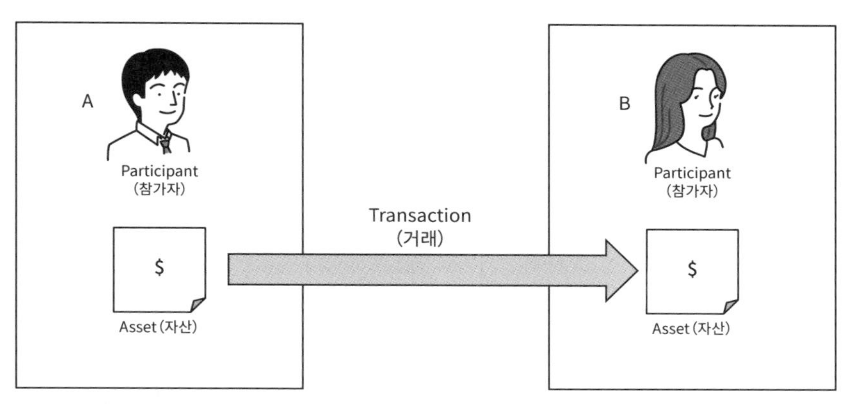

그림 5.1.1 컴포저의 처리 모델

5.1.2 하이퍼레저 컴포저의 개발 도구

하이퍼레저 컴포저의 개발 도구로는 Node.js SDK와 GUI인 Playground로 두 가지 종류가 있다(그림 5.1.2).

SDK의 자바스크립트 프레임워크를 사용해 단위 테스트도 할 수 있다. 그리고 CLI와 REST API, IDE에서 접근하는 것도 SDK를 통해 가능하다.

Playground는 로컬 버전과 환경 설정이 필요 없는 클라우드 버전이 준비돼 있어 컴포저의 모델을 그대로 구현한 알기 쉬운 GUI를 제공한다.

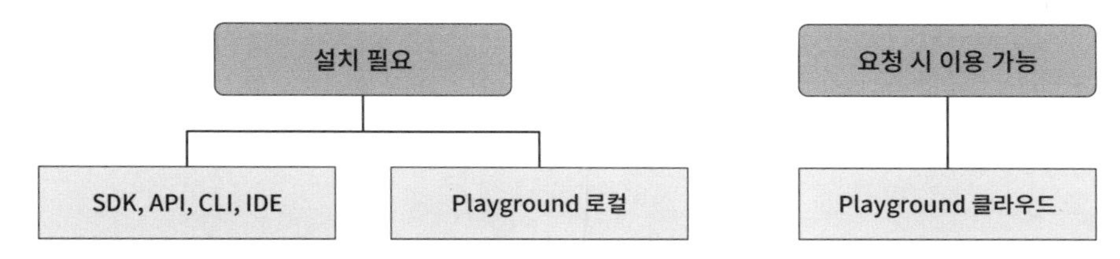

그림 5.1.2 컴포저가 제공하는 모델

5.1.3 하이퍼레저 컴포저의 구성 요소

하이퍼레저 컴포저를 구성하는 기술 요소를 그림 5.1.3을 보며 살펴보자.

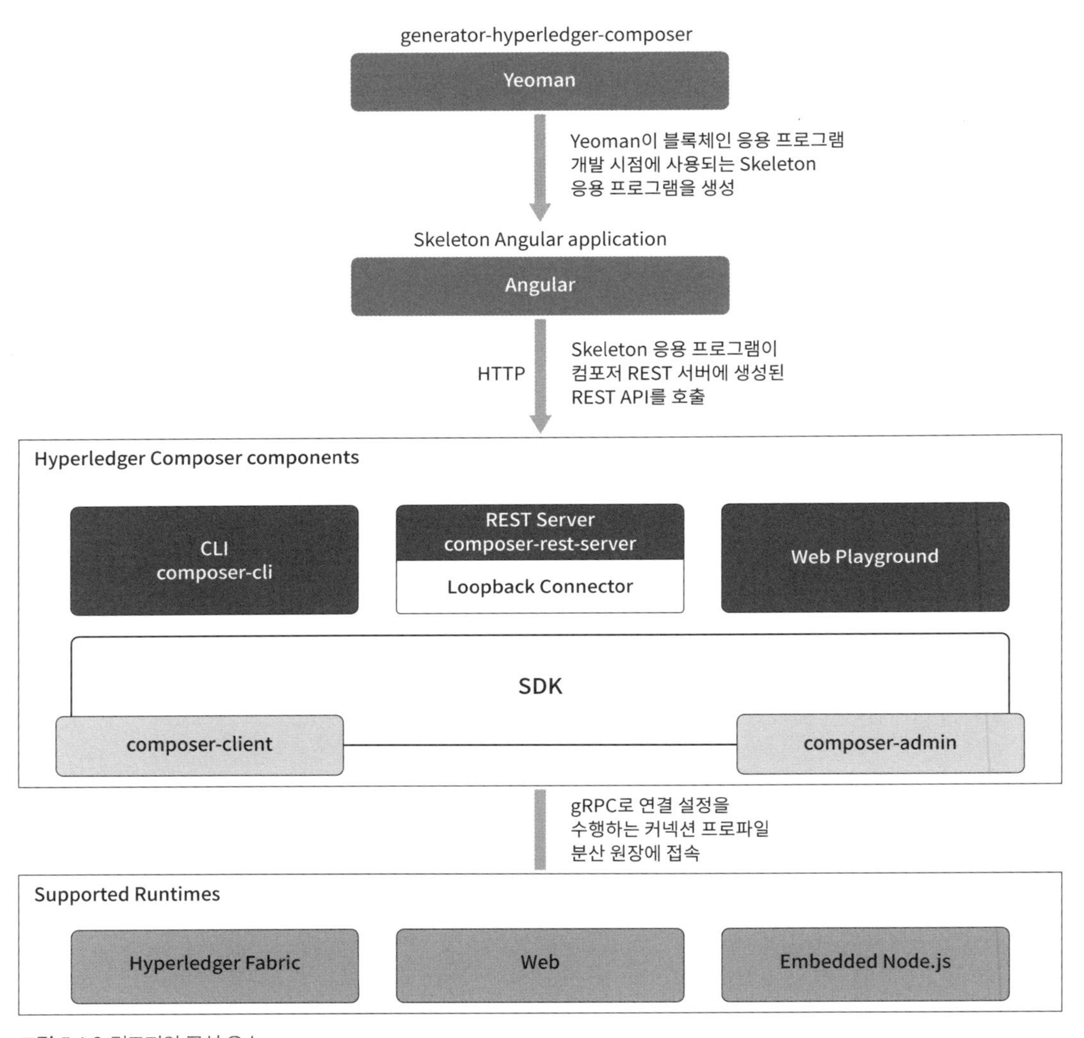

그림 5.1.3 컴포저의 구성 요소

하이퍼레저 컴포저는 SDK를 통해 하이퍼레저 패브릭이 보유한 분산 원장에 접속한다. 이때 중요한 역할을 하는 것이 커넥션 프로파일이다. 커넥션 프로파일은 네트워크 카드의 일부이며, 각 실행 환경에 대한 개별 설정을 제공한다.

Node.js SDK는 두 개의 npm 모듈로 분리돼 있다. 1개는 composer-client로서, 참가자와 자산의 CRUD 조작과 거래를 실행하는 업무 운영에 사용한다. 다른 1개는 composer-admin으로서 블록체인 비즈니스 네트워크 자체를 관리하는 데 사용된다.

하이퍼레저 컴포저의 SDK는 하이퍼레저 패브릭에 접속하는 데 이용하는 것 외에도 사용자나 응용 프로그램의 인터페이스 역할도 담당한다. 이를 위해 앞서 설명한 것처럼 CLI, Playground, REST API가 제공된다.

REST API는 내부에 Swagger 출력이 가능한 OpenAPI에 대응하는 REST 서버를 가진다. 그리고 Loopback Connector도 포함한다. 하이퍼레저 컴포저는 Yeoman이나 Angular[1]와 Node.js로 구성된다. API에 접속을 가능하게 하는 Skeleton Network를 구성하기 위해 하이퍼레저 패브릭용 API 레퍼런스를 생성하는 것도 가능하다.

하이퍼레저 패브릭은 gRPC로 접속하는 것을 권장하며 하이퍼레저 컴포저에서도 커넥션 프로파일에 gRPC로 접속할 피어를 지정하는 것이 가능하다.

하이퍼레저 컴포저의 버전은 기능 추가나 버그 수정 등에 따라 올라간다. 버전에 따라 대응하는 하이퍼레저 패브릭 버전이 변한다. 이에 대한 자세한 내용은 https://github.com/hyperledger/composer/release에서 확인할 수 있다. 요약된 내용은 https://github.com/hyperledger/compose/wiki에서 확인할 수 있다(표 5.1.1).

표 5.1.1 하이퍼레저 컴포저 버전

하이퍼레저 컴포저	하이퍼레저 패브릭
0.20.x[2]	1.2.x, 1.3
0.19.x	1.1
0.16.x	1.0.5

1 컴포저에서 만든 응용 프로그램이 동작하는 브라우저는 skeleton 응용 프로그램에 사용되는 Angular 버전에 의존한다.

2 https://hyperledger.github.io/composer/latest/introduction/introduction.html에서 자세한 내용을 확인할 수 있다.

5.2 컴포저를 사용하기 위한 준비

여기서는 하이퍼레저 컴포저를 이용해 개발하기 위한 환경 구축에 대해 설명한다[3]. 그리고 이번 절에서는 로컬 환경에 하이퍼레저 패브릭 환경이 구축돼 있다고 전제하고 Composer Playground도 로컬 환경에 설치한다. Composer Playground란 브라우저에서 비즈니스 네트워크의 설정과 배포, 테스트를 할 수 있게 해주는 도구다.

● 하이퍼레저 컴포저를 사용하기 위한 도구 설치[4]

먼저 composer-cli[5]를 설치한다(항목 5.2.1). composer-cli는 하이퍼레저 컴포저를 조작하기 위한 기본적인 커맨드라인 도구다.

항목 5.2.1 composer-cli 설치

```
$ npm install -g composer-cli@0.20
```

다음으로 'composer-rest-server'[6]를 설치한다(항목 5.2.2). composer-rest-server는 하이퍼레저 컴포저를 사용해 만든 Assets나 체인코드에 접속하기 위한 REST API를 만들 때 사용한다.

항목 5.2.2 composer-rest-server 설치

```
$ npm install -g composer-rest-server@0.20.5
```

마지막으로 Yeoman과 하이퍼레저 컴포저의 Yeomen 모듈인 generator-hyperledger-composer[7]를 설치한다(항목 5.2.3).

---

3 만약 작업 중 에러가 발생하면 공식 사이트의 전제 조건 페이지(https://hyperledger.github.io/composer/latest/installing/installing-prereqs)를 참고하자.

4 본문에 나온 도구를 설치할 때 권한 에러가 발생하면 sudo를 붙여 실행해야 한다.

5 https://www.npmjs.com/package/composer-cli

6 https://www.npmjs.com/package/composer-rest-server

7 https://www.npmjs.com/package/generator-hyperledger-composer

항목 5.2.3 Yo와 generator-hyperledger-copmposer 설치

```
$ npm install -g yo
$ npm install -g generator-hyperledger-composer@0.20.5
```

Yeoman은 웹 응용 프로그램의 템플릿 생성 도구다(http://yeoman.io/). Yeoman 에코시스템은 generator라는 단위로 템플릿을 관리하도록 돼 있다. 하이퍼레저 컴포저에서 응용 프로그램을 만들기 위한 템플릿은 generator-hyperledger-composer다.

● Composer Playground 설치

로컬 환경에 Composer Playground(컴포저 플레이그라운드)를 설치한다(항목 5.2.4). 하이퍼레저 컴포저 웹 사이트에 있는 플레이그라운드를 사용할 때는 설치하지 않아도 된다.

항목 5.2.4 composer-playground 설치

```
$ npm install -g composer-playground@0.20.5
```

● fabric-dev-servers 설치

마지막으로 개발, 테스트를 위한 헬퍼 스크립트를 설치한다(항목 5.2.5). 하이퍼레저 컴포저로 구축한 응용 프로그램은 이 스크립트로 작성된 하이퍼레저 패브릭 네트워크를 사용해 테스트한다.

항목 5.2.5 fabric-dev-servers 설치

```
$ mkdir ~/fabric-dev-servers && cd ~/fabric-dev-servers
$ curl -O https://raw.githubusercontent.com/hyperledger/composer-tools/master/packages/fabric-dev-servers/fabric-dev-servers.tar.gz
$ tar -xvf fabric-dev-servers.tar.gz
```

● Fabric Version 환경 변수 설정

앞 절에서 하이퍼레저 패브릭과 하이퍼레저 컴포저의 버전 환경에 대해 언급했다. 하이퍼레저 패브릭 버전에 맞는 하이퍼레저 컴포저를 실행하기 위해 `FABRIC_VERSION` 환경변수를 추가해야 한다(항목 5.2.6).

항목 5.2.6 환경변수 설정

```
$ export FABRIC_VERSION=hlfv12
$ ./createPeerAdminCard.sh
Development only script for Hyperledger Fabric control
Running 'createPeerAdminCard.sh'
FABRIC_VERSION is set to 'hlfv12'
FABRIC_START_TIMEOUT is unset, assuming 15 (seconds)

Using composer-cli at v0.20.5

Successfully created business network card file to
    Output file: /tmp/PeerAdmin@hlfv1.card

Command succeeded

(생략)
```

8 (옮긴이) `fabric-scripts` 디렉터리 아래에 버전별로 디렉터리가 존재한다. `hlfv` 뒤의 숫자가 버전을 의미한다. 현 시점(2018년 12월)에 지원하는 최신 버전은 1.2다.

5.3 모델, 트랜잭션, ACL, 쿼리

5.3.1 하이퍼레저 패브릭 비즈니스 네트워크 정의

5.1절에서도 언급했듯이 모델은 Participants(참가자), Assets(자산), Transactions(거래)로 구성된다. CTO 파일(5.3.2절에서 설명)에 이것의 정의가 기술돼 있다.

컴포저 프로그래밍 모델의 중요한 개념으로 비즈니스 네트워크(Business Network)가 있다. 이 비즈니스 네트워크는 모델만으로 구성된 것이 아니다. 그림 5.3.1처럼 모델뿐만 아니라 복잡한 비즈니스 로직을 구현하기 위한 트랜잭션 처리 기능(5.3.3절에서 설명)을 담당하는 자바스크립트 기반의 스크립트, 접근 제어를 담당하는 ACL, 질의 정의를 수행하는 쿼리(Query)의 4가지 요소로 구성된다.

하이퍼레저 컴포저는 이 4개의 정의 파일을 BNA(Business Network Archive) 파일에 모아 템플릿으로 만들 수 있다. BNA 파일은 블록체인의 비즈니스 네트워크 구성 변경을 관리하는 데 큰 도움을 준다.

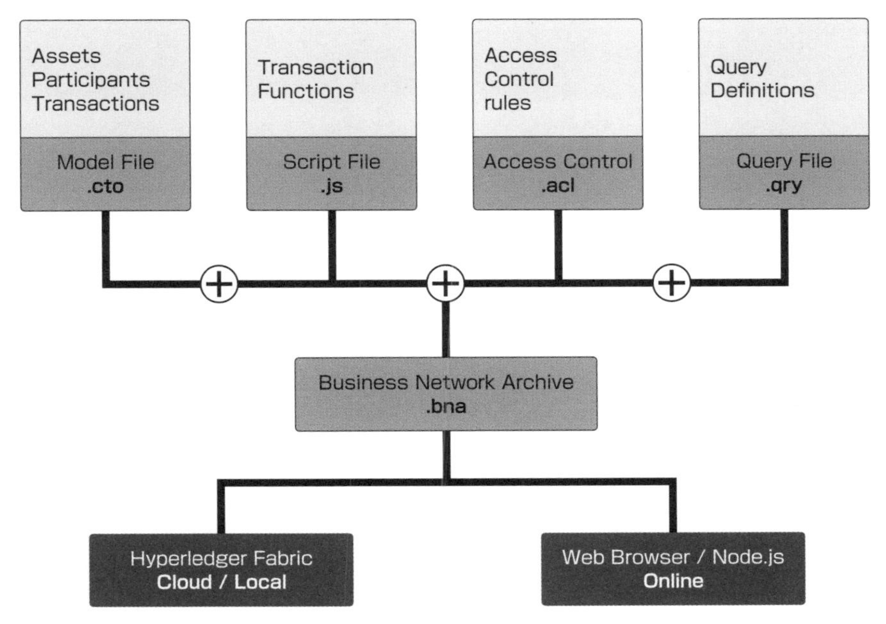

그림 5.3.1 하이퍼레저 컴포저를 구성하는 비즈니스 네트워크

하이퍼레저 컴포저의 비즈니스 네트워크는 그림 5.3.2와 같이 구성돼 있다.

```
/
  models/
    sample.cto(모델 파일)
  lib/
    sample.js(스크립트 파일)
    sample.qry(쿼리 파일)
    sample.acl(ACL 파일)
    package.json(비즈니스 네트워크의 메타데이터 파일)
    README.md(비즈니스 네트워크 설명 파일)
```

그림 5.3.2 비즈니스 네트워크 파일

5.3.2 모델

모델을 구성하는 CTO 파일은 객체지향을 기반으로 하는 컴포저 고유의 문법으로 작성한다. 다음은 하이퍼레저 컴포저의 예제로 제공되는 `sample.cto`[9]를 바탕으로 설명한 것이다(항목 5.3.1)

항목 5.3.1 sample.cto

```
/**
 * Sample business network definition.
 */
namespace org.acme.sample   < 네임스페이스 정의

asset SampleAsset identified by assetId {   < 자산 클래스 정의(asset Id 명시)
  o String assetId
  --> SampleParticipant owner   < 다른 클래스 참조
  o String value
}

(생략)

participant SampleParticipant identified by participantId {   < 참가자 클래스 정의 (participant Id 명시)
```

9 (옮긴이) https://github.com/hyperledger/composer/blob/master/packages/composer-cucumber-steps/features/basic-sample-network/models/sample.cto

```
  o String participantId
  o String firstName
  o String lastName
}

transaction SampleTransaction {   < 거래 클래스 정의
  --> SampleAsset asset
  o String newValue
}

event SampleEvent {   < 이벤트 클래스 정의
  o String oldValue
  o String newValue
  --> SampleAsset asset
}
```

먼저 네임스페이스를 정의하고 그 뒤에 클래스를 정의한다. CTO 파일은 처음에 정의된 참가자, 자산, 거래가 클래스가 된다. 클래스에 고유의 ID를 지정하는 경우는 `identified by`를 이용한다. `identified by`는 참가자와 자산 클래스에 반드시 필요하다.

항목 5.3.1은 클래스 내의 속성 항목이 1개 값으로 구성돼 있지만 여러 개의 값을 넣고 싶다면 항목 5.3.2와 같이 enum으로 정의한 뒤 항목 5.3.3과 같이 호출한다.

항목 5.3.2 enum 정의

```
/**
 * An enumerated type
 */
enum ProductType {   < enum ProductType 안에 3개의 값을 정의
  o DAIRY
  o BEEF
  o VEGETABLES
}
```

항목 5.3.3 enum 호출

```
participant Farmer identified by farmerId {
    o String farmerId
    o ProductType primaryProduct   < ProductType을 호출
}
```

그리고 CTO 문법은 객체지향 언어의 추상 클래스와 상속 기능도 지원한다. 항목 5.3.4와 같이 추상 클래스와 상속을 정의할 수 있다.

항목 5.3.4 추상 클래스와 상속

```
abstract concept Address {      ← abstract concept로 추상 클래스를 정의
  o String street
  o String city default ="Winchester"
  o String country default = "UK"
  o Integer[] counts optional
}

concept UnitedStatesAddress extends Address {      ← extends로 상속
  o String zipcode
}
```

5.3.3 트랜잭션 프로세서

여기까지 기본적인 클래스의 내용을 살펴봤다. 좀 더 복잡한 비즈니스 로직을 구현할 때는 트랜잭션 프로세서를 사용한다. 트랜잭션 프로세서는 블록체인 접속 API를 이용한 트랜잭션이 실행된 시점에 자산 등의 데이터 변경을 반영할 수 있게 한다.

아래의 트랜잭션 프로세서 예를 살펴보자(항목 5.3.5). 자바스크립트에서 `@transaction` 애너테이션을 정의하고 함수 내에서 컴포저 API를 호출한다.

항목 5.3.5 트랜잭션 프로세서 예

```
/**
 * Sample transaction processor function.
 * @param {org.example.basic.SampleTransaction} tx The sample transaction instance.
 * @transaction      ← 트랜잭션 프로세서라는 것을 정의하는 애너테이션
 */
async function sampleTransaction(tx) {      ← 인수 tx에 Transaction이 전달됨

    // Save the old value of the asset.
    let oldValue = tx.asset.value;
```

(주석: "인수 tx에 Transaction이 전달됨" → tx, "매개변수를 정의" → instance 부분을 가리킴)

```
    // Update the asset with the new value.
    tx.asset.value = tx.newValue;

    // Get the asset registry for the asset.
    let assetRegistry = await getAssetRegistry('org.example.basic.SampleAsset');

    // Update the asset in the asset registry.
    await assetRegistry.update(tx.asset);

    // Emit an event for the modified asset.
    let event = getFactory().newEvent('org.example.basic', 'SampleEvent');
    event.asset = tx.asset;
    event.oldValue = oldValue;
    event.newValue = tx.newValue;
    emit(event);
}  < 여기까지가 트랜잭션 범위
```

트랜잭션 프로세서를 실행하면 CTO 파일에 있는 참여자, 자산, 거래 모델 데이터에 접근할 수 있다. 항목 5.3.6 ~ 5.3.7의 예에서는 자산 소유자(Owner) 속성이 특정 참가자로 지정돼 있다.

항목 5.3.6 트랜잭션 프로세서와 CTO – CTO 파일 내부

```
namespace org.example.basic

participant SampleParticipant identified by participantId {
  o String participantId
}

asset SampleAsset identified by assetId {
  o String assetId
  --> SampleParticipant owner
}

transaction SampleTransaction {
  --> SampleAsset asset
}
```

항목 5.3.7 트랜잭션 프로세서와 CTO – 트랜잭션 프로세서 측

```
/**
 * Sample transaction processor function.
 * @param {org.example.basic.SampleTransaction} tx The sample transaction instance.
 * @transaction
 */
async function sampleTransaction(tx) {
    let asset = tx.asset;
    let owner = tx.asset.owner;
}
```

모델별로 레지스트리(Registry) API로는 `ParticipantRegistry`, `AssetRegistry`, `TransactionRegistry`가 있다. 이 API를 활용해 모델 데이터를 생성하거나 갱신 또는 삭제하는 것도 가능하다(항목 5.3.8)

항목 5.3.8 레지스트리 API 이용 예

```
/**
 * Sample transaction processor function.
 * @param {org.example.basic.SampleTransaction} tx The sample transaction instance.
 * @transaction
 */
async function sampleTransaction(tx) {
    let assetRegistry = await getAssetRegistry(...);
    await assetRegistry.update(...);
}
```

5.3.4 Event

트랜잭션 프로세서와 관계 있는 이벤트(Event)에 대해서도 잠시 살펴보자.

이벤트는 CTO 파일로 작성되어 이벤트의 발행 및 수신을 가능하게 한다. 항목 5.3.9 ~ 5.3.10과 같이 사용한다.

항목 5.3.9 이벤트 송신

```
/**
 * @param {org.namespace.BasicEventTransaction} basicEventTransaction
```

```
 * @transaction
 */
async function basicEventTransaction(basicEventTransaction) {
    let factory = getFactory();

    let basicEvent = factory.newEvent('org.namespace', 'BasicEvent');
    emit(basicEvent);
}
```

항목 5.3.10 이벤트 수신

```
businessNetworkConnection.on('event', (event) => {
    // event: { "$class": "org.namespace.BasicEvent", "eventId": "0000-0000-0000-000000#0" }
    console.log(event);
});
```

5.3.5 Query

쿼리(Query)는 모델 데이터의 검색을 위해 사용한다. 검색은 SQL과 유사한 문법을 사용하며 표 5.3.1과 같은 명령이 준비돼 있다.

표 5.3.1 쿼리 명령

명령	내용
Select	반환할 모델 종류를 지정
From	검색할 레지스트리 지정
Where	검색 조건 지정
And	그리고
Or	또는
Order	정렬 방법 지정
Skip	건너뛸 검색 결과 지정
Limit	한 번에 가져올 검색 결과의 최대 개수

항목 5.3.11은 나이가 65세를 넘는 운전수를 모두 반환하는 쿼리 예제다.

항목 5.3.11 쿼리 예

```
query Q1 {
    description: "Select all drivers aged older than 65"
    statement:
        SELECT org.example.Driver
            WHERE (age>65)
}
```

5.3.6 ACL

ACL은 모델에 대해 CRUD(생성, 참조, 갱신, 삭제)를 참여자 유형 또는 인스턴스별로 제어하는 기능이다. ACL 설정 파일에 관련 규칙을 기술해 사용한다. 표 5.3.2와 같이 정의해 참여자가 데이터에 어떤 권한을 가지고 접근할 수 있는지를 설정할 수 있다.

표 5.3.2 ACL 정의

정의	내용
Participant	참여자 유형을 지정
Operation	All, Create, Read, Update, Delete를 정의
Resource	접근 대상이 될 자산을 지정
Action	Allow, Deny 지정

항목 5.3.12는 참여자 유형 `org.acme,vechile.auction.networkControl`이 자원 `org.hyperledger.composer.system.Network`에 모든 조작 권한을 부여하는 ACL을 설정하는 예다.

항목 5.3.12 ACL 예

```
rule networkControlPermission {
    description: "networkControl can access network commands"
    participant: "org.acme.vehicle.auction.networkControl"
    operation: ALL
    resource: "org.hyperledger.composer.system.Network"
    action: ALLOW
}
```

5.3.7 BNA 파일을 활용한 배포

하이퍼레저 컴포저의 배포는 5.4절에서 설명하겠지만 그 전에 BNA 파일에 대해 살펴보자.

이번 절을 시작할 때 언급했듯이 하이퍼레저 컴포저에서는 BNA 파일로 환경 템플릿을 만들 수 있다. 기존 환경에서 BNA 파일을 출력하는 것은 항목 5.3.13의 명령어로 가능하며, BNA 파일에서 패브릭 환경으로 배포하는 것은 항목 5.3.14의 명령어로 실행한다.

항목 5.3.13 BNA 파일로 내보내기

```
composer archive create -a BNA파일명 -sourceType dir -sourceName
```

항목 5.3.14 BNA 파일을 사용해 패브릭 환경으로 배포

```
composer network deploy -a BNA파일명 -p 커넥션 프로파일명 -I PeerAdmin -s randomString
```

5.3.8 커넥션 프로파일

하이퍼레저 컴포저에서 하이퍼레저 패브릭 환경에 접속하기 위한 내용을 정의한 파일이 커넥션 프로파일이다. 커넥션 프로파일은 JSON 형식으로 구성돼 있으며 여러 접속 설정을 저장할 수 있다. 항목 5.3.15의 예제를 통해 설명한다.

항목 5.3.15 커넥션 프로파일 예

```
{
    "name": "hlfv1",
    "x-type": "hlfv1",            < 하이퍼레저 패브릭 버전 정의
    "x-commitTimeout": 300,
    "version": "1.0.0",
    "client": {                   < 클라이언트 설정 정의
        "organization": "Org1",
        "connection": {
            "timeout": {
                "peer": {
                    "endorser": "300",
                    "eventHub": "300",
                    "eventReg": "300"
```

```
                },
                "orderer": "300"
            }
        }
    },
    "channels": {
        "composerchannel": {            컴포저 채널 정의
            "orderers": [
                "orderer.example.com"
            ],
            "peers": {
                "peer0.org1.example.com": {
                    "endorsingPeer": true,
                    "chaincodeQuery": true,
                    "ledgerQuery": true,
                    "eventSource": true
                }
            }
        }
    },
    "organizations": {            조직 정의
        "Org1": {
            "mspid": "Org1MSP",
            "peers": [
                "peer0.org1.example.com"
            ],
            "certificateAuthorities": [
                "ca.org1.example.com"
            ]
        }
    },
    "orderers": {            오더러 정의
        "orderer.example.com": {
            "url": "grpc://orderer.example.com:7050"            gRPC로 오더러 URL에 접속
        }
    },
    "peers": {            피어 정의
        "peer0.org1.example.com": {
            "url": "grpc://peer0.org1.example.com:7051"            gRPC로 피어 URL에 접속
        }
```

```
    },
    "certificateAuthorities": {        CA 정의
        "ca.org1.example.com": {
            "url": "http://ca.org1.example.com:7054",
            "caName": "ca.org1.example.com"
        }
    }
}
```

5.3.9 API를 통해 외부에서 비즈니스 네트워크에 접속

마지막으로 컴포저 응용 프로그램을 외부에서 조작하는 API에 대해 설명한다. 기본적으로는 Admin API와 Client API라는 2개의 API를 이용한다.

● Admin API

Admin API는 컴포저 응용 프로그램을 관리하는 기능을 가진 API로서 AdminConnection 클래스에 정의돼 있다. AdminConnection 클래스를 사용하면 하이퍼레저 컴포저 런타임과 연결할 수 있다. 연결 후에는 비즈니스 네트워크 정의를 배포하거나 커넥션 프로파일 스토어 안에 커넥션 프로파일 문서를 보관하는 일 등이 가능하다(항목 5.3.16).

항목 5.3.16 Admin API를 사용해 하이퍼레저 패브릭에 접속하는 예제 코드

```
// Connect to Hyperledger Fabric
let adminConnection = new AdminConnection();
try {
  await adminConnection.connect('userCard@network')
  // Connected.
} catch(error){
    // Add optional error handling here.
}
```

● Client API

Client API는 배포된 컴포저 응용 프로그램에 자산을 추가하거나 트랜잭션을 등록하는 기능을 가진 API로서 몇 개의 클래스로 구성돼 있다. 기본적으로는 BusinessNetworkConnection 인스턴스에서 조작하고 싶은 대상 인스턴스를 취득한다.

항목 5.3.17은 모든 AssetRegistry 인스턴스를 가져오는 예제 코드다.

항목 5.3.17 모든 AssetRegistry 인스턴스를 가져오는 예제 코드

```
const BusinessNetworkConnection = require('composerclient').BusinessNetworkConnection;

let bizNetConnection = new BusinessNetworkConnection();
let promise = bizNetConnection.connect('PeerAdmin@hlfv1');
promise.then(
    console.log('connection success')
).catch(function (error){
    console.log('error');
});

let promiseAllAsset = bizNetConnection.getAllAssetRegistries();
promiseAllAsset.then(
    console.log('succeed to get all asset registries')
).catch(function (error){
    console.log('fail to get all asset registries');
});
```

5.4 배포와 실행

여기서는 앞 절의 BNA 파일을 로컬 환경에 구축한 Composer Playground 피어에 배포하는 방법 등을 설명한다.

● 환경 변수 FABRIC_VERSION 지정

5.1절에서 하이퍼레저 패브릭과 하이퍼레저 컴포저의 버전에 대해 설명했다. 하이퍼레저 패브릭 버전에 맞춰 FABRIC_VERSION 환경변수를 지정해야 한다.

항목 5.4.1 FABRIC_VERSION 환경변수 설정

```
~$ cd fabric-dev-servers
~/fabric-dev-servers$ export FABRIC_VERSION=hlfv12
```

● PeerAdmin 네트워크 카드 작성

컴포저는 블록체인 비즈니스 네트워크에 접속하기 위해 비즈니스 네트워크 카드가 필요하다. 그리고 컴포저에서 만든 비즈니스 네트워크를 패브릭 인스턴스에 배포하려면 PeerAdmin 권한을 가진 비즈니스 네트워크 카드가 필요하다. 여기서 5.2절에서 설치한 fabric-dev-servers의 셸 스크립트를 사용해 PeerAdmin 네트워크 카드를 만든다(항목 5.4.2).

항목 5.4.2 PeerAdmin 네트워크 카드 생성

```
~/fabric-dev-servers$ ./createPeerAdminCard.sh
```

PeerAdmin 네트워크 카드가 성공적으로 만들어지면 항목 5.4.3과 같이 표시된다.

항목 5.4.3 실행 결과

```
Development only script for Hyperledger Fabric control
Running 'createPeerAdminCard.sh'
FABRIC_VERSION is set to 'hlfv12'
FABRIC_START_TIMEOUT is unset, assuming 15 (seconds)
```

```
Using composer-cli at v0.20.5

Successfully created business network card file to
    Output file: /tmp/PeerAdmin@hlfv1.card

Command succeeded

Deleted Business Network Card: PeerAdmin@hlfv1

Command succeeded


Successfully imported business network card
    Card file: /tmp/PeerAdmin@hlfv1.card
    Card name: PeerAdmin@hlfv1

Command succeeded

The following Business Network Cards are available:

Connection Profile: hlfv1
┌─────────────────────────────┬───────────────────┬──────────────────────────────┐
│ Card Name                   │ UserId            │ Business Network             │
├─────────────────────────────┼───────────────────┼──────────────────────────────┤
│ PeerAdmin@hlfv1             │ PeerAdmin         │                              │
└─────────────────────────────┴───────────────────┴──────────────────────────────┘


Issue composer card list --card <Card Name> to get details a specific card

Command succeeded

Hyperledger Composer PeerAdmin card has been imported, host of fabric specified as 'localhost'
```

● Composer Runtime 설치

다음으로는 컴포저 런타임(Composer Runtime)을 설치한다(항목 5.4.4).

항목 5.4.4 컴포저 런타임 설치

```
$ npm install composer-runtime --save
```

컴포저 런타임은 앞 절에서 만든 BNA 파일과 하이퍼레저 패브릭 피어를 중개하는 프로그램이다. 그림 5.4.1에서 볼 수 있듯 컨테이너(Container), 엔진(Engine), 서비스(Services)라는 세 개의 구성요소로 이뤄져 있다. 컨테이너는 엔진을 기동하고 각 엔진이 적절한 호출에 응답할 수 있게 해준다. 엔진은 비즈니스 네트워크와 자원 등을 관리한다. 그리고 각 서비스는 외부와의 통신을 중계한다.

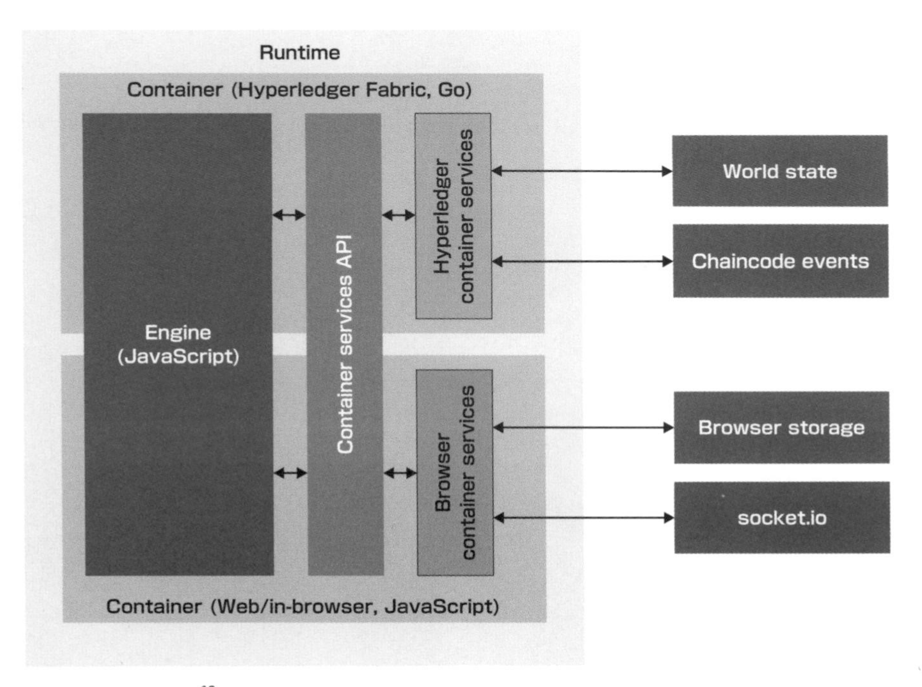

그림 5.4.1 컴포저 런타임 개요[10]

설치 후 컴포저 네트워크도 설치한다.

항목 5.4.5 컴포저 네트워크 설치

```
$ composer network install --archiveFile <bna 파일> --card <peer-admin-card>
```

10 하이퍼레저 컴포저의 깃허브 페이지 인용(https://github.com/hyperledger/composer/blob/master/packages/composer-runtime/images/overview.png)

● 배포 및 실행

앞 절에서 만든 BNA 파일을 하이퍼레저 패브릭에 배포한다(항목 5.4.5).

항목 5.4.5 비즈니스 네트워크 배포 및 실행 명령 예

```
$ composer network start --card PeerAdmin@hlfv1 --networkAdmin admin --networkAdminEnrollSecret
adminpw --archiveFile <bna 파일> --file networkadmin.card
```

비즈니스 네트워크 배포가 성공하면 항목 5.4.6과 같이 실행 결과가 표시된다.

항목 5.4.6 실행 결과 예

```
Starting business network from archive: tutorialnetwork@0.0.1.bna
Business network definition:
    Identifier: tutorialnetwork@0.0.1
    Description: tutorialnetwork

Processing these Network Admins:
        userName: admin

✓ Starting business network definition. This may take a minute…
Successfully created business network card:
    Filename: networkadmin.card

Command succeeded
```

5.5 하이퍼레저 컴포저 예제 응용 프로그램 개요

5.5.1 Hyperledger Composer Playground

플레이그라운드(Playground)에서 표준 예제로 제공하는 'CarAuction Network'를 바탕으로 설명한다.

온라인 플레이그라운드는 https://composer-playground.mybluemix.net/으로 접속할 수 있다. 먼저 해당 URL에 접속하면 그림 5.5.1과 같은 화면이 나온다.

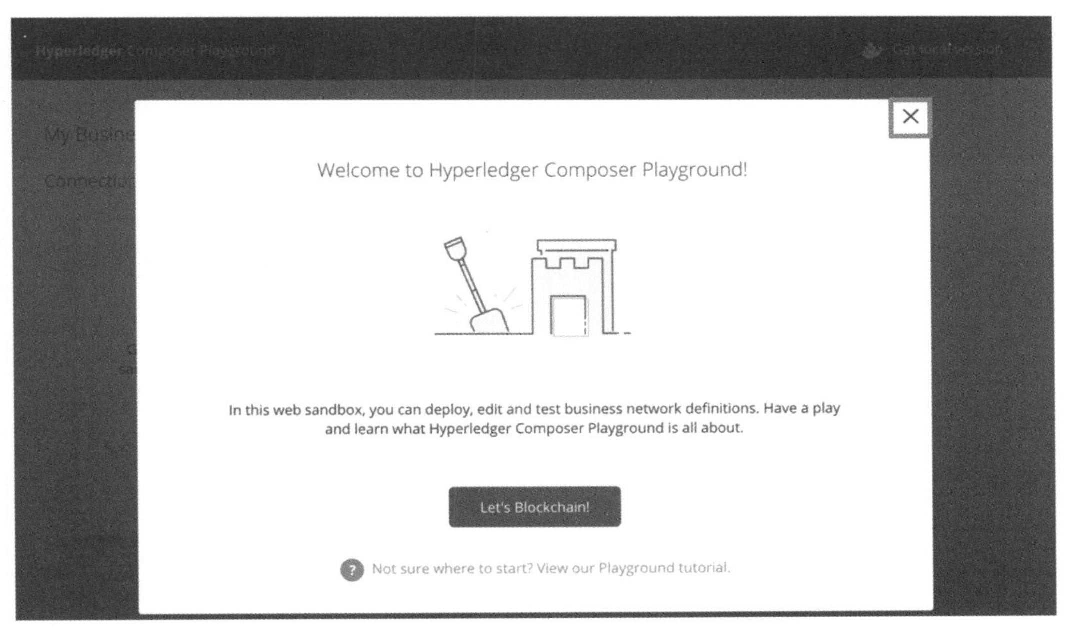

그림 5.5.1 플레이그라운드에 접속할 때 보이는 페이지

여기서 우측 상단의 '×'를 눌러 창을 닫고 그림 5.5.2에 표시된 'Deploy a new business network'를 눌러 새로운 비즈니스 네트워크를 만든다.

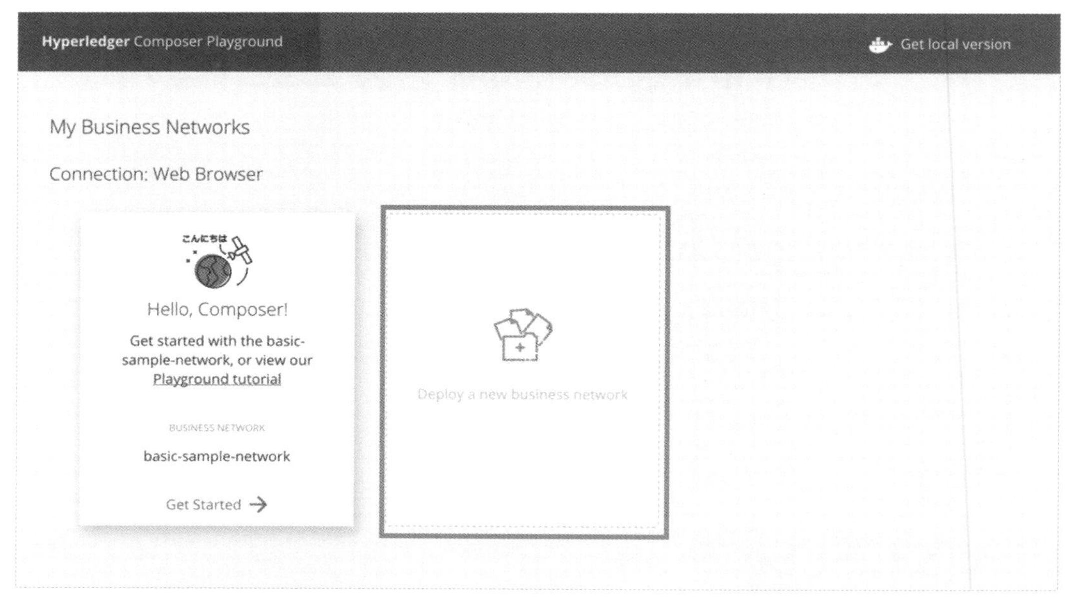

그림 5.5.2 새로운 비즈니스 네트워크 배포

'carauction-network'를 선택한 뒤 'Deploy' 버튼을 누른다.

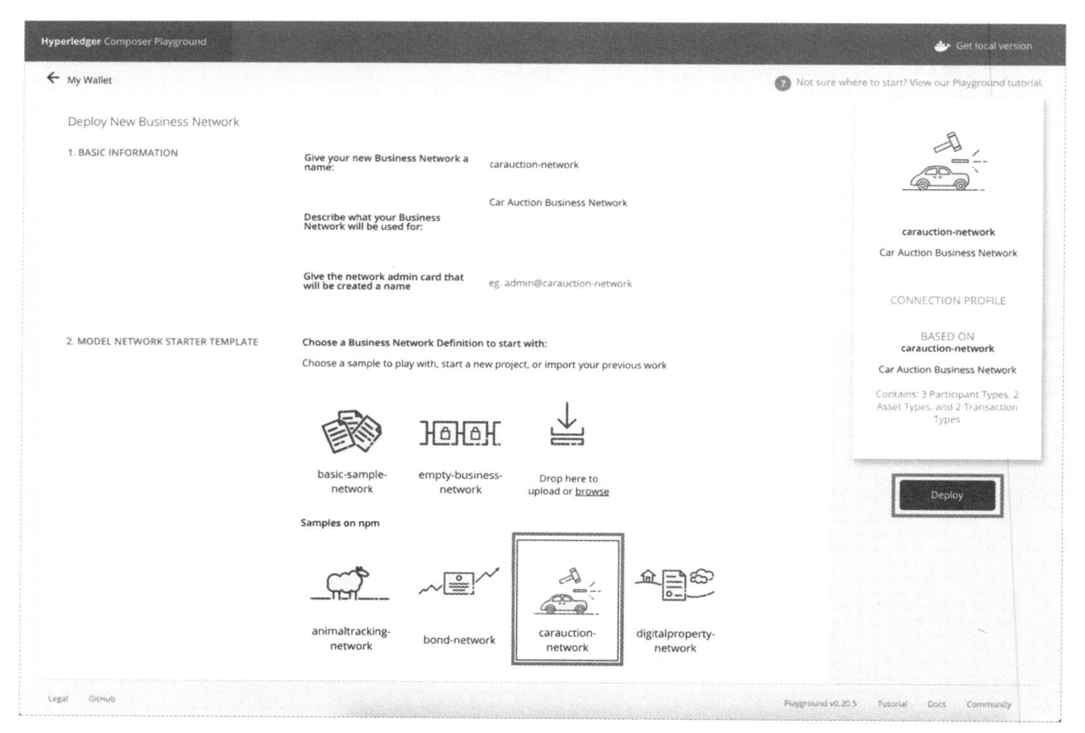

그림 5.5.3 caracution-network를 선택해 배포

잠시 후 'carauction-network'라는 비즈니스 네트워크가 생긴 것을 확인할 수 있다(그림 5.5.4).

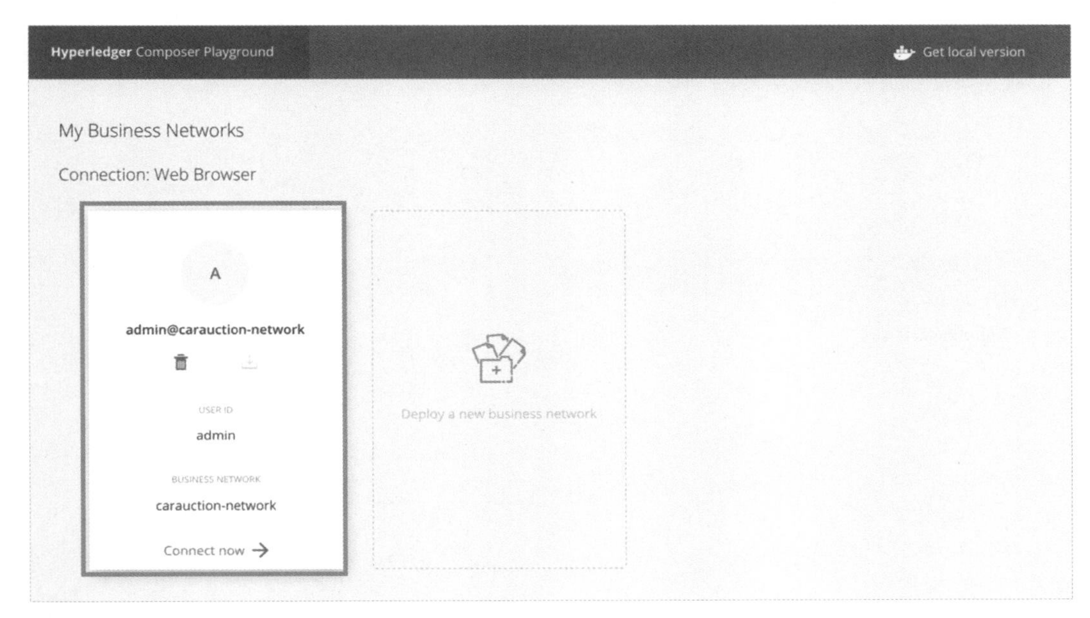

그림 5.5.4 생성된 carauction-network 비즈니스 네트워크

여기서 'Connect now'를 클릭하면 GUI로 플레이그라운드에 접속할 수 있다.

5.5.2 CarAuction Network의 모델

예제용 carauction은 분산형 자동차 경매 시스템이다. 경매가 종료되면 경매로 나온 자동차는 자동으로 최고 입찰자의 자산으로 전송된다.

모델의 레지스트리는 표 5.5.1과 같이 정의돼 있다. 그리고 CTO 파일은 항목 5.5.1과 같이 설정돼 있다.

표 5.5.1 CarAuction Network 모델

모델	레지스트리
Participants(참여자)	Member(발주자), Auctioneer(관리자)
Assets(자산)	Vehicle(자동차), VehicleListing(자동차 경매 가격)
Transactions(거래)	Offer(발주), CloseBidding(경매 종료)

항목 5.5.1 CarAuction 모델

```
namespace org.acme.vehicle.auction

asset Vehicle identified by vin {      < Asset : 자동차
  o String vin
  --> Member owner
}

enum ListingState {
  o FOR_SALE
  o RESERVE_NOT_MET
  o SOLD
}

asset VehicleListing identified by listingId {      < Asset : 자동차 경매 가격
  o String listingId
  o Double reservePrice
  o String description
  o ListingState state
  o Offer[] offers optional
  --> Vehicle vehicle
}

abstract participant User identified by email {
  o String email
  o String firstName
  o String lastName
}

participant Member extends User {      < Participant : 발주자
  o Double balance
}

participant Auctioneer extends User {      < Participant : 관리자
}

transaction Offer {      < Transaction : 발주
  o Double bidPrice
```

```
  --> VehicleListing listing
  --> Member member
}

transaction CloseBidding {     Transaction : 종료
  --> VehicleListing listing
}
```

CarAuction Network는 기본적으로 Auctioneer(관리자)와 Vehicle(자동차) 모델이 구성돼 있다. Member(경매 참여자)가 입찰하면 VehicleListing(자동차 경매 가격)에 가격이 기록된다. 경매를 위해 가격을 제출하면 이것이 처리되고 경매 가격이 결정된다. 최종 입찰자가 결정되면 CloseBidding(경매 종료) 트랜잭션이 발행되고 경매가 종료된다.

실제 등록이 어떻게 이뤄지는지 확인해보자. 먼저 그림 5.5.5와 같이 Test 탭을 클릭한 뒤 'VehicleListing'을 클릭해 VehicleListing 자산 등록이 가능하게 한 뒤 'Create New Asset' 버튼을 클릭한다.

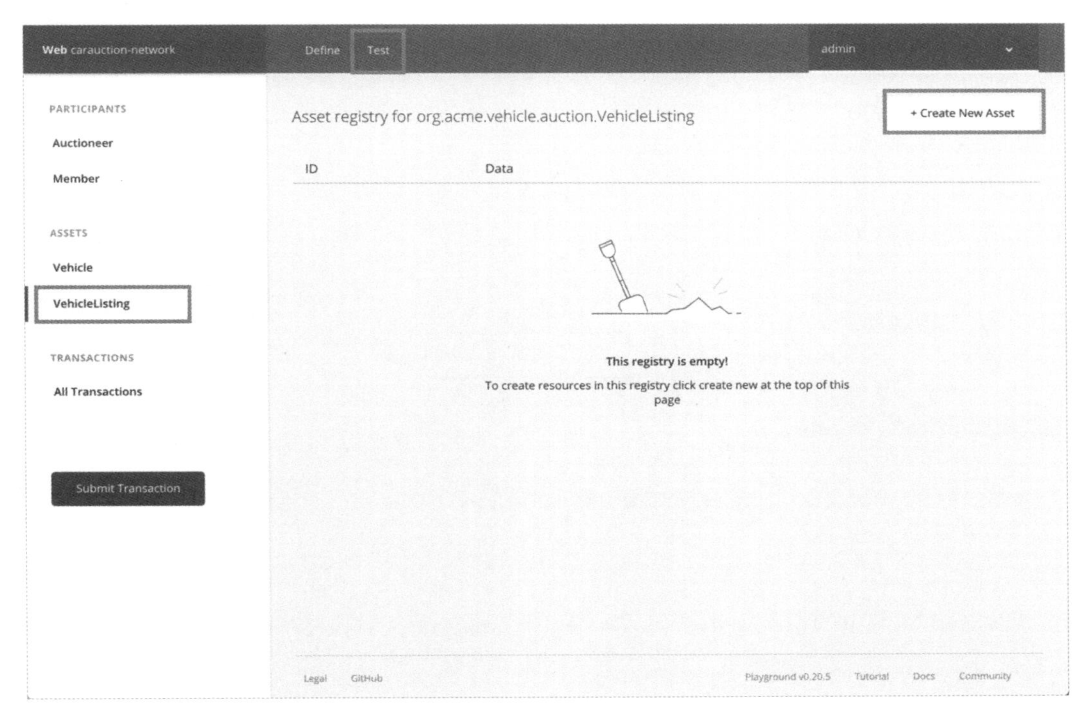

그림 5.5.5 VehicleListing 자산 등록

자산 등록 창이 표시되면(그림 5.5.6) 항목 5.5.2의 내용을 입력하고 'Create New' 버튼을 클릭한다.

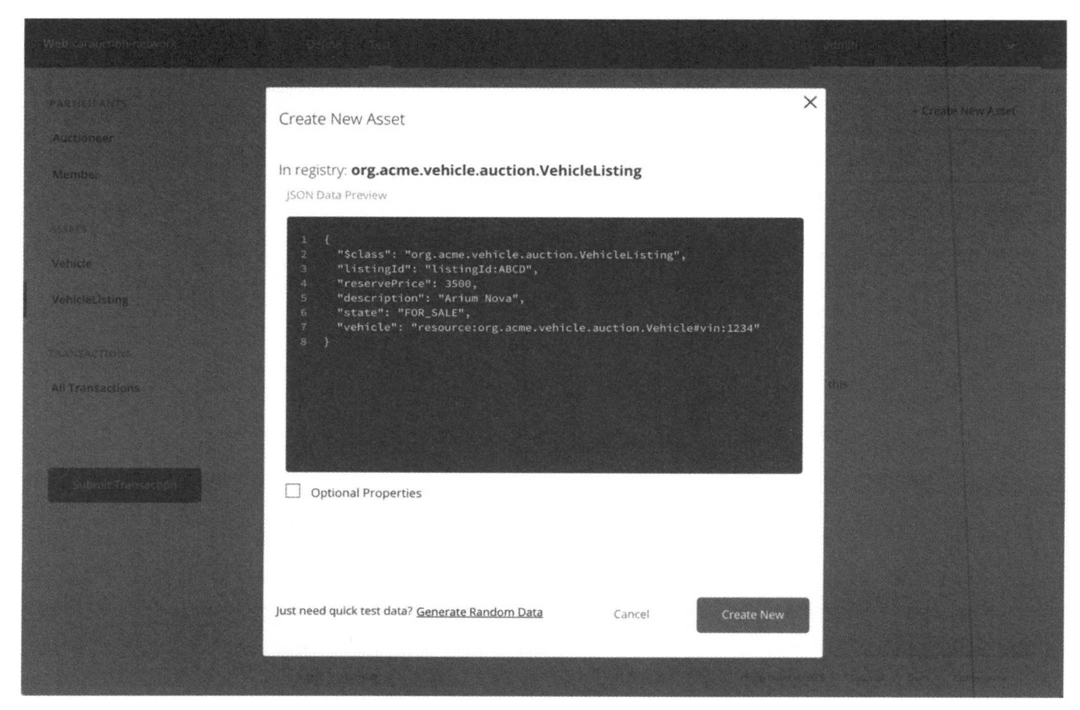

그림 5.5.6 VehicleListing 등록

항목 5.5.2 VehicleListing 레코드

```
{
  "$class": "org.acme.vehicle.auction.VehicleListing",
  "listingId": "listingId:ABCD",          ← 자동차 경매 가격 키
  "reservePrice": 3500,          ← 3500
  "description": "Arium Nova",
  "state": "FOR_SALE",
  "vehicle": "resource:org.acme.vehicle.auction.Vehicle#vin:1234"          ← vin:1234라는 조건
}
```

그 후 왼쪽의 'Submit Transaction' 버튼을 눌러 'Transaction Type'을 'Offer'로 변경한다(그림 5.5.7).

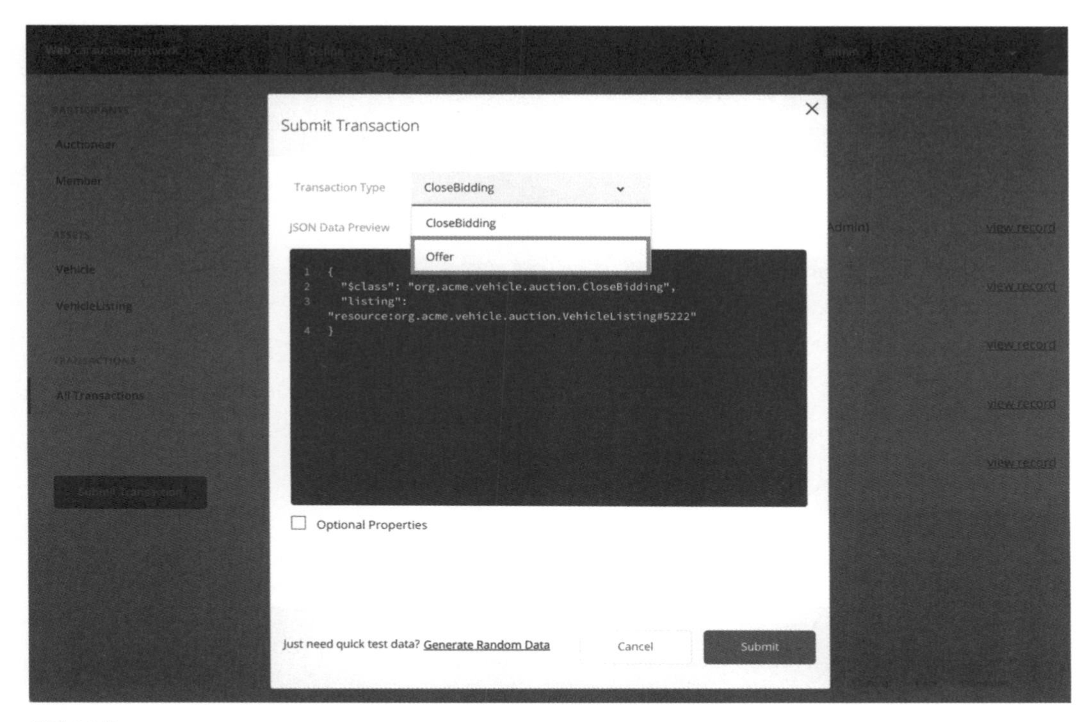

그림 5.5.7

변경 후 Offer 레코드를 항목 5.5.3의 내용과 같이 입력하고 'Submit' 버튼을 클릭한다.

항목 5.5.3 Offer 레코드

```
{
    "$class": "org.acme.vehicle.auction.Offer",
    "bidPrice": 3500,      < 경매 가격은 3500
    "listing": "resource:org.acme.vehicle.auction.VehicleListing#listingId:ABCD",   (listingId:ABCD라는 조건)
    "member": "resource:org.acme.vehicle.auction.Member#memberB@acme.org"
}
```

최저 낙찰 가격과 입찰 가격 조건을 바탕으로 가격을 결정하고 CloseBidding(경매 종료)을 자동으로 반영하는 스크립트는 다음과 같다(항목 5.5.4).

항목 5.5.4 CarAuction 스크립트[11]

```
async function closeBidding(closeBidding) {  // eslint-disable-line no-unused-vars
    const listing = closeBidding.listing;
    if (listing.state !== 'FOR_SALE') {
        throw new Error('Listing is not FOR SALE');
    }
    // by default we mark the listing as RESERVE_NOT_MET
    listing.state = 'RESERVE_NOT_MET';
    let highestOffer = null;
    let buyer = null;
    let seller = null;
    if (listing.offers && listing.offers.length > 0) {
        // sort the bids by bidPrice
        listing.offers.sort(function(a, b) {
            return (b.bidPrice - a.bidPrice);
        });
        highestOffer = listing.offers[0];
        if (highestOffer.bidPrice >= listing.reservePrice) {
            // mark the listing as SOLD
            listing.state = 'SOLD';
            buyer = highestOffer.member;
            seller = listing.vehicle.owner;
            // update the balance of the seller
            console.log('#### seller balance before: ' + seller.balance);
            seller.balance += highestOffer.bidPrice;
            console.log('#### seller balance after: ' + seller.balance);
            // update the balance of the buyer
            console.log('#### buyer balance before: ' + buyer.balance);
            buyer.balance -= highestOffer.bidPrice;
            console.log('#### buyer balance after: ' + buyer.balance);
            // transfer the vehicle to the buyer
            listing.vehicle.owner = buyer;
            // clear the offers
            listing.offers = null;
        }
    }
```

종료 비동기 함수

가격을 정렬해 차이를 산출

가장 높은 가격인 경우의 처리

11 (옮긴이) 해당 내용은 Define 탭의 Script File(`lib/logic.js`)에서 확인할 수 있다.

```
    if (highestOffer) {
        // save the vehicle
        const vehicleRegistry = await getAssetRegistry('org.acme.vehicle.auction.Vehicle');
        await vehicleRegistry.update(listing.vehicle);
    }

    // save the vehicle listing
    const vehicleListingRegistry = await
getAssetRegistry('org.acme.vehicle.auction.VehicleListing');
    await vehicleListingRegistry.update(listing);

    if (listing.state === 'SOLD') {
        // save the buyer
        const userRegistry = await getParticipantRegistry('org.acme.vehicle.auction.Member');
        await userRegistry.updateAll([buyer, seller]);
    }
}

/**
 * Make an Offer for a VehicleListing
 * @param {org.acme.vehicle.auction.Offer} offer - the offer
 * @transaction
 */
async function makeOffer(offer) {  // eslint-disable-line no-unused-vars
    let listing = offer.listing;
    if (listing.state !== 'FOR_SALE') {
        throw new Error('Listing is not FOR SALE');
    }
    if (!listing.offers) {
        listing.offers = [];
    }
    listing.offers.push(offer);

    // save the vehicle listing
    const vehicleListingRegistry = await
getAssetRegistry('org.acme.vehicle.auction.VehicleListing');
    await vehicleListingRegistry.update(listing);
}
```

입찰 비동기 함수

참고로 ACL은 항목 5.5.5와 같다.

항목 5.5.5 CarAuction의 ACL[12]

```
rule Auctioneer {
    description: "Allow the auctioneer full access"
    participant: "org.acme.vehicle.auction.Auctioneer"
    operation: ALL
    resource: "org.acme.vehicle.auction.*"
    action: ALLOW
}

rule Member {
    description: "Allow the member read access"
    participant: "org.acme.vehicle.auction.Member"
    operation: READ
    resource: "org.acme.vehicle.auction.*"
    action: ALLOW
}

rule VehicleOwner {
    description: "Allow the owner of a vehicle total access"
    participant(m): "org.acme.vehicle.auction.Member"
    operation: ALL
    resource(v): "org.acme.vehicle.auction.Vehicle"
    condition: (v.owner.getIdentifier() == m.getIdentifier())
    action: ALLOW
}

rule VehicleListingOwner {
    description: "Allow the owner of a vehicle total access to their vehicle listing"
    participant(m): "org.acme.vehicle.auction.Member"
    operation: ALL
    resource(v): "org.acme.vehicle.auction.VehicleListing"
    condition: (v.vehicle.owner.getIdentifier() == m.getIdentifier())
    action: ALLOW
}
```

12 (옮긴이) 해당 내용은 Define 탭의 Access Control(`permissions.acl`)에서 확인할 수 있다.

```
rule SystemACL {
    description:  "System ACL to permit all access"
    participant: "org.hyperledger.composer.system.Participant"
    operation: ALL
    resource: "org.hyperledger.composer.system.**"
    action: ALLOW
}

rule NetworkAdminUser {
    description: "Grant business network administrators full access to user resources"
    participant: "org.hyperledger.composer.system.NetworkAdmin"
    operation: ALL
    resource: "**"
    action: ALLOW
}

rule NetworkAdminSystem {
    description: "Grant business network administrators full access to system resources"
    participant: "org.hyperledger.composer.system.NetworkAdmin"
    operation: ALL
    resource: "org.hyperledger.composer.system.**"
    action: ALLOW
}
```

06 장

하이퍼레저 패브릭 환경설정

이번 장에서는 예제 응용 프로그램을 통해 블록체인 네트워크의 구성과 환경설정을 이해할 수 있도록 설명한다.

6.1 예제 응용 프로그램을 통한 환경 이해

이번 절에서는 하이퍼레저 패브릭 환경 구축 입문 예제 응용 프로그램인 "first-network"를 소개한다. 이 예제 응용 프로그램에 설정된 내용을 보며 구체적인 구성 내용을 살펴보자.

하이퍼레저 패브릭 예제 응용 프로그램은 사전 컴파일된 도커 이미지로 공개돼 있다. 그렇기 때문에 소스 파일을 컴파일하거나 환경설정을 하지 않아도 동작을 확인할 수 있다. 개별 환경을 변경하는 경우 환경설정을 변경하는 것만으로 다양한 블록체인 네트워크를 구축할 수 있다.

먼저 예제 응용 프로그램 구축에 대한 전체적인 모습을 설명하고 그 이후에 예제 응용 프로그램의 하나인 "first-network"를 설명한다.

6.1.1 예제 응용 프로그램의 전체적인 모습

하이퍼레저 패브릭의 예제 응용 프로그램은 3.2절 '하이퍼레저 패브릭 동작 환경 준비'를 그대로 이용하므로 해당 내용을 진행했다면 도커 이미지 다운로드돼 있을 것이다. 예제 응용 프로그램을 설명하기 전에 간단히 도커의 구조를 설명한다.

도커는 가상 기술을 사용한 소프트웨어로 컨테이너형 소프트웨어 실행 환경을 구축할 수 있다. 실행되는 OS와 미들웨어, 소프트웨어가 설정된 템플릿에 해당하는 것이 '도커 이미지', 도커 이미지를 바탕으로 실제로 소프트웨어가 실행되는 것을 '도커 컨테이너'라고 한다.

도커 컨테이너를 실행할 때는 호스트 OS와 접속하기 위한 포트 번호 등 기동에 필요한 매개변수를 명령줄에서 지정한다. 하이퍼레저 패브릭 예제 응용 프로그램을 실행하기 위해 매번 명령줄에서 매개변수를 지정할 필요 없이 도커 컴포즈를 이용해 쉽게 응용 프로그램을 실행할 수도 있다(그림 6.1.1).

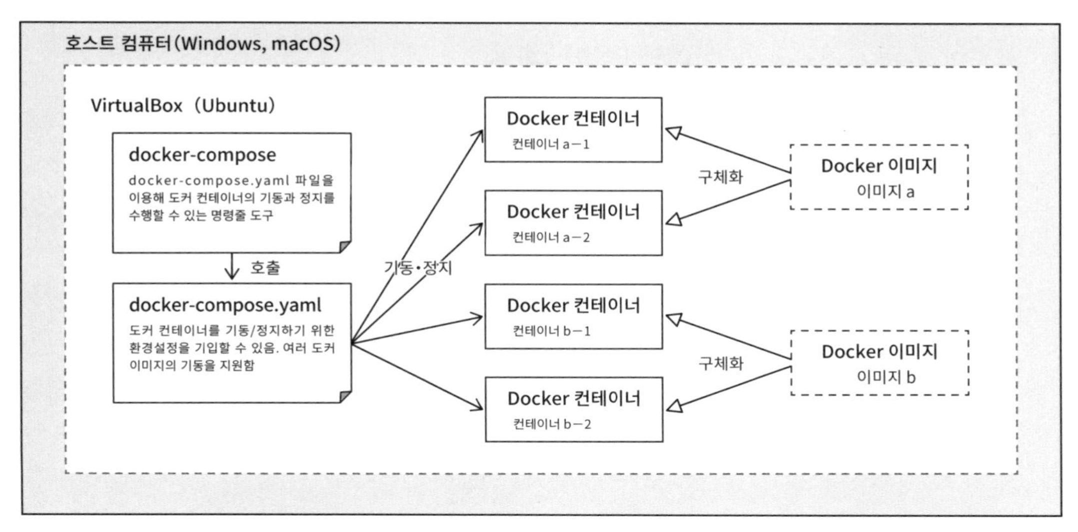

그림 6.1.1 도커 이미지 개요

3.2절에서 내려받은 도커 이미지 파일과 역할은 표 6.1.1과 같다. first-network나 기타 예제 응용 프로그램에서는 이 도커 이미지를 조합해 도커 컨테이너를 기동하는 방식으로 블록체인 네트워크를 구축한다.

표 6.1.1 예제 응용 프로그램의 도커 이미지

도커 이미지	설명
hyperledger/fabric-tools	하이퍼레저 패브릭의 CLI 기반이 되는 이미지
hyperledger/fabric-peer	하이퍼레저 패브릭 피어의 사전 컴파일 모듈이 설치된 이미지
hyperledger/fabric-orderer	하이퍼레저 패브릭 오더러의 사전 컴파일 모듈이 설치된 이미지
hyperledger/fabric-ca	하이퍼레저 패브릭 CA 서버 및 CA 클라이언트의 사전 컴파일 모듈이 설치된 이미지
hyperledger/fabric-couchdb	하이퍼레저 패브릭에서 이용할 수 있는 Apache CouchDB가 설치된 이미지
hyperledger/fabric-kafka	하이퍼레저 패브릭에서 이용할 수 있는 Apache Kafka의 사전 컴파일 모듈이 설치된 이미지
hyperledger/fabric-zookeeper	하이퍼레저 패브릭에서 이용할 수 있는 Apache ZooKeeper의 사전 컴파일 모듈이 설치된 이미지
hyperledger/fabric-ccenv	체인코드 환경이 설정된 이미지
hyperledger/fabric-javaenv	자바로 체인코드를 작성할 때 필요한 라이브러리가 포함된 OpenJDK8 컴파일러가 설정된 이미지

6.1.2 first-network의 전체적인 모습

first-network는 3장에서 다운로드한 예제 응용 프로그램 디렉터리 안에 들어 있다. 이후 설명은 3장에서 이미 구축한 환경을 바탕으로 설명하므로 3장을 참고해서 환경을 구축해야 한다.

항목 6.1.1 first-network 경로[1]

```
~/fabric/fabric-samples/first-network
```

first-network 디렉터리 안에 있는 byfn.sh 파일은 하이퍼레저 패브릭을 동작시키는 데 필요한 설정 파일과 각종 도구의 호출 방법 등을 모아둔 셸 스크립트 파일이다. byfn.sh 파일은 동일한 디렉터리 안에 있는 도커 컴포즈 파일(docker-compose-***.yaml)을 이용해 컨테이너가 기동될 때 오더러와 피어를 기동시킨다. 그리고 체인코드의 설치와 실행을 위해 script.sh 파일도 호출한다. 하이퍼레저 패브릭의 동작 환경을 이해하기 위해 byfn.sh 파일에서 어떤 동작이 이뤄지는지 자세히 살펴보길 권장한다(byfn.sh는 다음 항에서 설명한다).

first-network는 표 6.1.2의 도커 컴포즈 파일마다 다른 환경설정을 확인할 수 있다.

표 6.1.2 first-network 도커 컴포즈 파일

도커 컴포즈 파일	설명
docker-composer-cli.yaml	클라이언트에서 하이퍼레저 패브릭 네트워크를 직접 호출하는 예제. byfn.sh 실행 시 기본으로 이용
docker-compose.couch.yaml	상태 DB로 CouchDB를 이용
docker-compose-e2e-template.yaml (docker-compose-e2e.yaml)	루트 인증기관(CA 서버) 환경을 구축해 SDK for Node.js로부터 하이퍼레저 패브릭 네트워크를 호출하는 설정 파일. byfn.sh 실행 시 docker-compose-e2e-template.yaml을 바탕으로 docker-compose-e2e.yaml을 생성
base/docker-compose-base.yaml	base 디렉터리에 있으며, 오더러의 도커 컨테이너 기동 및 조직별 피어의 환경변수가 설정된 파일
base/peer-base.yaml	base/docker-compose-base.yaml 피어 설정의 기본이 되며 피어 도커 컨테이너를 생성하는 설정 파일

1 (옮긴이) 3장에서 생성한 가상 머신 안에서의 경로

6.1.3 first-network의 byfn.sh

first-network 디렉터리에 있는 byfn.sh의 사용법을 살펴보자. -h 옵션으로 도움말을 확인할 수 있다(항목 6.1.2).

항목 6.1.2 byfn.sh 도움말

```
~/fabric/fabric-samples/first-network$ ./byfn.sh -h
Usage:
  byfn.sh <mode> [-c <channel name>] [-t <timeout>] [-d <delay>] [-f <docker-compose-file>] [-s
<dbtype>] [-l <language>] [-o <consensus-type>] [-i <imagetag>] [-v]
    <mode> - one of 'up', 'down', 'restart', 'generate' or 'upgrade'
      - 'up' - bring up the network with docker-compose up
      - 'down' - clear the network with docker-compose down
      - 'restart' - restart the network
      - 'generate' - generate required certificates and genesis block
      - 'upgrade'  - upgrade the network from version 1.3.x to 1.4.0
    -c <channel name> - channel name to use (defaults to "mychannel")
    -t <timeout> - CLI timeout duration in seconds (defaults to 10)
    -d <delay> - delay duration in seconds (defaults to 3)
    -f <docker-compose-file> - specify which docker-compose file use (defaults to docker-compose-
cli.yaml)
    -s <dbtype> - the database backend to use: goleveldb (default) or couchdb
    -l <language> - the chaincode language: golang (default) or node
    -o <consensus-type> - the consensus-type of the ordering service: solo (default) or kafka
    -i <imagetag> - the tag to be used to launch the network (defaults to "latest")
    -v - verbose mode
  byfn.sh -h (print this message)

Typically, one would first generate the required certificates and
genesis block, then bring up the network. e.g.:

        byfn.sh generate -c mychannel
        byfn.sh up -c mychannel -s couchdb
        byfn.sh up -c mychannel -s couchdb -i 1.4.0
        byfn.sh up -l node
        byfn.sh down -c mychannel
        byfn.sh upgrade -c mychannel
```

```
Taking all defaults:
        byfn.sh generate
        byfn.sh up
        byfn.sh down
```

byfn.sh의 필수 매개변수로 모드를 지정해야 한다. 모드는 up, down, restart, generate 4가지가 있다.

byfn.sh는 셸에서 정의된 내부 함수로 각 기능이 구현돼 있으며, 모드에 따라 실행되는 내부 함수와 순서가 다르다. 표 6.1.3에 각 모드에서 호출되는 함수와 실행되는 내용을 정리했다. 여기에 정리된 내부 함수에는 하이퍼레저 패브릭 네트워크를 운영하는 데 최소한으로 필요한 설정이 기술돼 있다.

표 6.1.3 byfn.sh 함수 호출 순서

실행되는 내용 및 내부 함수명	모드			
	generate	up	down	restart
인증서 생성(generateCerts)	1	(1–1)		2–1
개인키 파일 교체(replacePrivateKey)	2	(1–2)		2–2
채널 환경설정 생성(generateChannelArtifacts)	3	(1–3)		2–3
네트워크(도커 컨테이너) 기동(networkUp)		1		2
네트워크 정지 및 생성된 네트워크 삭제(networkDown)			1	1
도커 컨테이너 삭제(clearContainers)			1–1	1–1
예제 실행 중 만들어진 도커 이미지 삭제 (removeUnwantedImages)			1–2	1–2

【범례】

숫자 – 호출되는 순서. 하이픈 뒤의 숫자는 함수 내에서 다시 호출되는 순서

괄호 – 채널 환경설정이 생성되지 않은 경우 호출되는 함수

모드에 up만 지정해 실행하면 docker-compose-cli.yaml을 이용해 도커 환경 구축을 하고 명령줄 인터페이스를 사용할 수 있는 예제를 실행한다(항목 6.1.3). generate를 실행하지 않고 바로 up부터 실행하면 generate로 실행했을 때 생성되는 인증서와 제네시스 블록(genesis block)도 함께 생성된다.

항목 6.1.3 기본 설정으로 예제 실행

```
~/fabric/fabric-samples/first-network$ ./byfn.sh  up
Starting for channel 'mychannel' with CLI timeout of '10' seconds and CLI delay of '3' seconds
Continue? [Y/n] y
proceeding ...
LOCAL_VERSION=1.4.0
DOCKER_IMAGE_VERSION=1.4.0
/home/vagrant/fabric/fabric-samples/first-network/../bin/cryptogen

##########################################################
##### Generate certificates using cryptogen tool #########
##########################################################
+ cryptogen generate --config=./crypto-config.yaml
org1.example.com
org2.example.com
+ res=0
+ set +x

(생략)

Creating network "net_byfn" with the default driver
Creating volume "net_peer0.org2.example.com" with default driver
Creating volume "net_peer1.org2.example.com" with default driver
Creating volume "net_peer1.org1.example.com" with default driver
Creating volume "net_peer0.org1.example.com" with default driver
Creating volume "net_orderer.example.com" with default driver
Creating peer1.org1.example.com ...
Creating peer0.org1.example.com ...
Creating peer0.org2.example.com ...
Creating orderer.example.com ...
Creating peer1.org1.example.com
Creating peer1.org2.example.com ...
Creating peer0.org1.example.com
Creating peer0.org2.example.com
Creating peer1.org2.example.com
Creating peer1.org2.example.com ... done
Creating cli ...
Creating cli ... done
```

```
 ____    _____      _      ____    _____
/ ___|  |_   _|    / \    |  _ \  |_   _|
\___ \    | |     / _ \   | |_) |   | |
 ___) |   | |    / ___ \  |  _ <    | |
|____/    |_|   /_/   \_\ |_| \_\   |_|

Build your first network (BYFN) end-to-end test

Channel name : mychannel
+ peer channel create -o orderer.example.com:7050 -c mychannel -f ./channel-artifacts/
channel.tx --tls true --cafile /opt/gopath/src/github.com/hyperledger/fabric/peer/crypto/
ordererOrganizations/example.com/orderers/orderer.example.com/msp/tlscacerts/tlsca.example.com-
cert.pem
Creating channel...
+ res=0
+ set +x
2019-01-03 16:34:54.026 UTC [channelCmd] InitCmdFactory -> INFO 001 Endorser and orderer
connections initialized
2019-01-03 16:34:54.053 UTC [cli/common] readBlock -> INFO 002 Received block: 0
===================== Channel 'mychannel' created =====================

(생략)

===================== Invoke transaction successful on peer0.org1 peer0.org2 on channel 'mychannel'
=====================

Installing chaincode on peer1.org2...
+ peer chaincode install -n mycc -v 1.0 -l golang -p github.com/chaincode/chaincode_example02/go/
+ res=0
+ set +x
2019-01-03 16:35:43.368 UTC [chaincodeCmd] checkChaincodeCmdParams -> INFO 001 Using default escc
2019-01-03 16:35:43.368 UTC [chaincodeCmd] checkChaincodeCmdParams -> INFO 002 Using default vscc
2019-01-03 16:35:43.513 UTC [chaincodeCmd] install -> INFO 003 Installed remotely
response:<status:200 payload:"OK" >
===================== Chaincode is installed on peer1.org2 =====================

Querying chaincode on peer1.org2...
===================== Querying on peer1.org2 on channel 'mychannel'... =====================
```

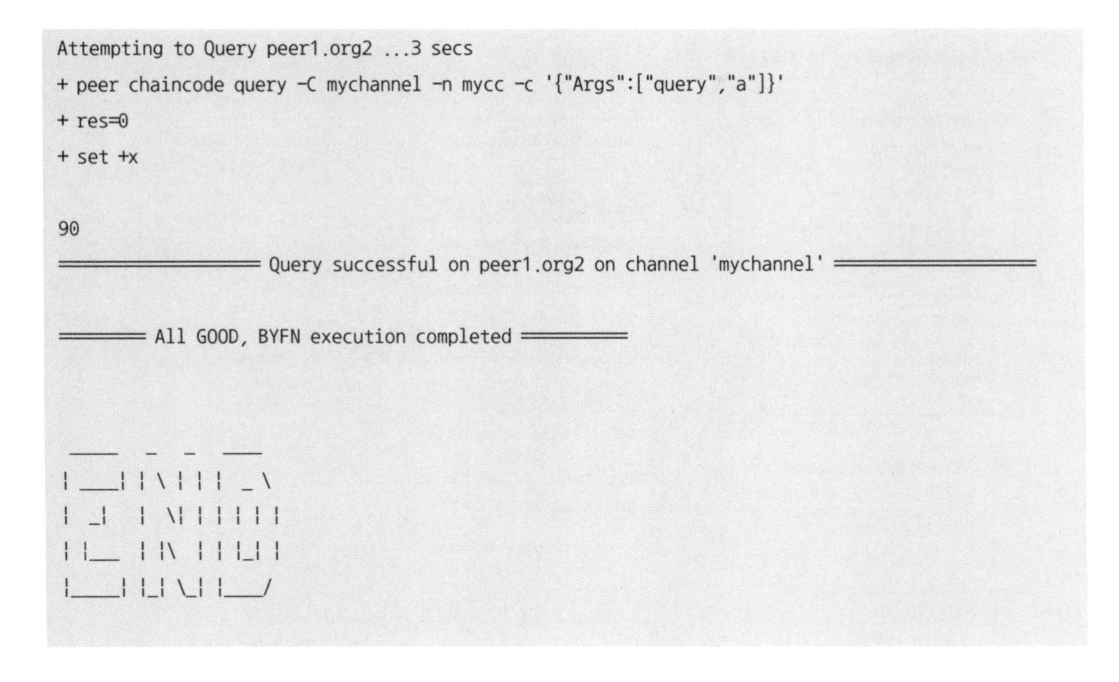

```
Attempting to Query peer1.org2 ...3 secs
+ peer chaincode query -C mychannel -n mycc -c '{"Args":["query","a"]}'
+ res=0
+ set +x

90
===================== Query successful on peer1.org2 on channel 'mychannel' =====================

========= All GOOD, BYFN execution completed ===========

 _____   _   _   ____
| ____| | \ | | |  _ \
|  _|   |  \| | | | | |
| |___  | |\  | | |_| |
|_____| |_| \_| |____/
```

실행 후 아스키 아트로 "END"가 표시될 때까지 도커 컨테이너를 기동해서 체인코드를 호출해 처리를 실행한다. 체인코드는 다음 순서로 실행된다.

① 인스턴스화할 때: a = 100, b = 200으로 설정

② 질의: a의 값을 표시("Query Result: 100"이라고 표시)

③ 체인코드 실행: a에서 b로 10이 이동

④ 질의: a의 값을 표시("Query Result: 90"이라고 표시)

실행 도중 에러가 발생하지 않았다면 first-network가 정상적으로 동작하는 것이다.

6.1.4 클라이언트에서 직접 호출하는 예제

바로 앞에서 실행한 것처럼 기본 설정으로 byfn.sh를 실행하면 클라이언트에서 하이퍼레저 패브릭 네트워크를 호출할 수 있다. 이때 도커가 기동되는 모습은 그림 6.1.2와 같다.

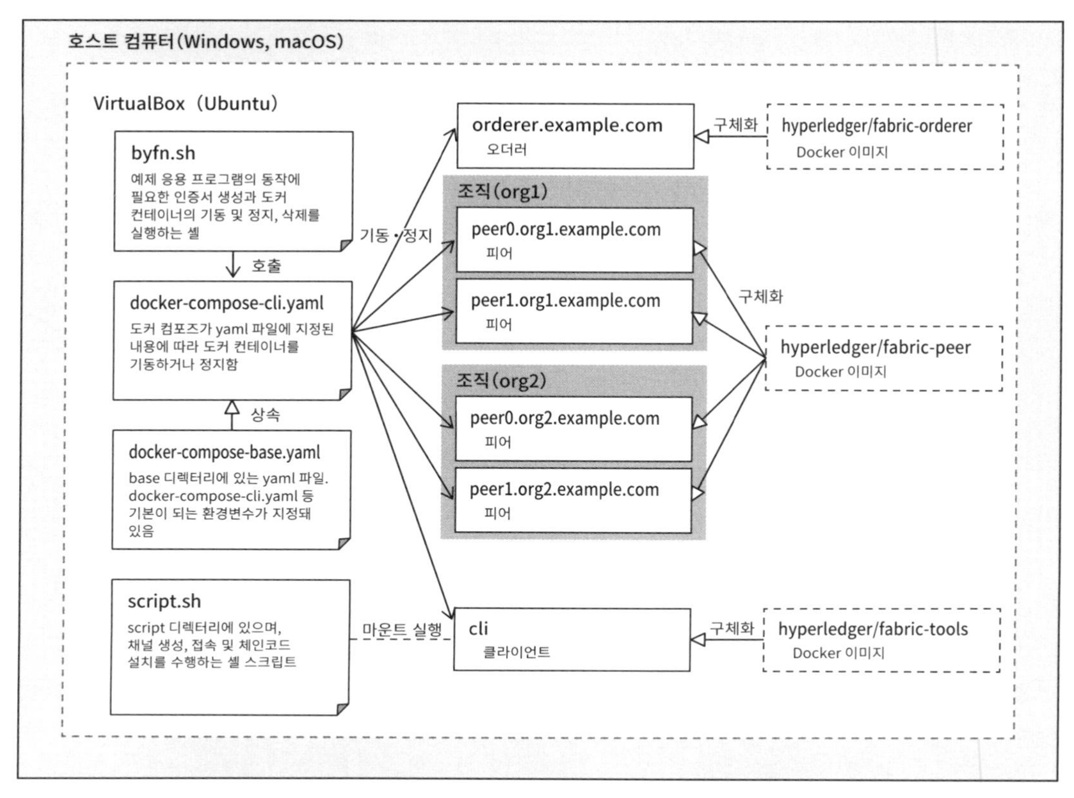

그림 6.1.2 first-network 도커의 기동 형태

`byfn.sh`와 같은 디렉터리에 있는 `docker-compose-cli.yaml` 파일에 도커 컨테이너가 어떻게 기동되는지 설정돼 있다. 기본이 되는 도커 이미지로부터 클라이언트용 cli 컨테이너와 오더러용 컨테이너가 각각 1개씩 시작된다. 그리고 hyperledger/fabric-peer의 도커 이미지를 기본으로 2개의 조직에 2개씩 총 4개의 피어가 시작된다.

cli 컨테이너는 기동 후 일정 시간이 지나면 자동적으로 종료되도록 설정돼 있다. 클라이언트 호출을 확인하거나 종료한 cli 컨테이너를 다시 시작하려면 아래 명령을 사용한다(항목 6.1.4).

항목 6.1.4 cli 컨테이너 시작

```
docker start cli
```

6.2절 '하이퍼레저 패브릭 네트워크 준비' 및 6.3절 '하이퍼레저 패브릭 네트워크 시작'에서는 이 클라이언트에서 호출하는 예제를 실행했을 때의 동작과 환경설정에 대해 설명한다.

6.2 하이퍼레저 패브릭 네트워크 준비

하이퍼레저 패브릭 네트워크를 시작하기 전에 하이퍼레저 패브릭 네트워크를 준비해야 한다. 하이퍼레저 패브릭 네트워크를 통한 분산 환경을 구현하려면 암호화 인증서 기술을 사용해야 하기 때문에 이를 먼저 준비해야 한다. 하이퍼레저 패브릭은 상용 인증서 외에도 자기 서명 인증서를 생성할 수 있게끔 각종 도구를 지원한다.

또한 하이퍼레저 패브릭에서는 v1.0부터 멀티 채널을 지원해 채널별로 원장을 보유할 수 있다. 하이퍼레저 패브릭 네트워크는 채널별로 네트워크 환경설정을 한다.

6.2.1 인증서 생성(cryptogen)

하이퍼레저 패브릭에서는 안전한 운영 환경을 구축하기 위해 암호화 인증서를 설정한다(자세한 내용은 6.7절 '하이퍼레저 패브릭의 안전한 운영 환경 개요'에서 다룬다). 하이퍼레저 패브릭에서는 자기 서명 인증서를 만들 수 있는 `cryptogen`이라는 도구를 제공한다. `byfn.sh`의 내부 함수에 있는 인증서 생성 함수(`generateCerts`)에서는 `cryptogen`을 사용해 암호 데이터(x509 인증서)를 생성한다. `cryptogen`은 3.2절 '하이퍼레저 패브릭 기동 환경 준비'에서 다운로드한 하이퍼레저 패브릭 도구 모음에 포함돼 있다. `cryptogen`은 `crypto-config.yaml` 파일에 적힌 네트워크 구성과 조직, 도메인 등의 설정을 바탕으로 인증서와 암호 키 쌍을 생성한다.

여기서 사용되는 `crypto-config.yaml`과 도커 컴포즈 파일(표 6.1.2) 등 하이퍼레저 패브릭에서 설정 파일로 사용되는 YAML(YAML Ain't Markup Language)은 XML(eXtensible Markup Language)과 비슷한 트리 구조로 데이터를 표현할 수 있는 형식 파일이다. 표기법을 간단하게 살펴보면 다음과 같다.

- **': '(콜론+공백)**: 콜론 앞이 속성을 나타내는 키, 뒤가 속성 값
- **'- '(하이픈+공백)**: 배열을 나타내며 동일한 들여쓰기로 여러 개의 속성을 설정할 수 있음
- **'#'**: 주석

`crypto-config.yaml` 파일의 구성 예를 살펴보자(항목 6.2.1).

항목 6.2.1 crypto-config.yaml 파일의 예

```
OrdererOrgs:
  - Name: Orderer
    Domain: example.com
    CA:
    Country: US
    Province: California
    Locality: San Francisco
    # OrganizationUnit: CA에 기재한 조직 명칭
    # StreetAddress: OrganizationUnit 주소 # default nil
    # PostalCode: OrganizationUnit 우편번호 # default nil
    Specs:
      - Hostname: orderer
PeerOrgs:
  - Name: Org1
    Domain: org1.example.com
    EnableNodeOUs: true
    Template:
      Count: 2
      # Start: 5
      # Hostname: {{.Prefix}}{{.Index}} # default
    Users:
      Count: 1
  - Name: Org2
    Domain: org2.example.com
    Template:
      Count: 2
    Users:
      Count: 1
```

first-network 디렉터리에서 `crypto-config.yaml` 파일을 찾을 수 있다.

항목 6.2.2 `crypto-config.yaml` 파일의 경로

```
~/fabric/fabric-samples/first-network/crypto-config.yaml
```

3.2절에서 하이퍼레저 패브릭 네트워크를 실행하기 위해 `FABRIC_CFG_PATH`를 별도로 설정했으나 `byfn.sh` 스크립트 내에서 `FABRIC_CFG_PATH`를 현재 디렉터리(`byfn.sh`가 존재하는 디렉터리)로 설정하기 때문에 여기서는 특별히 환경변수를 설정하지 않아도 된다.

crypto-config.yaml 파일의 설정 값과 의미, 필수 여부에 대해서는 표 6.2.1을 참조하자.

표 6.2.1 crypto-config.yaml 설정

설정 값			필수 여부	설명
OrdererOrgs			○	오더러 노드를 관리하는 조직을 정의
	Name		○	조직을 정의하는 이름
	Domain		○	조직이 이용하는 도메인 이름
	CA			오더러 및 피어와 연결할 조직 루트 인증서의 설정을 기입. 아래의 설정 값은 인증서를 생성할 때 설정한 값과 동일한 값을 기입(first-network에서는 생략)
		Country		국가를 2글자 알파벳으로 표시(한국은 KR)
		Province		동, 읍, 면
		Locality		시, 군, 구
		OrganizationUnit		조직명
		StreetAddress		번지
		PostalCode		우편번호
	Spec			호스트 사양
		Hostname	△	(Spec을 지정한 경우 필수) CommonName이 설정되지 않았다면 'Hostname.Domain'으로 오더러의 FQDN[2]이 결정됨
		CommonName		'Hostname.Domain'을 무시하고 FQDN을 설정
PeerOrgs				피어 노드를 관리하는 조직을 정의
	Name		○	조직을 정의하는 명칭
	Domain		○	조직이 이용하는 도메인 이름
	Spec			호스트의 사양(OrdererOrgs와 동일. 일반적으로 Template을 사용)
		Hostname	△	
		CommonName		

2 'Fully Qualified Domain Name'의 약자. '호스트 이름 + 도메인 이름'으로 구성되는 완전한 도메인 이름

설정 값			필수 여부	설명
	Template			여러 개의 피어를 시작했을 때 호스트 이름을 자동으로 부여하는 설정. Hostname이 설정되지 않은 경우 'peer'+'숫자(0 또는 지정한 숫자)'가 된다
		Count		시작할 피어 수
		Start		호스트 이름을 자동으로 부여할 때 특정 숫자부터 시작하도록 설정. 지정하지 않는 경우 0
		Hostname		개별 호스트 이름을 부여하는 경우 설정
	Users			관리자(Admin) 외 추가할 사용자
		Count		추가할 계정 수(관리자 제외)

6.2.2 채널 환경설정 생성(configtxgen)

하이퍼레저 패브릭 네트워크의 채널 환경설정을 수행하는 configtxgen이라는 도구가 있다. configtxgen도 앞에서 설명한 cryptogen과 마찬가지로 3.2절에서 다운로드한 도구에 포함돼 있다. byfn.sh 내에 구현된 채널 환경설정 생성 함수(generateChannelArtifacts)에서는 configtxgen 명령을 실행해 다음 3개의 설정을 수행한다.

① 오더러의 제네시스 블록을 생성

② 채널 트랜잭션 환경설정인 channel.tx를 생성

③ 멤버별로 앵커 피어(Anchor Peer)를 생성하고 갱신

제네시스 블록은 블록체인의 초기 블록이다. 하이퍼레저 패브릭의 알고리즘은 트랜잭션이 발생해 성공적으로 블록을 생성하면 앞의 블록을 압축한 데이터(해시 값)를 저장한다. 그렇기 때문에 하이퍼레저 패브릭 네트워크를 이용하려면 최초의 블록을 준비해둬야 한다.

앵커 피어는 조직 외부와 내부의 피어를 중계하는 역할을 담당한다. 다른 모든 피어를 발견해 통신하기 위해 필요하다. 채널에 있는 멤버별로 1개 이상의 앵커 피어를 설정할 수 있다. 단일 장애점을 없애기 위해서는 여러 개의 앵커 피어를 설정하는 것이 좋다.

configtxgen은 configtx.yaml 파일에 기술된 조직과 오더러, 응용 프로그램 설정을 바탕으로 하이퍼레저 패브릭 네트워크의 환경설정을 수행한다. configtx.yaml은 first-network 디렉터리에 들어 있다(항목 6.2.3).

항목 6.2.3 configtx.yaml 경로

```
~/fabric/fabric-sample/first-network/configtx.yaml
```

configtx.yaml은 6.2.1절 '인증서 생성(cryptogen)'에서 설명한 YAML 형식 표기법에 다음과 같은 표기법을 추가로 사용한다. 참고로 configtx.yaml 내용을 확인해보자.

- '&'은 참조할 정의 파일의 설정 값이며 '*'은 정의를 참조하는 곳
- '<<'는 설정 값 병합('*'로 참조하는 값을 병합하는 경우가 많음)

configtx.yaml 파일은 표 6.2.2와 같이 4개의 섹션으로 나뉘어 기술돼 있다.

표 6.2.2 configtx.yaml 설정 값

설정 값				설명
Organizations				조직의 이름과 MSP 디렉터리 정의
	&<이름>			Profiles 섹션에서 참조하기 위한 이름
		Name		조직 명칭
		ID		MSP에서 정의된 것을 불러올 때 사용하는 ID
		MSPDir		MSP 구성 파일이 있는 경로. cryptogen을 이용하는 경우 생성된 경로를 지정
		Policies		조직의 정책 설정(Readers, Writers, Admins). 경로는 /Channel/<Application¦Orderer>/<OrgName>/<PolicyName>
		AnchorPeers		조직 외부와 내부의 피어 간 통신을 위한 장소 정의
			Host	앵커 피어의 호스트 이름
			Port	앵커 피어의 포트 번호
Orderer				오더러와 관계된 트랜잭션 및 제네시스 블록 정의
	OrdererType			오더러 종류를 정의. 현재 버전에서는 "solo"와 "kafka" 설정이 가능. 종류에 따라 순서를 결정

	Addresses		오더러 주소
	BatchSize		블록 내에 모인 메시지 수를 제어
		MaxMessageCount	최대 메시지 수
		CommonName	직렬화된 메시지의 최대 크기
		PreferredMaxBytes	직렬화된 메시지의 추천 크기
	MaxChannels		오더러가 관리할 네트워크의 최대 채널 수. 0은 제한 없음
	Kafka		오더러 유형이 "kafka"인 경우 Apache Kafka의 설정 값
		Brokers	오더러가 접속할 Apache Kafka 브로커의 주소
	Organization		오더러가 참가 가능한 조직 목록
	Policies		오더러 정책 정의. /Channel/Orderer/<PolicyName>
Application			응용 프로그램과 관계된 트랜잭션 및 제네시스 블록 정의
	Organizations		응용 프로그램이 참가 가능한 조직 목록
	Policies		응용프로그램 정책 정의. /Channel/Application/<PolicyName>
Channel			구성 트랜잭션으로 인코딩할 값을 정의하거나 제네시스 블록에 대한 채널 매개변수 정의
	Policies		채널에 대한 정책 정의. /Channel/<PolicyName>
Profiles			오더러 노드를 관리하는 조직을 정의

first-network는 최소 구성으로 동작하도록 OrdererType은 개발용인 "solo"로 설정돼 있다. "kafka"를 설정할 경우 Apache Kafka를 구성하고 브로커 주소를 설정해야 한다.

하이퍼레저 패브릭 네트워크를 동작시키기 위해서는 configtxgen 명령을 여러 번 실행해야 한다. byfn.sh의 내부 함수인 채널 환경설정 생성(generateChannelArtifacts)으로 실행되는 configtxgen 명령 사용법을 바탕으로 설명한다.

byfn.sh는 FABRIC_CFG_PATH 환경변수에 설정한 실행 디렉터리에 있는 configtx.yaml을 읽어온다. configtxgen의 -profile 매개변수는 이 configtx.yaml의 Profiles 설정 값을 전달한다.

우선 오더러의 초기화 처리로 제네시스 블록을 생성한다. 항목 6.2.4와 같이 -outputBlock 옵션에 제네시스 블록을 저장할 경로와 파일명을 지정한다.

항목 6.2.4 제네시스 블록 생성

```
configtxgen -profile TwoOrgsOrdererGenesis -outputBlock ./channel-artifacts/genesis.block
```

다음으로 채널 트랜잭션 환경설정인 channel.tx를 생성한다. 항목 6.2.5와 같이 -outputCreateChannelTx 옵션에 channel.tx를 저장할 위치와 파일명을 지정하고 -channelID에 채널 이름을 지정해 실행한다.

항목 6.2.5 채널 트랜잭션 환경설정

```
configtxgen -profile TwoOrgsChannel -outputCreateChannelTx ./channel-artifacts/channel.tx
-channelID $CHANNEL_NAME
```

마지막으로 각 조직별 앵커 피어 설정을 한다. 항목 6.2.6과 같이 -outputAnchorPeersUpdate에 앵커 피어 출력 파일명을, -channelID에 채널 이름을 설정하고, -asOrg에 조직 이름을 지정해 서로 통신이 이뤄지게 한다.

항목 6.2.6 앵커 피어 설정

```
configtxgen -profile TwoOrgsChannel -outputAnchorPeersUpdate ./channel-artifacts/
Org1MSPanchors.tx -channelID $CHANNEL_NAME -asOrg Org1MSP
configtxgen -profile TwoOrgsChannel -outputAnchorPeersUpdate ./channel-artifacts/
Org2MSPanchors.tx -channelID $CHANNEL_NAME -asOrg Org2MSP
```

byfn.sh를 generate 모드로 실행하면 채널 환경설정까지 모두 생성하며, 생성된 파일은 channel-artifacts 디렉터리에 저장된다.

여기까지의 환경설정이 하이퍼레저 패브릭 네트워크 환경이며 오더러와 피어를 실행하기 전에 필요한 내용이다.

6.3 하이퍼레저 패브릭 네트워크 시작

하이퍼레저 패브릭 네트워크 준비되면 하이퍼레저 패브릭 네트워크를 구성하는 노드를 실행하고 하이퍼레저 패브릭 네트워크를 시작한다. 노드 실행을 위해서는 하이퍼레저 패브릭 네트워크 설정이 필요하다.

노드가 실행되고 하이퍼레저 패브릭 네트워크가 시작되면 체인코드를 준비해 하이퍼레저 패브릭 네트워크에서 응용 프로그램을 이용할 수 있는 상태로 만든다.

6.3.1 설정 파일과 환경변수

하이퍼레저 패브릭 네트워크의 노드인 오더러와 피어는 3.2절 '하이퍼레저 패브릭 동작 환경 준비'의 설정에서 다운로드한 명령 기반 도구다. 그리고 6.1.1절 '예제 응용 프로그램의 전체적인 모습'에서 설명한 바와 같이 도커 이미지로 제공된다. 도커 이미지는 오더러와 피어의 명령 도구뿐 아니라 환경설정도 준비돼 있어 first-network도 이 도커 이미지에 대해 일부 응용 프로그램에서 이용하는 환경변수를 가져와 실행한다.

이 도구는 `FABRIC_CFG_PATH` 환경변수에 지정된 디렉터리에서 설정 파일인 "YAML" 파일을 읽어온다. 앞 절에서 다룬 도구(`cryptogen`, `configtxgen`)를 포함해 하이퍼레저 패브릭 도구에서 사용되는 설정 파일은 표 6.3.1과 같다.

표 6.3.1 하이퍼레저 패브릭 도구에서 사용되는 환경설정 파일

환경설정 파일	설명
`core.yaml`	하이퍼레저 패브릭 공통 네트워크 설정. 주로 피어가 이용
`crypto-config.yaml`	`cryptogen`이 이용하는 암호 요소에 대한 설정
`configtxyaml`	`configtxgen`이 이용하는 하이퍼레저 패브릭 네트워크 관련 설정
`orderer.yaml`	오더러가 이용하는 설정

하이퍼레저 패브릭 도구에 환경설정을 제공하는 방법으로는 환경설정 파일 외에도 환경변수를 지정하는 방법이 있다. 하이퍼레저 패브릭 도구는 viper와 cobra라는 오픈소스 라이브러리를 사용한다. 이것

은 YAML 파일의 설정을 환경변수의 내용으로 덮어쓸 수 있다. 환경변수에서 정의한 경우 영어 대문자로 '〈YAML 파일명〉_(언더바)〈설정 키 값〉'(다단인 경우 언더스코어로 계속 구분)과 같이 환경변수를 설정한다.

예를 들어, core.yaml에는 항목 6.3.1과 같은 설정이 있다.

항목 6.3.1 core.yaml 설정 값 중 일부

```
peer:
      id: jdoe
```

이 "jdoe"라는 설정 값을 환경변수에서 설정하는 경우 CORE_PEER_ID라는 환경변수에 값을 설정한다. 환경변수 설정 값이 우선시되므로 core.yaml에 지정된 "jdoe"는 CORE_PEER_ID에서 설정한 값으로 변경된다.

first-network 응용 프로그램에서 사용하는 도커 이미지에는 오더러와 피어의 환경설정이 저장된 파일이 존재한다. 하지만 이 도커 이미지를 불러오는 도커 컴포즈 파일에는 이미지 안에 있는 환경설정 파일을 덮어쓰는 설정이 존재한다. 이 방법을 통해 도커 컨테이너 내의 환경과 관계 없이 도커 이미지를 호출하는 호스트 OS(여기서는 버추얼 박스에 설치된 우분투)에서 환경설정을 수행하는 것이 가능하다.

이번 절에서는 first-network 응용 프로그램에 설정해야 할 최소한의 환경변수에 대해 설명한다.

6.3.2 네트워크 시작

6.2절 '하이퍼레저 패브릭 네트워크 준비'의 내용대로 하이퍼레저 패브릭 네트워크 준비(byfn.sh의 generate 모드)가 끝났다면 하이퍼레저 패브릭 네트워크를 시작(byfn.sh의 up 모드)할 수 있다. byfn.sh 내에서 사용되는 docker-compose 명령은 도커 컴포즈 설정 파일 내용에 따라 컨테이너를 구성하는 역할만 한다.

6.1.4절 '클라이언트에서 직접 호출하는 예제'와 같이 byfn.sh에 매개변수를 설정하지 않고 up 모드를 실행했을 때는 docker-compose-cli.yaml 파일에 따라 도커 컨테이너를 구축한다. docker-compose-cli.yaml은 다음과 같은 순서로 도커 컨테이너를 생성한다.

① **오더러 컨테이너 생성**(base/docker-compose-base.yaml **참조**)

도커 이미지 = hyperledger/fabric-orderer

② **피어 컨테이너를 2개의 조직에 조직별로 2개씩 생성**(base/docker-compose-base.yaml **참조**)

도커 이미지 = hyperledger/fabric-peer

③ **클라이언트 호출용 컨테이너 생성**

도커 이미지 = hyperledger/fabric-tools

오더러 컨테이너를 생성할 때 전달하는 환경변수는 표 6.3.2와 같다. 모든 환경변수는 ORDERER_로 시작하므로 orderer.yaml 설정을 재정의한다. 여기서 주의해야 할 점은 경로 설정은 도커 컨테이너 안에서의 경로 설정이라는 점이다.

표 6.3.2 오더러 컨테이너 생성 시 전달되는 환경변수

환경설정 파일	설명
ORDERER_GENERAL_LOGLEVEL[3]	출력할 로그 레벨
ORDERER_GENERAL_LISTENADDRESS	통신을 허가할 IP 주소
ORDERER_GENERAL_GENESISMETHOD	제네시스 블록의 종류. 항목 6.1.6에서 제네시스 블록 파일을 생성했기 때문에 "file"을 설정
ORDERER_GENERAL_GENESISFILE	제네시스 블록 파일 경로
ORDERER_GENERAL_LOCALMSPID	로컬 MSP ID. 표 6.2.3의 조직 아래에 설정된 오더러의 ID와 일치시켜야 한다.
ORDERER_GENERAL_LOCALMSPDIR	로컬 MSP 암호가 위치한 경로. 표 6.2.2의 오더러 MSP 인증서가 저장된 디렉터리가 설정돼 있다.

다음은 TLS를 활성화할 경우(docker-compose-e2e.yaml을 사용한 예제 이용)

ORDERER_GENERAL_TLS_ENABLED	TLS 활성화(true 또는 false)
ORDERER_GENERAL_TLS_PRIVATEKEY	비밀키 경로
ORDERER_GENERAL_TLS_CERTIFICATE	서버 인증서 경로
ORDERER_GENERAL_TLS_ROOTCAS	루트 인증기관 경로

3 하이퍼레저 패브릭은 CRITICAL, ERROR, WARNING, NOTICE, INFO, DEBUG 레벨의 로그를 출력할 수 있다. CRITICAL이 가장 출력 내용이 적고 DEBUG가 가장 많은 로그를 출력한다.

base/docker-compose-base.yaml은 도커 컨테이너를 생성할 때 orderer 명령을 실행한다. 매개변수 없이 실행하므로 orderer.yaml 파일의 설정 내용을 이용한다.

피어 컨테이너를 생성할 때 전달하는 환경변수는 표 6.3.3과 같다. 환경변수는 CORE_로 시작하므로 core.yaml 설정을 덮어쓴다.

표 6.3.3 피어 컨테이너 생성 시 전달되는 환경변수

환경설정 파일	설명
base/docker-compose-base.yaml	
CORE_PEER_ID★	피어 인스턴스 ID
CORE_PEER_LOCAL_ADDRESS★	피어 주소("호스트 이름:호스트 번호"로 설정)
CORE_PEER_GOSSIP_EXTERNALENDPOINT	가십 프로토콜이 외부에서 호출될 때 가장 끝이 되는 주소("호스트 이름:호스트 번호"로 설정)
CORE_PEER_MSPID★	로컬에 있는 MSP의 ID. 표 6.2.3의 조직 아래에 설정된 피어 ID와 일치시켜야 함
base/peer.yaml	
CORE_VM_ENDPOINT	VM 관리 파일의 경로
CORE_VM_DOCKER_HOSTCONFIG_NETWORKMODE	도커 컨테이너의 네트워크 모드 설정
CORE)LOGGING_LEVEL	출력할 로그 레벨
CORE_PEER_TLS_ENABLED★	TLS 활성화 여부(true 또는 false)
CORE_PEER_GOSSIP_USELEADERELECTION	가십 프로토콜에서 동적 리더를 선별하는 알고리즘 사용 여부(true 또는 false)
CORE_PEER_GOSSIP_ORGLEADER	조직 리더 설정 여부(true 또는 false)
CORE_PEER_PROFILE_ENABLED	Go 언어 프로파일링 도구 사용 여부(true 또는 false)
CORE_PEER_TLS_CERT_FILE★	서버 인증서 경로
CORE_PEER_TLS_KEY_FILE★	비밀 키 경로
CORE_PEER_TLS_ROOTCERT_FILE★	루트 인증서 경로
docker-compose-cli-yaml	
CORE_PEER_MSPCONFIGPATH★	MSP 로컬 환경설정이 저장된 파일 시스템 경로

base/peer-base.yaml은 도커 컨테이너를 생성할 때 peer node start 명령을 실행한다. 매개변수 없이 실행되므로 기본값으로 core.yaml과 위의 환경변수 설정을 통해 기동한다.

6.3.3 채널 생성 및 참가

오더러와 피어 네트워크 노드가 시작되면 채널을 만들어 채널에 참가한다.

first-network 응용 프로그램은 docker-compose-cli.yaml에서 클라이언트를 호출해 도커 컨테이너를 생성할 때 환경변수를 설정한다. 그리고 hyperledger/fabric-tools 도커 컨테이너 내부에서 script 디렉터리에 있는 script.sh를 실행한다. hyperledger/fabric-tools에 전달하는 환경변수는 표 6.3.3에서 ★가 표시된 변수다. 여기서는 조직이 Org1이고 Peer0인 피어에 접속하도록 환경변수가 설정돼 있다.

script.sh는 채널 생성과 체인코드 설치, 체인코드 실행을 수행한다(표 6.3.4). 모든 명령은 peer 명령어[4]를 사용한다.

표 6.3.4 script.sh 함수 호출 순서

실행되는 내용	script.sh의 내부 함수 이름
채널 생성	createChannel
채널 참가	joinChannel
앵커 피어 갱신	updateAnchorPeers
체인코드 설치	installChaincode
체인코드 초기화	instantiateChaincode
체인코드 질의	chaincodeQuery
체인코드 호출	chaincodeInvoke

first-network가 실행될 때 cli 도커는 어떤 명령을 실행하는지 살펴보자[5]. 채널 생성은 항목 6.3.2와 같이 peer channel create 명령을 사용한다.

항목 6.3.2 채널 생성

```
peer channel create -o orderer.example.com:7050 -c mychannel -f ./channel-artifacts/channel.tx
--tls true --cafile /opt/gopath/src/github.com/hyperledger/fabric/peer/crypto/
ordererOrganizations/example.com/orderers/orderer.example.com/msp/tlscacerts/tlsca.example.com-
cert.pem
```

4 -help 옵션을 붙여 도움말을 확인할 수 있다.

5 cli에서 직접 명령을 실행하려면 docker exec -it cli /bin/bash 명령으로 컨테이너 내의 셸을 기동해야 한다. 여기서는 이미 실행된 내용을 설명한다.

다음으로 항목 6.3.3과 같이 peer channel join 명령을 사용해 채널에 참가한다. 매개변수 -b는 제네시스 블록을 포함하는 파일 경로를 의미한다.

항목 6.3.3 채널 참가

```
peer channel join -b mychannel.block
```

정상적으로 네트워크가 시작된 것을 확인한 뒤 cli를 기동하고 cli에 접속한다.

항목 6.3.4 오더러의 앵커 피어 갱신

```
peer channel update -o orderer.example.com:7050 -c mychannel -f ./channel-artifacts/
Org2MSPanchors.tx --tls true --cafile /opt/gopath/src/github.com/hyperledger/fabric/peer/crypto/
ordererOrganizations/example.com/orderers/orderer.example.com/msp/tlscacerts/tlsca.example.com-
cert.pem
```

이것으로 채널 준비가 완료됐다.

6.3.4 체인코드 설치 및 실행

채널 준비가 끝났다면 하이퍼레저 패브릭의 스마트 계약인 체인코드를 조작해본다.

항목 6.3.5와 같이 peer chaincode install 명령으로 체인코드를 설치할 수 있다. -n으로 체인코드의 이름을 지정할 수 있다. 이름은 체인코드 호출에도 사용된다.

항목 6.3.5 체인코드 설치

```
peer chaincode install -n mycc -l golang -p github.com/chaincode/chaincode_example02/go/
```

설치한 체인코드는 채널별로 인스턴스화해 이용할 수 있다. 항목 6.3.6과 같이 peer chaincode instantiate 명령을 사용한다. 설치할 때와 마찬가지로 이름과 버전을 인수로 지정한다. -c는 JSON 형식의 매개변수며 -p는 보증 정책이라는 체인코드를 실행할 수 있는 멤버를 지정하는 옵션이다. 여기서는 a에 100, b에 200이라는 초깃값을 설정한다.

항목 6.3.6 체인코드 인스턴스화

```
peer chaincode instantiate -o orderer.example.com:7050 --tls true --cafile /opt/
gopath/src/github.com/hyperledger/fabric/peer/crypto/ordererOrganizations/example.com/
orderers/orderer.example.com/msp/tlscacerts/tlsca.example.com-cert.pem -C mychannel
-n mycc -l golang -v 1.0 -c '{"Args":["init","a","100","b","200"]}' -P 'AND
('\''Org1MSP.peer'\'','\''Org2MSP.peer'\'')'
```

체인코드에 질의(조회 관련 처리)하는 명령과 체인코드를 호출(갱신 관련 처리)하는 명령은 `peer chaincode query` 명령(항목 6.3.7)과 `peer chaincode invoke` 명령(항목 6.3.8)으로 수행한다.

항목 6.3.7 체인코드에 질의

```
peer chaincode query -C mychannel -n mycc -c '{"Args":["query","a"]}'
```

항목 6.3.8 체인코드 호출

```
peer chaincode invoke -o orderer.example.com:7050 --tls true --cafile /opt/gopath/src/github.com/
hyperledger/fabric/peer/crypto/ordererOrganizations/example.com/orderers/orderer.example.com/
msp/tlscacerts/tlsca.example.com-cert.pem -C mychannel -n mycc --peerAddresses
peer0.org1.example.com:7051 --tlsRootCertFiles /opt/gopath/src/github.com/hyperledger/
fabric/peer/crypto/peerOrganizations/org1.example.com/peers/peer0.org1.example.com/tls/ca.crt
--peerAddresses peer0.org2.example.com:7051 --tlsRootCertFiles /opt/gopath/src/github.com/
hyperledger/fabric/peer/crypto/peerOrganizations/org2.example.com/peers/peer0.org2.example.com/
tls/ca.crt -c '{"Args":["invoke","a","b","10"]}'
```

여기서는 a의 값을 b로 10을 이동하는 것을 매개변수로 전달한다.

실행 결과는 `byfn.sh`를 up 모드로 실행하면 cli에서도 확인할 수 있다. 그리고 도커 명령어로 클라이언트 호출용 컨테이너(cli)를 지정해 로그를 확인할 수도 있다(항목 6.3.9).

항목 6.3.9 로그 확인

```
docker logs cli
```

체인코드 개발에 대해서는 4장을 참고하기 바란다.

6.4 상태 DB

2.2절 '하이퍼레저 패브릭 v1.x의 아키텍처'에서 설명한 것과 같이 하이퍼레저 패브릭에서 원장은 여러 트랜잭션 블록이 순차적으로 구성된 체인과 현재 상태를 나타내는 상태 DB로 구성된다.

상태 DB는 기본적으로 피어에 포함된 DB인 LevelDB와 피어와는 별도의 인스턴스로 기동되어 JSON 형식으로 호출되는 Apache CouchDB가 있다. 이번 절에서는 Apache CouchDB를 이용한 설정을 확인해본다.

6.4.1 Apache CouchDB를 이용한 예제

앞 절에서 설명한 first-network의 클라이언트에서 직접 호출하는 예제는 암묵적으로 LevelDB를 이용한다. LevelDB는 API를 통해서만 참조할 수 있다. first-network의 경우 6.1.2절 'first-network의 전체적인 모습'에서 소개한 것처럼 CouchDB가 사전 설치된 도커 이미지를 기동하는 `docker-compose-couch.yaml` 파일이 준비돼 있다.

first-network에 있는 `byfn.sh` 파일에 명령 옵션으로 `-s couchdb`를 붙여 실행하면 `-f`로 지정한 도커 컴포즈 파일(기본값은 `docker-compose-cli.yaml`)에 추가로 `docker-compose-couch.yaml` 파일도 함께 불러들여 실행한다(항목 6.4.1). 옵션을 붙여서 실행하면 항목 6.4.2와 같은 결과를 확인할 수 있다(굵게 표시한 부분이 기본적으로 실행했을 때와 다른 점).

항목 6.4.1 Apache CouchDB를 사용한 예제 실행

```
./byfn.sh up -s couchdb
```

항목 6.4.2 결과

```
Starting for channel 'mychannel' with CLI timeout of '10' seconds and CLI delay of '3' seconds and
using database 'couchdb'
Continue? [Y/n] y
proceeding ...
LOCAL_VERSION=1.3.0
DOCKER_IMAGE_VERSION=1.3.0
```

```
/home/vagrant/fabric/fabric-samples/first-network/../bin/cryptogen

(생략)

Creating network "net_byfn" with the default driver
Creating volume "net_peer0.org2.example.com" with default driver
Creating volume "net_peer1.org2.example.com" with default driver
Creating volume "net_peer1.org1.example.com" with default driver
Creating volume "net_peer0.org1.example.com" with default driver
Creating volume "net_orderer.example.com" with default driver
Creating couchdb2
Creating couchdb3
Creating couchdb1
Creating couchdb0
Creating orderer.example.com
Creating peer0.org2.example.com
Creating peer1.org1.example.com
Creating peer1.org2.example.com
Creating peer0.org1.example.com
Creating cli

 ____    _____      _        ____    _____
/ ___|  |_   _|    / \      |  _ \  |_   _|
\___ \    | |     / _ \     | |_) |   | |
 ___) |   | |    / ___ \    |  _ <    | |
|____/    |_|   /_/   \_\   |_| \_\   |_|

Build your first network (BYFN) end-to-end test

Channel name : mychannel
Creating channel...

(생략)

 _____   _   _   ____
| ____| | \ | | |  _ \
|  _|   |  \| | | | | |
| |___  | |\  | | |_| |
|_____| |_| \_| |____/
```

클라이언트에서 직접 호출하는 예제에 couchdb0 ~ couchdb3 도커 컨테이너가 추가로 기동된다.

Apache CouchDB를 이용한 예제는 다음과 같이 구성돼 있다(그림 6.4.1).

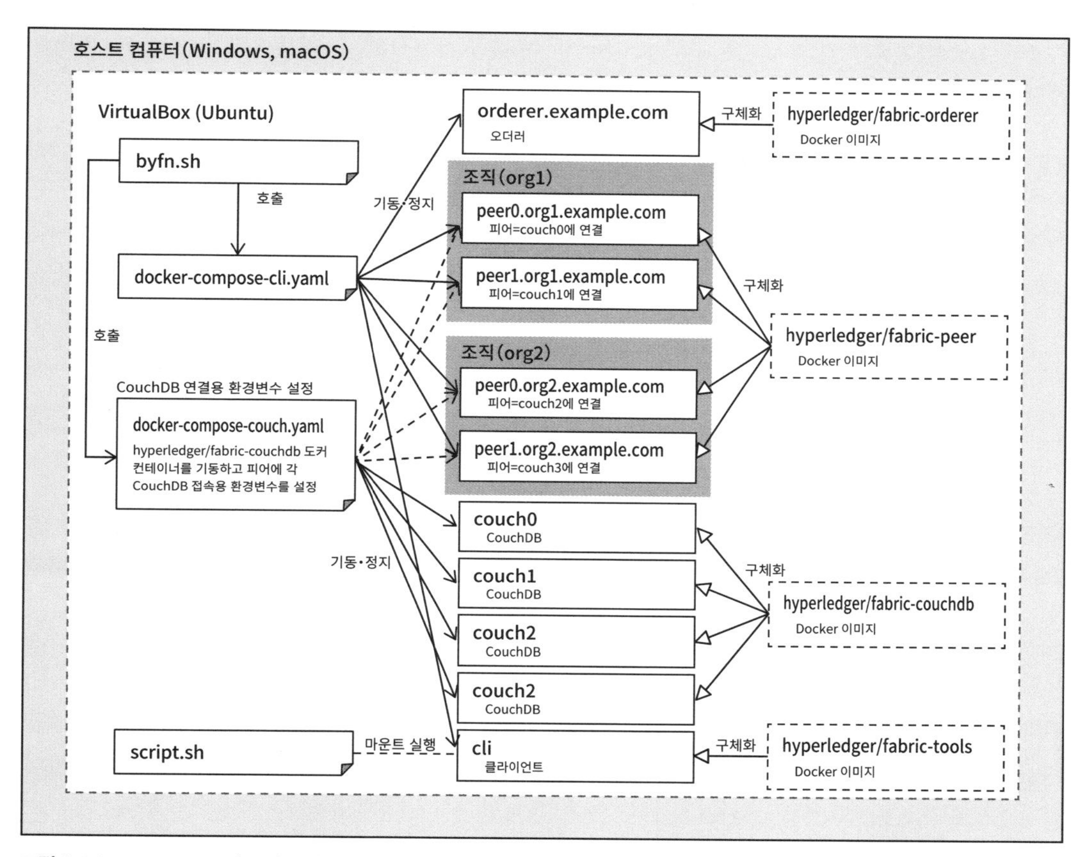

그림 6.4.1 first–network의 도커 구성

4개의 피어에 상태 DB로 사용할 CouchDB를 1개씩 할당하고 있다.

6.4.2 Apache CouchDB 기동 및 접속

first-network의 docker-compose-couch.yaml 파일을 확인해보면 Apache CouchDB에 접속하기 위한 최소한의 구성 정보가 기술돼 있다. docker-compose-couch.yaml에서 hyperledger/fabric-couchdb를 기동하는 부분은 다음과 같다(항목 6.4.3).

항목 6.4.3 Apache CouchDB를 기동하는 도커 컴포즈 파일의 내용

```
couchdb0:
  container_name: couchdb0
  image: hyperledger/fabric-couchdb
  environment:
    - COUCHDB_USER=
    - COUCHDB_PASSWORD=
  ports:
    - "5984:5984"
  networks:
    - byfn
```

환경변수인 COUCHDB_USER와 COUCHDB_PASSWORD는 예제에서는 지정되지 않았으나 실제 서비스할 때 등 필요한 경우에는 이 부분에서 지정할 수 있다. Apache CouchDB에서 사용하는 기본 통신 포트는 5984지만 호스트 OS에 대해서는 별도의 포트 번호를 할당해 호스트 OS에서 접속하는 것이 가능하다. ports에서 지정한 값 중 ":"(콜론) 뒤의 값이 도커 컨테이너 내에서의 Apache CouchDB 포트 번호, 앞의 값이 호스트 OS에서 사용할 포트 번호다.

Apache CouchDB는 브라우저에서 데이터베이스를 참조할 수도 있다. 호스트 OS의 브라우저에서 'http://localhost:5984/_utils/'를 입력하면 웹 인터페이스로 접속할 수 있다[6].

---

6 (옮긴이) 포트 포워딩 설정을 해야 한다(3.3.2절의 '게스트 OS 포트 포워딩 설정' 참조).

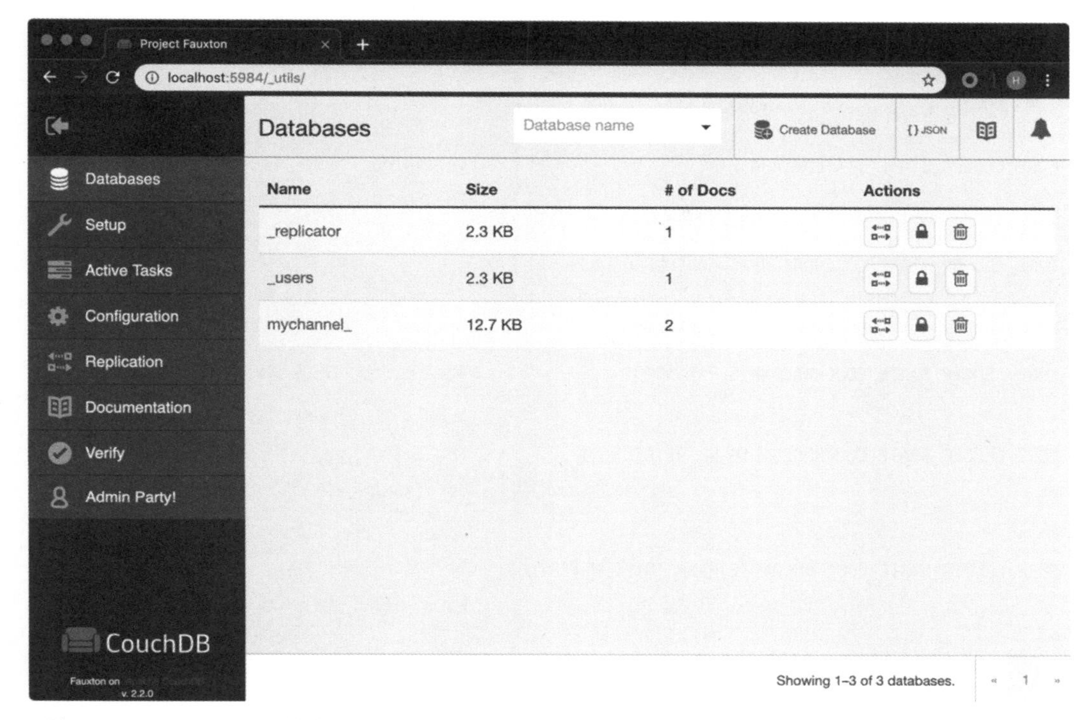

그림 6.4.2 Apache CouchDB 웹 인터페이스

피어에서 상태 DB에 접속할 때도 `docker-compose-couch.yaml` 파일에서 환경변수를 지정한다(항목 6.4.4).

항목 6.4.4 `docker-compose-couch.yaml` 파일 내의 Apache CouchDB 접속 설정

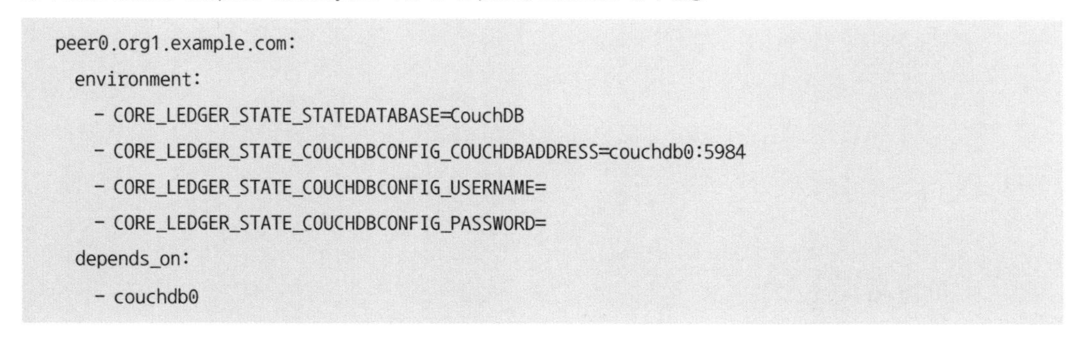

```
peer0.org1.example.com:
  environment:
    - CORE_LEDGER_STATE_STATEDATABASE=CouchDB
    - CORE_LEDGER_STATE_COUCHDBCONFIG_COUCHDBADDRESS=couchdb0:5984
    - CORE_LEDGER_STATE_COUCHDBCONFIG_USERNAME=
    - CORE_LEDGER_STATE_COUCHDBCONFIG_PASSWORD=
  depends_on:
    - couchdb0
```

여기서는 4개의 환경변수를 설정한다. 여기서 설정한 내용은 6.3.1에서 설명한 것과 같이 `core.yaml` 파일의 설정 내용을 덮어쓴다. 표 6.4.1은 Apache CouchDB와 관련된 환경변수다.

표 6.4.1 Apache CouchDB에 접속하기 위한 피어 환경변수

설정 값	설명
CORE_LEDGER_STATE_STATEDATABASE	상태 DB 종류 **goleveldb**: 기본값인 LevelDB를 사용하는 경우 **CouchDB**: Apache CouchDB를 사용하는경우
CORE_LEDGER_STATE_COUCHDBCONFIG_COUCHDBADDRESS	Apache CouchDB에 접속하기 위한 호스트 이름 및 포트 번호
CORE_LEDGER_STATE_COUCHDBCONFIG_USERNAME	Apache CouchDB에 접속하기 위한 사용자 이름
CORE_LEDGER_STATE_COUCHDBCONFIG_PASSWORD	Apache CouchDB에 접속하기 위한 패스워드
CORE_LEDGER_STATE_COUCHDBCONFIG_MAXRETRIES	Apache CouchDB에 에러가 발생했을 때의 접속 재시도 횟수 core.yaml의 기본값: 3
CORE_LEDGER_STATE_COUCHDBCONFIG_MAXRETRIESONSTARTUP	Apache CouchDB를 시작할 때 에러가 발생하는 경우 접속 재시도 횟수 core.yaml의 기본값: 10
CORE_LEDGER_STATE_COUCHDBCONFIG_REQUESTTIMEOUT	Apache CouchDB 요청 타임아웃 시간 core.yaml의 기본값: 35초
CORE_LEDGER_STATE_COUCHDBCONFIG_QUERYLIMIT	최대 질의 건수 core.yaml의 기본값: 10000

6.5 구성 변경

하이퍼레저 패브릭 네트워크를 운영하다 보면 환경을 변경해야 하는 경우가 있을 수 있다. 이번 절에서는 구성 변경에 대해 다룬다.

6.5.1 채널 추가

하이퍼레저 패브릭은 체인과 상태 DB가 채널별로 존재한다. 따라서 채널을 추가하더라도 운영 중인 채널에는 영향이 없기 때문에 6.2절과 6.3절의 내용을 실행하면 채널을 추가할 수 있다.

first-network는 기본값인 `mychannel`이라는 채널에 대해 설정을 수행한다. 여기서는 ch2라는 새로운 채널을 클라이언트에서 추가해본다. 6.1.4절 '클라이언트에서 직접 호출하는 예'에서 mychannel 네트워크를 구축한 뒤부터 시작한다.

ch2용 클라이언트를 위해 `docker-compose-cli.yaml`의 cli 부분을 추출해 편집한 `docker-compose-addch.yaml` 파일을 항목 6.5.1과 같이 작성한다. 도커 컨테이너의 cli 부분을 ch2 채널용 데이터로 사용해 호스트 OS의 `channel-artifacts2` 디렉터리를 참조하게 한다. 굵게 표시한 부분이 값을 추가한 부분이다[7].

항목 6.5.1 docker-compose-addch.yaml

```
version: '2'

volumes:
  orderer.example.com:
  peer0.org1.example.com:
  peer1.org1.example.com:
  peer0.org2.example.com:
  peer1.org2.example.com:
networks:
  byfn:

services:
```

7 ORDERER_CA는 `script.sh`의 18번째 줄에 있는 환경변수를 복사하면 된다.

```
(생략)
  cli2:
    container_name: cli2
    image: hyperledger/fabric-tools:$IMAGE_TAG
    tty: true
    stdin_open: true
    environment:
      - ORDERER_CA=/opt/gopath/src/github.com/hyperledger/fabric/peer/crypto/ordererOrganizations/
example.com/orderers/orderer.example.com/msp/tlscacerts/tlsca.example.com-cert.pem
      - GOPATH=/opt/gopath
      - CORE_VM_ENDPOINT=unix:///host/var/run/docker.sock
      #- CORE_LOGGING_LEVEL=DEBUG
      - CORE_LOGGING_LEVEL=INFO
      - CORE_PEER_ID=cli2
      - CORE_PEER_ADDRESS=peer0.org1.example.com:7051
      - CORE_PEER_LOCALMSPID=Org1MSP
      - CORE_PEER_TLS_ENABLED=true
      - CORE_PEER_TLS_CERT_FILE=/opt/gopath/src/github.com/hyperledger/fabric/peer/crypto/
peerOrganizations/org1.example.com/peers/peer0.org1.example.com/tls/server.crt
      - CORE_PEER_TLS_KEY_FILE=/opt/gopath/src/github.com/hyperledger/fabric/peer/crypto/
peerOrganizations/org1.example.com/peers/peer0.org1.example.com/tls/server.key
      - CORE_PEER_TLS_ROOTCERT_FILE=/opt/gopath/src/github.com/hyperledger/fabric/peer/crypto/
peerOrganizations/org1.example.com/peers/peer0.org1.example.com/tls/ca.crt
      - CORE_PEER_MSPCONFIGPATH=/opt/gopath/src/github.com/hyperledger/fabric/peer/crypto/
peerOrganizations/org1.example.com/users/Admin@org1.example.com/msp
    working_dir: /opt/gopath/src/github.com/hyperledger/fabric/peer
#    command: /bin/bash
    volumes:
        - /var/run/:/host/var/run/
        - ./../chaincode/:/opt/gopath/src/github.com/chaincode
        - ./crypto-config:/opt/gopath/src/github.com/hyperledger/fabric/peer/crypto/
        - ./scripts:/opt/gopath/src/github.com/hyperledger/fabric/peer/scripts/
        - ./channel-artifacts2:/opt/gopath/src/github.com/hyperledger/fabric/peer/channel-
artifacts
 #   depends_on:
 #     - orderer.example.com
 #     - peer0.org1.example.com
 #     - peer1.org1.example.com
 #     - peer0.org2.example.com
```

```
#     - peer1.org2.example.com
   networks:
     - byfn
```

docker-compose-addch.yaml은 원래의 mychannel과 같은 조직을 구성하므로 first-network에서 이미 생성한 것을 이용한다. 따라서 암호화와 관련된 부분(CORE_PEER_TLS_CERT_FILE)은 변경하지 않는다.

ch2용 채널 데이터는 mychannel과는 별도로 작성해야 하므로 채널 데이터를 저장할 디렉터리를 새로 만든다(항목 6.5.2).

항목 6.5.2 ch2용 채널 데이터 저장용 디렉터리 생성

```
mkdir channel-artifacts2
```

채널용 데이터는 6.2.2절 '채널 환경설정 생성(configtxgen)'과 마찬가지로 configtx.yaml을 그대로 이용해 ch2 채널용 제네시스 블록을 생성하고 앵커 피어를 업데이트한다(항목 6.5.3).

항목 6.5.3 ch2의 채널 환경설정

```
configtxgen -profile TwoOrgsOrdererGenesis -outputBlock ./channel-artifacts2/genesis.block
configtxgen -profile TwoOrgsChannel -outputCreateChannelTx ./channel-artifacts2/channel.tx
-channelID ch2
configtxgen -profile TwoOrgsChannel -outputAnchorPeersUpdate ./channel-artifacts2/
Org1MSPanchors.tx -channelID ch2 -asOrg Org1MSP
configtxgen -profile TwoOrgsChannel -outputAnchorPeersUpdate ./channel-artifacts2/
Org2MSPanchors.tx -channelID ch2 -asOrg Org2MSP
```

채널 환경설정이 끝나면 6.5.1에서 작성한 docker-compose-addch.yaml을 사용해 cli2 컨테이너를 생성한다(항목 6.5.4).

항목 6.5.4 ch2용 도커 컨테이너 ch2 생성 및 셸 실행

```
~/fabric/fabric-samples/first-network$ docker-compose -f docker-compose-addch.yaml up -d
WARNING: Found orphan containers (cli) for this project. If you removed or renamed this service in
your compose file, you can run this command with the --remove-orphans flag to clean it up.
peer0.org1.example.com is up-to-date
peer0.org2.example.com is up-to-date
peer1.org1.example.com is up-to-date
```

```
orderer.example.com is up-to-date
peer1.org2.example.com is up-to-date
Creating cli2
~/fabric/fabric-samples/first-network$ docker exec -it cli2 /bin/bash
root@26463cc74591:/opt/gopath/src/github.com/hyperledger/fabric/peer#
```

docker exec -it 명령으로 지정한 도커 컨테이너의 프로그램을 실행한다. 셸 경로(/bin/bash)를 지정해 도커 컨테이너의 셸을 이용할 수 있다.

cli2 도커 컨테이너 셸에서 peer 명령을 사용해 채널 생성과 참가를 수행한다(항목 6.5.5).

항목 6.5.5 cli2에서 ch2 생성 및 참가

```
root@ce05d0007399:/opt/gopath/src/github.com/hyperledger/fabric/peer# peer channel create -o
orderer.example.com:7050 -c ch2 -f ./channel-artifacts/channel.tx --tls $CORE_PEER_TLS_ENABLED
--cafile $ORDERER_CA
2019-01-19 10:00:47.381 UTC [channelCmd] InitCmdFactory -> INFO 001 Endorser and orderer
connections initialized
2019-01-19 10:00:47.409 UTC [cli/common] readBlock -> INFO 002 Received block: 0
root@ce05d0007399:/opt/gopath/src/github.com/hyperledger/fabric/peer# peer channel join -b
ch2.block
2019-01-19 10:01:38.633 UTC [channelCmd] InitCmdFactory -> INFO 001 Endorser and orderer
connections initialized
2019-01-19 10:01:38.647 UTC [channelCmd] executeJoin -> INFO 002 Successfully submitted proposal
to join channel
root@ce05d0007399:/opt/gopath/src/github.com/hyperledger/fabric/peer# peer channel update -o
orderer.example.com:7050 -c ch2 -f ./channel-artifacts/${CORE_PEER_LOCALMSPID}anchors.tx --tls
$CORE_PEER_TLS_ENABLED --cafile $ORDERER_CA
2019-01-19 10:01:53.759 UTC [channelCmd] InitCmdFactory -> INFO 001 Endorser and orderer
connections initialized
2019-01-19 10:01:53.772 UTC [channelCmd] update -> INFO 002 Successfully submitted channel update
```

채널 준비가 완료됐다. 이제부터는 새롭게 만든 ch2 채널에서 체인코드 처리를 할 수 있다.

이제 ch2를 사용해 멀티 채널 동작을 확인해본다. 항목 6.3.5에서 지정한 체인코드는 이미 설치돼 있으므로 ch2에서 사용하기 위해 인스턴스화하고 체인코드를 실행한다(항목 6.5.6). 여기서는 first-network와 마찬가지로 'a=100', 'b=200'을 설정한다. ch2에서는 Org1의 MSP만 인스턴스화한다.

항목 6.5.6 cli2에서 ch2용 체인코드 인스턴스화

```
root@ce05d0007399:/opt/gopath/src/github.com/hyperledger/fabric/peer# peer chaincode instantiate
-o orderer.example.com:7050 --tls $CORE_PEER_TLS_ENABLED --cafile $ORDERER_CA -C ch2 -n mycc -v 1.0
-c '{"Args":["init","a","100","b","200"]}' -P "OR ('Org1MSP.member')"
2019-01-19 10:20:46.626 UTC [chaincodeCmd] checkChaincodeCmdParams -> INFO 001 Using default escc
2019-01-19 10:20:46.626 UTC [chaincodeCmd] checkChaincodeCmdParams -> INFO 002 Using default vscc
```

인스턴스화한 후 peer chaincode query 명령으로 각 값을 확인해보면 인스턴스화할 때 지정한 a와 b의 값을 확인할 수 있다(항목 6.5.7 ~ 6.5.8).

항목 6.5.7 cli2에서 ch2의 a 값 조회

```
root@ce05d0007399:/opt/gopath/src/github.com/hyperledger/fabric/peer# peer chaincode query -C ch2
-n mycc -c '{"Args":["query", "a"]}'
100
```

항목 6.5.8 cli2에서 ch2의 b 값 조회

```
root@ce05d0007399:/opt/gopath/src/github.com/hyperledger/fabric/peer# peer chaincode query -C ch2
-n mycc -c '{"Args":["query", "b"]}'
200
```

항목 6.5.9 cli2에서 ch2의 체인코드 실행

```
root@ce05d0007399:/opt/gopath/src/github.com/hyperledger/fabric/peer# peer chaincode invoke
-o orderer.example.com:7050 --tls $CORE_PEER_TLS_ENABLED --cafile $ORDERER_CA -C ch2 -n mycc -c
'{"Args":["invoke", "b", "a", "100"]}'
2019-01-19 10:34:50.217 UTC [chaincodeCmd] chaincodeInvokeOrQuery -> INFO 001 Chaincode invoke
successful. result: status:200
```

체인코드를 실행한 뒤 다시 각 값을 조회해보면 b에서 a로 100이 이동해 a=200, b=100이 된 것을 확인할 수 있다.

항목 6.5.10 ch2의 a 값 재조회

```
root@ce05d0007399:/opt/gopath/src/github.com/hyperledger/fabric/peer# peer chaincode query -C ch2
-n mycc -c '{"Args":["query", "a"]}'
200
```

항목 6.5.11 ch2의 b 값 재조회

```
root@ce05d0007399:/opt/gopath/src/github.com/hyperledger/fabric/peer# peer chaincode query -C ch2
-n mycc -c '{"Args":["query", "b"]}'
100
```

6.5.2 환경설정 변경(configtxlator)

하이퍼레저 패브릭 네트워크의 환경설정은 트랜잭션으로 채널별 Configuration 블록에 보존돼 있다. 하이퍼레저 패브릭 도구인 `configtxlator`는 하이퍼레저 패브릭 SDK와는 독립적으로 Configuration 블록을 변경할 수 있으므로 하이퍼레저 패브릭 네트워크를 구축한 후 환경설정이 가능하다.

`configtxlator`는 REST API 인터페이스를 가진 웹 응용 프로그램처럼 동작한다. URL을 통해 설정 파일을 사람이 읽을 수 있는 JSON 형식으로 변환하거나 SDK 바이너리 형태로 변환한다.

환경설정을 하기 위해 앞서 만든 cli2 컨테이너의 셸을 이용한다(항목 6.5.4 참조). cli2 셸에서 `curl` 명령을 사용해 `jq` 명령을 추가한다. `jq` 명령은 간단하게 JSON 형식 파일을 조작할 수 있게 해준다.

`curl`은 cli2 컨테이너에 사전에 설치돼 있으므로 다음과 같이 입력한다[8].

항목 6.5.12 jq 명령 추가

```
curl -o /usr/local/bin/jq http://stedolan.github.io/jq/download/linux64/jq
```

다운로드가 끝나면 실행 권한을 부여한다.

항목 6.5.13 실행 권한 부여

```
chmod +x /usr/local/bin/jq
```

`configtxlator`를 백그라운드로 실행하고 REST API를 열어 요청을 받을 수 있게 한다. 7059 포트로 요청을 받아 처리한다.

8 인터넷 연결이 필요하다.

항목 6.5.14 configtxlator 시작

```
root@55a596c7510c:/opt/gopath/src/github.com/hyperledger/fabric/peer# configtxlator start &
[1] 112
2019-01-19 13:00:42.239 UTC [configtxlator] startServer -> INFO 001 Serving HTTP requests on
0.0.0.0:7059
```

사전 준비가 끝났다면 환경설정을 가져온다. peer channel fetch 명령으로 블록을 가져올 수 있으므로 config 매개변수를 지정해 바이너리 형식의 Configuration 블록을 가져와 파일 시스템에 저장(config_block.pb)한다[9].

항목 6.5.15 바이너리 형식인 Configuration 블록 취득

```
root@55a596c7510c:/opt/gopath/src/github.com/hyperledger/fabric/peer# peer channel fetch config
config_block.pb -o orderer.example.com:7050 -c mychannel --tls --cafile $ORDERER_CA
2019-01-19 13:13:42.546 UTC [channelCmd] InitCmdFactory -> INFO 001 Endorser and orderer
connections initialized
2019-01-19 13:13:42.549 UTC [cli/common] readBlock -> INFO 002 Received block: 5
2019-01-19 13:13:42.550 UTC [cli/common] readBlock -> INFO 003 Received block: 2
```

항목 6.5.16 Configuration 블록을 JSON 형식으로 변환

```
curl -X POST --data-binary @config_block.pb http://localhost:7059/protolator/decode/common.Block
> config_block.json
```

처음에 획득한 블록 파일과 변환한 블록 파일 형식을 확인해보면 각 파일은 바이너리 형식과 텍스트 형식이라는 것을 확인할 수 있다.

항목 6.5.17 파일 종류 확인

```
root@55a596c7510c:/opt/gopath/src/github.com/hyperledger/fabric/peer# file config_block*
config_block.json: ASCII text, with very long lines
config_block.pb:   data
```

9 ORDERER_CA 환경변수는 항목 6.5.1의 docker-compose-addch.yaml 파일에서 지정.

jq를 사용해 config_block.json 파일 안에 환경설정돼 있는 부분을 추출한다.

항목 6.5.18 jq를 이용해 환경설정이 존재하는 부분을 추출

```
jq .data.data[0].payload.data.config config_block.json > config.json
```

여기서는 오더러 배치의 최대 메시지 크기를 10에서 30으로 변경해본다. jq로 현재 설정 값을 확인해 보자.

항목 6.5.19 jq를 이용해 현재 설정 값 확인

```
root@55a596c7510c:/opt/gopath/src/github.com/hyperledger/fabric/peer# jq ".channel_group.groups.
Orderer.values.BatchSize.value.max_message_count" config.json
10
```

이 값은 편집기를 사용해서 변경할 수도 있지만 jq 명령어를 사용해 설정 값을 변경하는 것도 가능하다.

항목 6.5.20 jq를 이용해 설정 값 변경

```
jq ".channel_group.groups.Orderer.values.BatchSize.value.max_message_count = 30" config.json >
updated_config.json
```

항목 6.5.21 변경 내용 확인

```
diff config.json updated_config.json
590c590
<             "max_message_count": 10,
---
>             "max_message_count": 30,
```

변경 전의 config.json과 변경 후의 updated_config.json을 configtxlator를 사용해 바이너리 데이터로 되돌린다.

항목 6.5.22 업데이트 전후의 설정 값을 바이너리 형식으로 변환

```
root@55a596c7510c:/opt/gopath/src/github.com/hyperledger/fabric/peer# curl -X POST --data-binary
@config.json http://localhost:7059/protolator/encode/common.Config > config.pb
```

```
  % Total    % Received % Xferd  Average Speed   Time    Time     Time  Current
                                 Dload  Upload   Total   Spent    Left  Speed
100 47938    0 12716  100 35222   617k  1709k --:--:-- --:--:-- --:--:-- 1719k
root@55a596c7510c:/opt/gopath/src/github.com/hyperledger/fabric/peer# curl -X POST --data-binary
@updated_config.json http://localhost:7059/protolator/encode/common.Config > updated_config.pb
  % Total    % Received % Xferd  Average Speed   Time    Time     Time  Current
                                 Dload  Upload   Total   Spent    Left  Speed
100 47938    0 12716  100 35222   219k   606k --:--:-- --:--:-- --:--:--  614k
```

configtxlator로 변경 전의 config.pb와 변경 후의 update_config.pb에서 차분이 되는 바이너리 데이터를 출력해 환경설정 변경용 JSON 데이터를 만든다.

항목 6.5.23 변경 내용을 바이너리 형식/JSON 형식으로 취득

```
root@55a596c7510c:/opt/gopath/src/github.com/hyperledger/fabric/peer# curl -X POST -F
original=@config.pb -F updated=@updated_config.pb http://localhost:7059/configtxlator/compute/
update-from-configs -F channel=mychannel > config_update.pb
  % Total    % Received % Xferd  Average Speed   Time    Time     Time  Current
                                 Dload  Upload   Total   Spent    Left  Speed
100 25987  100    79  100 25908   1513   484k --:--:-- --:--:-- --:--:--  486k
root@55a596c7510c:/opt/gopath/src/github.com/hyperledger/fabric/peer# curl -X POST --data-binary
@config_update.pb http://localhost:7059/protolator/decode/common.ConfigUpdate > config_update.json
  % Total    % Received % Xferd  Average Speed   Time    Time     Time  Current
                                 Dload  Upload   Total   Spent    Left  Speed
100   805  100   726  100    79  51449   5598 --:--:-- --:--:-- --:--:-- 51857
root@55a596c7510c:/opt/gopath/src/github.com/hyperledger/fabric/peer# jq "." config_update.json
{
  "channel_id": "mychannel",
  "isolated_data": {},
  "read_set": {
    "groups": {
      "Orderer": {
        "groups": {},
        "mod_policy": "",
        "policies": {},
        "values": {},
        "version": "0"
      }
    },
```

```
    "mod_policy": "",
    "policies": {},
    "values": {},
    "version": "0"
  },
  "write_set": {
    "groups": {
      "Orderer": {
        "groups": {},
        "mod_policy": "",
        "policies": {},
        "values": {
          "BatchSize": {
            "mod_policy": "Admins",
            "value": {
              "absolute_max_bytes": 103809024,
              "max_message_count": 30,
              "preferred_max_bytes": 524288
            },
            "version": "1"
          }
        },
        "version": "0"
      }
    },
    "mod_policy": "",
    "policies": {},
    "values": {},
    "version": "0"
  }
}
```

환경설정을 갱신하려면 이 JSON을 바이너리 데이터로 피어에 전달하는 것이 아니라 정형 포맷에 대입해야 한다. 헤더 안에 채널 ID를 넣어야 한다는 점에 주의한다.

항목 6.5.24 갱신용 정형 JSON 형식에 대입

```
echo '{"payload":{"header":{"channel_header":{"channel_id":"mychannel", "type":2}}, '
'"data":{"config_update":'$(cat config_update.json)'}}}' > config_update_as_envelope.json
```

이 JSON 데이터를 피어에 전달해 바이너리 데이터로 변환한다.

항목 6.5.25 갱신용 바이너리 형식으로 변환

```
curl -X POST --data-binary @config_update_as_envelope.json http://localhost:7059/protolator/
encode/common.Envelope > config_update_as_envelope.pb
```

앞에서 지정한 메시지 크기는 오더러에 대한 설정이다. cli2 컨테이너는 항목 6.5.1에서 지정한 Org1의 피어에 연결돼 있다. 이를 오더러에 연결하는 환경변수로 설정한다.

항목 6.5.26 cli2가 오더러에 접속하기 위한 환경변수 설정

```
export CORE_PEER_LOCALMSPID="OrdererMSP"
export CORE_PEER_TLS_ROOTCERT_FILE=/opt/gopath/src/github.com/hyperledger/fabric/peer/crypto/
ordererOrganizations/example.com/orderers/order.example.com/tls/ca.crt
export CORE_PEER_MSPCONFIGPATH=/opt/gopath/src/github.com/hyperledger/fabric/peer/crypto/
ordererOrganizations/example.com/users/Admin@example.com/msp
export CORE_PEER_ADDRESS=orderer.example.com:7050
```

항목 6.5.25에서 만든 바이너리 파일을 `peer channel update` 명령어를 사용해 갱신한다.

항목 6.5.27 환경설정 갱신 실행

```
root@55a596c7510c:/opt/gopath/src/github.com/hyperledger/fabric/peer# peer channel update -f
config_update_as_envelope.pb -o orderer.example.com:7050 -c mychannel --tls --cafile $ORDERER_CA
2019-01-19 16:41:09.841 UTC [channelCmd] InitCmdFactory -> INFO 001 Endorser and orderer
connections initialized
2019-01-19 16:41:09.852 UTC [channelCmd] update -> INFO 002 Successfully submitted channel update
```

에러 메시지가 출력되지 않았다면 환경설정 갱신이 성공한 것이다. 항목 6.5.15 ~ 6.5.19까지의 명령을 다시 한 번 실행하면 값이 30으로 바뀐 것을 확인할 수 있다.

Column 조직 추가

이번 절의 시작 부분에서 언급한 바와 같이 하이퍼레저 패브릭 네트워크를 운영하는 중에 조직을 추가하려면 `peer channel signconfigtx` 명령을 사용한다.

```
peer channel signconfigtx -f config_update_as_envelope.pb
```

접속할 대상은 환경변수에 따라 달라지므로 항목 6.5.1과 항목 6.5.26의 환경변수 설정을 변경해 명령을 실행한다.

6.6 하이퍼레저 패브릭의 안전한 가동 환경 개요

하이퍼레저 패브릭이 다른 블록체인 시스템(비트코인 등)과 가장 다른 점은 사전에 멤버를 등록하고 인증받아야 네트워크에 참가할 수 있다는 점이다. 즉 인증받지 않은 멤버는 네트워크에 참가할 수 없다.

이 보안 네트워크에 참가하기 위해서는 MSP를 통해 멤버 ID를 등록해야 한다. 하이퍼레저 패브릭에서는 등록된 ID만 접속할 수 있는 네트워크를 구축하기 위해 '멤버십 ID 서비스'를 제공한다.

멤버십 ID 서비스는 사용자 ID를 관리하고 접근 제어 목록을 사용해 네트워크의 모든 참가자를 인증하는 역할을 한다.

6.6.1 멤버십 서비스 제공자(MSP)

하이퍼레저 패브릭 네트워크는 1개 이상의 MSP로 관리된다. 이 MSP는 멤버십 오퍼레이션 아키텍처[10]를 추상화하는 것을 목적으로 하는 구성요소다. MSP의 특징은 증명서 발행, 검증 및 사용자 인증에 사용되는 모든 암호 기술 및 프로토콜을 추상화하는 것이다. 그리고 ID 관리와 검증(시그니처 생성 및 검증) 규칙을 독자적으로 정의할 수 있다.

● 하이퍼레저 패브릭에서 인증 기관의 개념

MSP 설정 내용을 잘 이해하기 위해 하이퍼레저 패브릭에서 인증 기관(CA)의 개념을 확인해보자. 하이퍼레저 패브릭에서 기본이 되는 부분은 다음의 3가지다.

- 조직별로 루트 인증 기관이 존재하는 것을 지원
- 블록체인 네트워크에 각 조직의 루트 인증 기관에서 발행한 인증서가 등록돼 있음
- 블록체인 네트워크에 접속하고 있는 참가자(멤버)는 해당 블록체인 네트워크에 등록된 루트 인증 기관과 인증서를 서로 신뢰하도록 한다

10 네트워크에 속한 각 멤버는 각자의 역할을 달성해 기여한다는 개념이다. 새로 발생하는 거래를 서로 검증하고 합의 형성 결과로 원장을 갱신/공유하는 작업을 가능하게 한다.

이를 그림 6.6.1처럼 나타낼 수 있다.

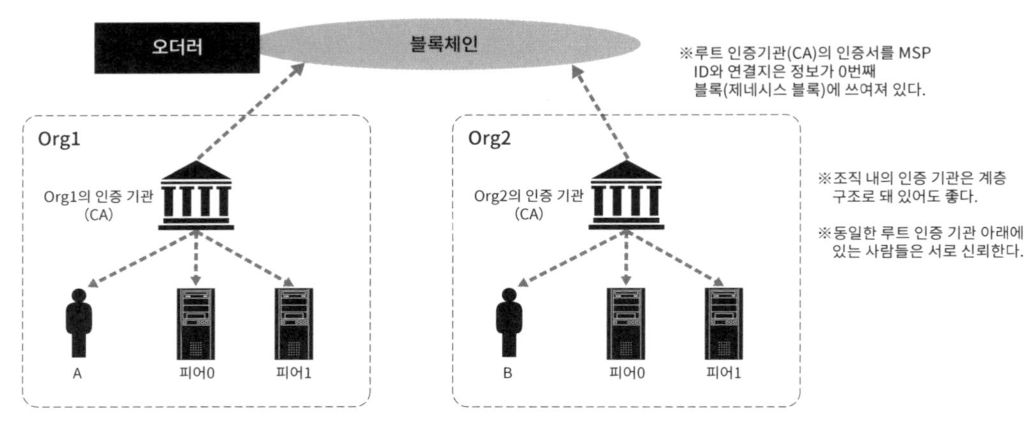

그림 6.6.1 하이퍼레저 패브릭의 인증 기관 개념

그림 6.6.1에서 Org1의 인증 기관과 Org2의 인증기관은 서로 MSP에 등록돼 있다. 이처럼 등록된 인증 기관에서 인증된 참가자(참가 노드)는 조직 간 상호 신뢰 관계를 맺고 있다.

6.6.2 MSP 설정에 필요한 정보

MSP 인스턴스를 설정하려면 대상이 되는 피어, 오더러, 채널에 접속 가능한 클라이언트의 ID 검증, 증명서 검증 등을 명확히 해야 한다. 또한 참가한 네트워크 내에서 사용되는 이름(MSP ID)은 중복을 허용하지 않는다(유일해야 한다).

● MSP 구현에 필요한 인증서 설정

위의 조건을 감안해 다음 조건을 설정해야 한다.

- 루트 인증 기관의 자기 서명 인증서(X.509) 목록
- MSP 관리자용 인증서
- TLS 루트 인증 기관의 자기 서명 인증서(X.509) 목록
- (선택) 중간 인증 기관 인증서(X.509) 목록
- (선택) 조직 유닛(OU: MSP 멤버) 목록

- (선택) 인증서 해지 목록(CRL: Certificate Revocations Lists)
- (선택) TLS 중간 인증 기관 인증서(X.509) 목록

여기에 블록체인 네트워크에 참가할 수 있는 '유효한 MSP ID'로 기능하려면 다음 조건을 만족시켜야 한다.

- 신뢰할 수 있는 루트 인증 기관에 연결할 수 있는 인증서(X.509 형식)일 것
- CRL(인증서 해지 목록)에 포함되지 않을 것
- MSP 구성에 존재하는 조직 유닛을 조직 유닉(OU) 필드에 기재해둘 것

서명과 인증을 위해 MSP가 인스턴스화된 노드(피어와 오더러)에서는 위의 항목에 더해 아래의 두 가지 설정을 해야 한다.

- 서명에 사용되는 서명 키(현재는 ECDSA 키만 지원)
- 노드 인증서(X.509 형식)

이 정보는 'MSP 검증 매개변수'로서 취급된다.

● MSP에서 사용되는 인증서 생성

MSP 구성에 사용되는 X.509 형식 인증서를 생성하기 위해 다음 도구 또는 응용 프로그램을 사용할 수 있다. 이것은 모두 하이퍼레저 패브릭에서 지원되므로 더 익숙한 것을 사용하면 된다. 그리고 하이퍼레저 패브릭은 RSA 키를 포함하는 인증서는 지원하지 않으므로 인증서를 생성할 때는 주의해야 한다.

- OpenSSL
- Cryptogen 도구
- 하이퍼레저 패브릭 CA

6.6.3 MSP 설정

● 로컬 MSP의 설정

블록체인 네트워크에 새로운 조직을 추가할 때 해당 조직이 사용할 MSP(로컬 MSP)를 설정할 수 있다. 이때 MSP 관리자는 로컬 MSP(피어 또는 오더러)를 설정하기 위해 MSP 설정에 관한 정보를 저장하는 디렉터리($MY_PATH/mspconfig)와 하위 디렉터리, 파일을 준비해야 한다.

설정에 필요한 관련 정보를 저장하기 위한 디렉터리와 파일은 아래와 같다.

- 관리자의 인증서에 대응하는 PEM 파일을 저장하기 위한 admincert 디렉터리
- 루트 CA의 인증서에 대응하는 PEM 파일을 저장하기 위한 cacert 디렉터리
- 노드의 서명 키를 포함하는 PEM 파일을 저장하기 위한 keystore 디렉터리
- 노드의 X.509 형식 인증서를 포함하는 PEM 파일을 저장하기 위한 signcert 디렉터리
- (선택) 중간 CA의 인증서를 포함하는 PEM 파일을 저장하기 위한 intermediatecert 디렉터리
- (선택) 조직 유닛에 대한 정보를 기재한 config.yaml 파일
- (선택) 인증서 해지 목록을 저장하기 위한 crls 디렉터리
- (선택) TLS 루트 인증서를 포함하는 PEM 파일을 저장하기 위한 tlscacert 폴더
- (선택) 중간 TLS 인증서를 포함하는 PEM 파일을 저장하기 위한 tlsintermediatecacert 디렉터리

노드 구성 파일(피어에 대한 core.yaml 파일, 오더러에 대한 orderer.yaml 파일)에는 MSP 설정에 관한 정보를 저장하는 디렉터리($MY_PATH/mspconfig)의 검색 경로와 노드의 MSP ID를 설정해야 한다. 그리고 설정한 로컬 MSP를 재설정하는 경우 수동으로 노드를 재기동해야 한다.

● 시스템 채널 설정

하이퍼레저 패브릭의 원장 시스템을 시작할 때, 즉 새로운 채널을 만들 때는 네트워크에 접속하는 모든 MSP 설정에 관한 정보(검증 매개변수: MSP ID, 루트 CA와 인증서, 중간 CA와 인증서, 조직 유닛, CRL 등)를 시스템 채널의 제네시스 블록에 포함시켜야 한다[11].

11 이미 만들어진 채널에 새로운 조직을 추가할 때는 **제네시스** 블록이 아니라 다른 블록에 저장된다.

새로운 원장 시스템을 시작해서 그 네트워크에 참가한 멤버만 공유되는 정보를 관리할 수 있다(그림 6.6.2).

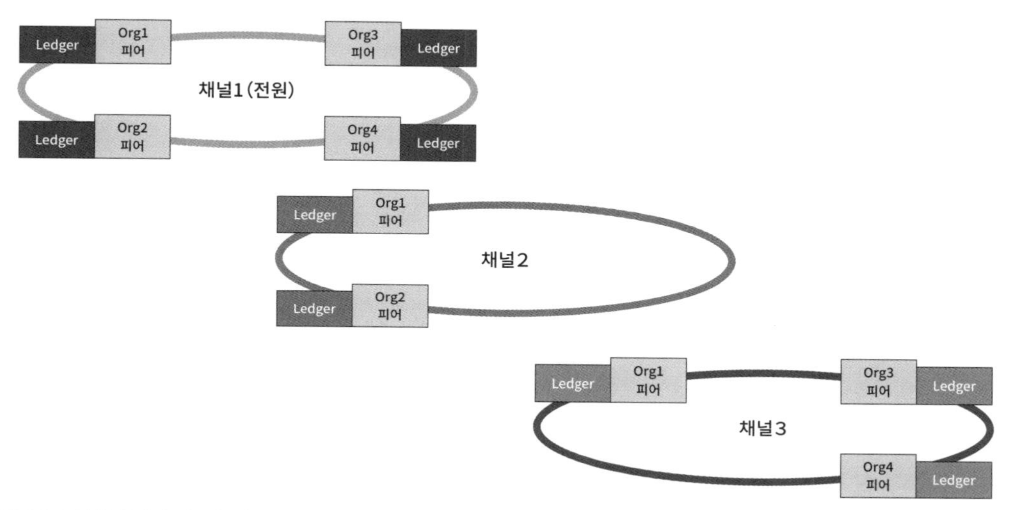

그림 6.6.2 복수의 원장 시스템 예

하이퍼레저 패브릭의 제네시스 블록은 시스템 채널 단계에서 오더러에게 제공돼 채널 생성 요청을 인증할 수 있다. 이때 같은 MSP ID가 같은 MSP가 존재하는지 검사한다. 동일한 ID가 확인되면 제네시스 블록은 채널 생성 요청을 거부하고, 결과적으로 네트워크 부트스트랩은 실패한다.

● 응용 프로그램 채널

응용 프로그램 채널을 설정하는 경우에도 그 채널을 관리하는 MSP(그 MSP의 검증 구성요소)가 제네시스 블록에 포함돼야 한다. 예를 들어, 1개의 피어를 채널에 추가하려면 적절한 MSP 구성 정보가 제네시스 블록(또는 최신 구성 블록 정보)에 확실히 포함돼야 한다.

Column

실제 시스템 구축 및 운용을 위해

이번 장에서는 하이퍼레저 패브릭의 환경설정에 대해 설명했다. 실제 하이퍼레저 패브릭 네트워크를 구축하고 운영하려면 한 단계 위의 블록체인 네트워크 시스템, 아키텍처를 책정해야 한다. 블록체인 네트워크의 기능 요건, 비기능 요건, 제약 및 규칙 등을 고려해 다음과 같은 사항을 결정해 나간다.

① 채널 구성

특정 참가자 간에 기밀 정보를 공유해야 하는 경우 그러한 참가자만으로 채널을 구성할 수 있다. 예를 들어, 송금과 관련된 정보를 조직 내에서만 공유한다는 조건을 채널 구성으로 대응하고자 하면 채널은 엄청난 숫자가 되므로 현실적으로 무리가 있다. 하이퍼레저 패브릭 v1.x를 이용한다면 암호화(키 교환은 블록체인 밖에서 수행) 같은 별도의 수단을 검토하는 것이 좋다.

② 하이퍼레저 패브릭 구성 요소를 구성

조직 내에서 가용성 조건, 블록체인 네트워크 전체의 가용성, 재해 대책 조건, 보증 정책, 인증 기관 구성 요건을 고려해 MSP/CA, 피어, 오더러 같은 각 조직 내 구성, 물리 위치를 결정해야 한다.

피어에 대해서는 조직 내에서도 블록체인 네트워크 전체에서도 보증 정책에 대한 가용성, 재해 대책을 실시할 수 있다. 하지만 MSP/CA, 오더러에 대해서는 서비스 지속성이 중요한 경우 확장 구성을 해야 한다. 그리고 MSP/인증 기관, 오더러의 재해 대책을 수행하기 위해서는 가상 머신의 레벨 등 하이퍼레저 패브릭이 제공하는 수단 밖에서 실현해야 한다. 오더러에 대해서는 이후 비잔틴 결함 허용(Byzantine Fault Tolerance)을 갖춘 이중화 기능을 통해 각 조직에 분산 배치가 가능하게 할 예정이므로 이때 블록체인 네트워크 전체에서 장애 대책이 실현 가능해질 것이다.

③ 단계적 구성

본격적인 블록체인 네트워크를 구축하는 경우 해당 블록체인 네트워크에 참가하는 조직을 가로지르는 컨소시엄 운영을 확립해야 한다. 그렇기 때문에 단일 조직으로부터 블록체인 네트워크를 개시하고 순차적으로 다른 조직으로 확장하는 단계적인 접근을 채용하는 경우가 많다. 이 경우에는 단계별 구성 계획을 해두는 것도 중요하다.

컨소시엄 운영은 블록체인 네트워크에 참가하는 조직 전체에 체제, 프로세스, 규칙, 구성을 확립해야 한다. 다음과 같은 내용을 생각해볼 수 있다.

- 체인코드 개발, 유지보수에 대한 체제, 프로세스, 규칙 등(단일 조직인가 복수의 조직도 허용하는가도 포함)
- 신규 조직의 참가, 탈퇴 등 업무 운영에 대한 체계, 프로세스, 규칙, 구조 등
- 시스템, 유지보수 등 시스템 운영과 장해, 재해 대응 체계, 프로세스, 규칙 등

마치며

이 책을 읽어주셔서 감사하다. 이 책이 하이퍼레저 패브릭을 활용한 비즈니스의 발전에 조금이나마 도움이 됐으면 한다. 본문 중에도 언급했지만 하이퍼레저 패브릭은 앞으로 다음과 같은 확장이 예정돼 있다.

- 새로운 확장성 향상
- 다양한 언어로 체인코드, 하이퍼레저 패브릭 클라이언트 SDK를 지원
- 상태 DB로 관계형 데이터베이스를 지원
- 오더러에서 비잔틴 결함 허용을 갖춘 이중화 기능(SBFT)
- 채널 기능이 아니라 정의한 규칙에 따라 특정 피어만 기밀 정보를 배포하는 기능
- 기타 다양한 기능

다음 사이트에서는 하이퍼레저 패브릭의 이후 기능 확장을 시작으로 다양한 정보를 확인할 수 있다.

- 하이퍼레저 프로젝트 공식 사이트
  https://www.hyperledger.org/
- 하이퍼레저 프로젝트 깃허브 저장소
  https://github.com/hyperledger
- 하이퍼레저 위키
  https://wiki.hyperledger.org/start
- 하이퍼레저 패브릭 온라인 문서
  http://hyperledger-fabric.readthedocs.io/en/latest

감수자, 저자 프로필

하야가와 마사루(감수, '책머리에', '마치며' 집필)

일본 IBM DISTINGUISHED ENGINEER, 글로벌 비즈니스 서비스 사업 본부

핀테크나 블록체인과 관련해서 IBM 전체에서 인재육성, 솔루션, 자산 개발 등을 추진. 주요 저작은 다음과 같다. 기타 외부 강연 등을 다수 실시.

- @IT 분야 기사(2017년 2월), 핀테크 시대, 은행계 시스템은 어떻게 해야 하나
  http://www.atmarkit.co.jp/ait/articles/1702/14/news012.html
- 한국 IBM 발행지 ProVISION 91호(2017년 2월)
  API 경제의 가치와 그것을 실현하는 기술
  https://www-01.ibm.com/common/ssi/cgi-bin/ssialias?htmlfid=CO113453JPJA&
- 저서 《시스템 설계의 기초부터 실전까지 처음부터 시작하는 IT 아키텍처 구축 입문》(닛케이 BP 사, 2017년 6월 발행)

시미즈 토모노리(1장 집필)

일본 IBM 글로벌 비즈니스 서비스 사업본부 블록체인 컨설턴트

오픈 시스템 엔지니어를 거쳐 컨설턴트로 전향. 이후 금융 기관의 차기 시스템 구성 방법이나 글로벌 전개와 관련된 프로젝트에 참가하고 있다. 현재 블록체인 활용을 위한 고객 지원 활동을 하고 있으며 디지털 통화 및 무역 물류 컨소시엄 운영 지원 등 구상에서 구현까지를 지원

타마치 코코(2장 집필)

일본 IBM 글로벌 테크놀로지 서비스 사업본부 금융 담당 IT 스페셜리스트

입사 후 제품 보증 부문의 고장 분석, 통신 제품 개발 부문에서 네트워크 관련 미들웨어 개발을 담당. 그 후, 금융 기관이나 국립 병원의 네트워크 보안을 지원하고 공격 및 방어 방법을 조사 및 분석. 주요 시중 은행의 가상 데스크톱 시스템 담당을 거쳐 현재는 가상 통화 시스템을 담당.

우에노하라 하야토(3장 집필)

일본 IBM 소프트웨어 & 시스템 개발 연구소 ICS 개발

입사 이후 IBM 임베디드 Java VM(J9) 및 관련 미들웨어의 개발에 종사. 최근에는 자동차 업계 대기업을 위한 자동차 응용 시스템의 서비스 기반인 IBM Embedded Automotive Platform(IEAP) 제품 개발을 담당. 다가오는 "커넥티드 자동차" 사회를 보며 블록체인, IoT, 클라우드, AI 관련 기술을 습득할 수 있도록 열심히 활동 중.

사토우 타쿠요시(4장 1~2절 집필)

일본 IBM 글로벌 비즈니스 서비스 사업 본부 금융 제3서비스

입사 후 주로 대형 금융 기관을 담당. 비즈니스 애플리케이션의 개발, 설계, 아키텍처 수립, IT 컨설팅 등 폭넓게 활동. 현재는 영업 부장 겸 아키텍트로서 여러 솔루션과 프로젝트를 이끌고 있다. 블록체인을 이용한 안건도 여러 건 리드하고 있다.

사이토 신(4장 3절, 5절 집필)

일본 IBM 도쿄 기초 연구소 FSS & 블록체인 솔루션

웹 서비스 최적화, 비시각적 사용자 인터페이스, 크라우드 소싱, 소프트웨어 품질 관리 등의 연구에 종사. 최근에는 형식 수법을 이용한 분산 대장 기술 및 스마트 계약의 개발 및 검증 방법에 임하고 있다. 최근의 취미는 삼각점 순회 및 댐 카드 수집.

콘도 히토시(4장 4절 집필)

일본 IBM 시스템 엔지니어링 IT 스페셜리스트

자바스크립트를 중심으로 하는 프런트엔드 엔지니어. 최근에는 암호 화폐가 좋아 블록체인과의 연계 시스템에 관여하는 중.

히라야마 츠요시(5장 1, 3, 5절 집필)

일본 IBM IBM클라우드 사업본부 컨설팅 아키텍트

(주) 도쿄 증권 거래소 (주) 노무라 종합 연구소, 아마존 웹 서비스 재팬(주)를 거쳐 2016년 2월부터 현직. 기술 부문에서 블록체인, 왓슨, 애널리틱스, 클라우드를 포괄적으로 담당. 저서 《그림에서 보는 클라우드 인프라 및 API의 구조》(쇼에이샤, 2016년 2월 간행), 《RDB 기술자를 위한 NoSQL 가이드》(히데카즈 시스템, 2016년 2월 간행), 《그림으로 보는 시스템 성능의 구조》(쇼에이샤, 2014년 6월 간행), 《서버/인프라 철저 공략》(기술평론사, 2014년 10월 간행)

카사하라 아키히로(5장 2, 4절 집필)

일본 IBM 글로벌 비즈니스 서비스 사업 본부 IoT 솔루션

음성 대화 응용 프로그램의 설계 및 개발과 커넥티드 카용 정보 수집 기반 프로젝트를 담당. 블록체인과 IoT가 연계되는 시스템을 구상 중.

이와사키 타츠야(6장 1~6절 집필)

일본 IBM 글로벌 비즈니스 서비스 사업 본부 IT 아키텍트 PM

볼랜드에서 RDB, 자바, ORB 등의 제품을 담당한 뒤 테크매트릭스에서 대형 통신, 금융, 유통, 제약 기업 등의 개발을 리드. 2013년부터 현직에서 은행용 오픈 시스템을 담당. 블록체인과 왓슨 등 신기술의 제안을 지원.

2012년부터 독립행정법인 정보처리추진기구(IPA)의 정보처리 기술자시험위원. 《실무자를 위한 비즈니스 분석: 실무 가이드》(PMI일본지부, 2017년 1월 간행)를 공역.

오가사와라 카즈유키(감수, 6장 7절 집필)

일본 IBM 시스템 엔지니어링 제2왓슨 솔루션 시니어 IT 스페셜리스트

2007년 중도 입사. 대형 통신회사와 생명보험회사에 운영 전달 PM을 거쳐 글로벌 ISV 사업으로 Oracle DB on IBM Systems 제품의 기술 검증과 성능 검증, Oracle 제품과 IBM 제품을 조합한 솔루션 제안 활동 지원 등 여러 프로젝트에 종사. 2018년 1월부터 현직 IBM 왓슨 어시스턴트 등 IBM 왓슨 솔루션의 PoC 검증 프로젝트를 추진.

참고 문헌, 웹 사이트

이 책을 집필하는 과정에서 참고한 서적 및 웹 사이트는 다음과 같다.

서적

- 《Docker》, Adrian Mouat
- 《BlockChain Revolution》, Don Tapscott, Alex Tapscott

웹사이트

- Hyperledger 프로젝트 공식 사이트
  https://www.hyperledger.org/
- Hyperledger 프로젝트 깃허브 저장소
  https://github.com/hyperledger
- Hyperledger 위키 사이트
  https://wiki.hyperledger.org/start
- Hyperledger Fabric
  https://www.hyperledger.org/projects/fabric
- Hyperledger Fabric Source (v1.0.6)
  https://github.com/hyperledger/fabric/tree/v1.0.6
- Hyperledger Fabric SDK for Node.js
  https://fabric-sdk-node.github.io
- Hyperledger Fabric Document
  http://hyperledger-fabric.readthedocs.io/en/release-1.0/
  http://hyperledger-fabric.readthedocs.io/en/latest/
- Hyperledger Fabric CA(Certificate Authority) Document
  http://hyperledger-fabric-ca.readthedocs.io/en/release-1.0/
- Hyperledger Fabric Samples
  https://github.com/hyperledger/fabric-samples/tree/release-1.0

- Hyperledger Composer
  https://hyperledger.github.io/composer/latest/introduction/introduction.html
  https://hyperledger.github.io/composer/v0.16/introduction/introduction.html
- VirtualBox
  https://www.virtualbox.org
- Vagrant
  https://www.vagrantup.com
- Ubuntu
  https://www.ubuntu.com
- Node.js
  https://nodejs.org/ja/
- Docker
  https://www.docker.com/
- Docker Compose
  https://docs.docker.com/compose/
- Go
  https://golang.org/
- YAML
  http://yaml.org/spec/
- Apache Kafka
  https://kafka.apache.org/
- Apache ZooKeeper
  https://zookeeper.apache.org/
- jq
  https://stedolan.github.io/jq/
- Viper
  https://github.com/spf13/viper

- Cobra

  https://github.com/spf13/cobra

- Gulp

  https://gulpjs.com

- IBM Blockchain – Marbles Demo

  https://github.com/IBM-Blockchain/marbles

- Stack Overflow

  https://stackoverflow.com

- Rocket.Chat – Hyperledger

  https://chat.hyperledger.org/

- Homebrew

  https://brew.sh

- 위키피디아의 Windows Subsystem for Linux(WSL) 페이지

  https://ko.wikipedia.org/wiki/Windows_Subsystem_for_Linux